Werner Bittner

Deutsche Zivilluftfahrt im Zweiten Weltkrieg

DEUTSCHE ZIVILLUFTFAHRT
im Zweiten Weltkrieg
Hintergründe – Umfeld – Fakten

Werner Bittner

Motor buch Verlag

Dieses Buch ist dem Andenken an meine Eltern Ida und Dr. Wilhelm Bittner gewidmet.

Einbandgestaltung: schreiberVIS, Seeheim

ISBN: 978-3-613-04832-4

Dieses Buch wurde nach den geltenden Vorschriften der General Product Safety Regulation (GPSR) entwickelt. Bei Fragen oder Problemen wenden Sie sich bitte an den Verlag unter folgender E-Mail-Adresse: gpsr@paul-pietsch-verlage.de

Sie finden uns im Internet unter: www.motorbuch-verlag.de

1. Auflage 2026

Layout, Satz und Prepress: schreiberVIS, Seeheim

Druck und Bindung: DZS GRAFIK d.o.o, 1210 Ljubljana, Slovenia

Printed in Slovenia

Inhalt

6 Vorwort

10 **Wer fliegt eigentlich im Krieg mit Lufthansa?**

28 **Nicht immer einfache ausländische Kontakte**

52 **Flugsicherung – unentbehrlicher Bestandteil des Luftverkehrs**

76 **Geheimnisvolle Codes des Luftverkehrs**

92 **Was haben „YUHFC“ und „0/0257/330“ gemeinsam?**

98 **Verkehrsflugzeuge mit Zivilkennzeichen – Lufthansa-Flotte oder Reichseigentum?**

132 **Wer wirbt wann wie wofür?**

152 **Bilderrätsel, vermeintliche Erinnerung und auch Irreführung**

176 **Was sonst noch festzuhalten wäre**

198 **Bemerkenswertes zu den Flugzeugen**

218 **Anhang**

219 Personenverzeichnis

221 Bildnachweis

221 Ein Wort des Dankes

222 Literaturhinweise

Vorwort

Nach über drei Jahrzehnten als Leiter des Firmenarchivs der Lufthansa beschäftigt sich der Autor des vorliegenden Buchs seit nunmehr ebenfalls schon mehreren Jahrzehnten ausschließlich mit dem Weg des Unternehmens durch die Zeit des 2. Weltkriegs sowie dem damit unmittelbar verbundenen direkten Umfeld. Erste Ergebnisse dieser Arbeit waren zwei Bücher, die bereits 2012/2013 unter dem gemeinsamen Titel „Lufthansa im Krieg – die Jahre 1939 – 1945" erschienen.

Von diesen hatte der erste Band zunächst die im Prinzip üblichen Betätigungen einer Luftverkehrsgesellschaft zum Inhalt, also die Durchführung planmäßiger Flugdienste zwecks Beförderung von Personen, Frachtgütern und Post. Hinzu kamen hierbei allerdings die sich auf den Betrieb in steigendem Maß negativ auswirkenden kriegsbedingten Einschränkungen und Gefahren, die schließlich zur endgültigen Einstellung der Flüge führen sollten. Auch der zweite Band griff im Wesentlichen Themen auf, die bereits in normalen Zeiten die Geschäfte einer Fluggesellschaft bestimmen. Es ging um Fragen der Beschaffung von Flugzeugen und Betriebsstoffen, um Organisatorisches hinsichtlich Betrieb, Standorten und Personal sowie um die Durchführung kaufmännischer und betriebswirtschaftlicher Aufgaben. Doch so selbstverständlich und unmittelbar zielführend wie in Friedenszeiten ließ sich dies alles in den Kriegsjahren nicht ohne Weiteres bewerkstelligen. Der kriegsbegründete Zugriff des Staats – man denke nur an das in jeder erdenklichen Form wirksame und verpflichtende „Gesetz über Sachleistungen für Reichsaufgaben" (Reichsleistungsgesetz) – erfasste das gesamte Unternehmen in allen seinen Bereichen. Vorhandene Aktivposten – Mitarbeiter, Flugzeuge, Gebäude und Einrichtungen – wurden für staatliche Zwecke abgezogen. Im Hinblick auf die aber offensichtlich auch aus Reichssicht notwendige Aufrechterhaltung des zivilen Flugbetriebs sowie auf die ständig an Um-

Die Vermutung liegt nahe, dass diese Bilder bei Kriegsbeginn entstanden. Anlässlich der Übernahme der meisten Ju 52-Flugzeuge der Lufthansa durch die Luftwaffe nahmen wohl manche Soldaten die Gelegenheit wahr, sich vor solchen, noch zivilen Maschinen fotografieren zu lassen. Soweit zu erkennen, ist die gesetzte Flagge bereits nicht mehr die der Fluggesellschaft.

fang zunehmenden technischen Arbeiten im Auftrag des Reichsluftfahrtministeriums – im weiteren Text abgekürzt RLM – wurden umgekehrt für die Durchführung dieser Aufgaben dann jedoch wiederum die notwendigen Mittel sowie auch Arbeitskräfte zugeteilt. Die Lufthansa blieb aber selbst während dieser Jahre ein privatwirtschaftlich geführtes Unternehmen, das trotz des situationsbedingt erheblich begrenzten Aktionsrahmens durchaus weiterhin über eine gewisse Handlungsfreiheit verfügte. Das Hauptziel ihrer Bestrebungen war und blieb, der Eigenwirtschaftlichkeit nicht nur näher zu kommen, sondern diese schließlich auch als abschließendes Ergebnis langjähriger Bemühungen präsentieren zu können. Bis Kriegsende und der damit unmittelbar verbundenen Einstellung ihres gesamten Betriebs erreichte sie dieses Ziel, trotz unbestreitbarer Fortschritte selbst während der Kriegsjahre, dann aber doch nicht mehr ganz.

Das hier nun vorliegende dritte Buch geht auf Hintergründe und Zusammenhänge des kriegsbedingt beeinträchtigten Flugwesens ein, deren Kenntnis – zum einen – von vorn herein grundsätzlich nicht für die Allgemeinheit bestimmt war. Vielfach sind das Maßnahmen, die einzelne Länder, so auch das Deutsche Reich, zwecks Verschleierung im Sinne militärischer Geheimhaltung ergriffen, oder beispielsweise auch die Namen der reisenden Fluggäste.

Und zum anderen gibt es Fakten und Hintergründe des Flugverkehrs, die sich ohnehin nicht von selbst dem Außenstehenden erschließen. Luftfahrt besteht ja nicht einfach nur aus den vielerorts und jederzeit auf Flugplätzen oder am weiten Himmel zu beobachtenden Flugzeugen. Vielmehr verbirgt sich dahinter auch eine ausgedehnte und bis ins Kleinste gehende Organisation, national wie international. Das eine muss ins andere greifen und gleichzeitig für alle Beteiligten verständlich und vor allem eindeutig sein. Verwechslungen, Missverständnisse oder Irrtümer können ganz besonders im Luftverkehr schwerwiegendste Folgen haben. Eine für die Öffentlichkeit nicht einsehbare funktionierende und effektive Kommunikation zwischen allen Beteiligten ist deshalb unabdingbar, sei es bei den staatlich vorgegebenen Verfahren der Flugsicherung oder hinsichtlich einer dienstleistungsorientierten Zusammenarbeit zwischen den Luftverkehrsunternehmen. Abläufe und Zusammenhänge der geschilderten Art heute nachzuvollziehen ist im Allgemeinen nur mit Hilfe entsprechender überlieferter Dokumente möglich. Allerdings weist die historische Weitergabe – sowohl schriftlich als auch mündlich – oft doch recht erhebliche Mängel und Lücken auf. Allzu viel dokumentarisches Material wurde schon durch das Kriegsgeschehen vernichtet, vorsätzlich oder fahrlässig bedauerlicherweise aber auch noch danach, und inwieweit Aussagen der sogenannten Zeitzeugen im Detail historisch richtig einzuordnen sind, ist in einzelnen Fällen kaum zu überprüfen. In der Luftfahrtgeschichte gibt es gerade auch zu dem letztgenannten Problem entsprechende Beispiele eindeutig unzutreffender Behauptungen, von denen einige in dem Buch beschrieben werden. Danach wird auch noch auf die weitere Problematik eingegangen, dass durchaus auch aktuelle Publikationen – sei es in gedruckter Form, im Fernsehen oder im Internet – vor dem Hintergrund dieser unsicheren Quellenlage stets besonders kritisch zu betrachten sind. Zu oft führen ungenügende Recherchen, zuweilen geradezu leichtfertige Fehlinterpretationen und zweifelsohne auch einem Zeitgeist entspringende Vorurteile zu Darstellungen, die der Historie nicht wirklich gerecht werden. Das vorliegende Buch ist – fast ausschließlich gestützt auf Originaldokumente – das Ergebnis durchgängiger Bemühungen, Fehler solcher Art grundsätzlich zu vermeiden. Dies schließt den einen oder anderen möglichen Irrtum aber natürlich nicht völlig aus, wofür um Nachsicht gebeten wird wie auch – gegebenenfalls – für entsprechende Hinweise.

Wer fliegt eigentlich im Krieg mit Lufthansa?

Luftverkehr noch in Friedenszeiten: Auffallend viele Damen begeben sich an Bord der Focke-Wulf Fw 200 *D-AETA „Westfalen“*. Wer etwas auf sich hält, reist eben mit dem Flugzeug.

Ein Verkehrsflugzeug und seine Besatzung bilden – flugbetrieblich gesehen – eine Einheit. Der Einsatz erfolgt entsprechend dem veröffentlichten Flugplan. Welche Fluggäste sich dann an Bord eines bestimmten Linienfluges befinden, ist dagegen zufällig und natürlich durch ganz andere, außerbetriebliche Faktoren bestimmt. Über die Passagiere wird im Allgemeinen auch nichts bekannt, schon gar nicht, was der Anlass ihrer Reise ist oder beispielsweise auch welchen Beruf sie ausüben. In einer Mitteilung vom 7. November 1941 verpflichtet die Lufthansa-Verkehrsleitung bereits zum wiederholten Mal alle Mitarbeiter zu strengster Befolgung dahingehender Anweisungen:

- „An Privatpersonen dürfen Auskünfte über Name, Reisetag und Reiseziel gebuchter oder bereits beförderter Gäste weder mündlich noch schriftlich erteilt werden.
- Gegenüber behördlichen Stellen kann die Auskunftserteilung nicht verweigert werden. Die Auskunft gebende Lufthansa-Dienststelle muss sich jedoch vergewissern, dass die Anfrage tatsächlich von einer Behörde und nicht etwa von einer Stelle, die sich zu Unrecht behördliche Befugnisse anmaßt, an uns ergeht. Bei der fernmündlichen Auskunftserteilung ist daher besondere Vorsicht geboten.“

Eher unbeabsichtigt oder auch aufgrund zwischenstaatlicher Absprachen gibt es da zuweilen jedoch Abweichungen. Zum erstgenannten Fall beschreibt die Abteilung Verkehrsüberwachung der Lufthansa ein Vorkommnis im Flugbetrieb vom 22. September 1941: „In Berlin 80 Minuten Startverzögerung wegen Bodennebels in Tempelhof. Da gleichzeitig 2 Flugzeu-

Noch im Sommer 1939 kann man problemlos mit dem Flugzeug von Deutschland nach England oder umgekehrt reisen, wie dieser Reisepass eines Geschäftsmannes belegt. Der Kriegsbeginn am 1. September beendet jäh diese Freiheiten der Luft.

Oft kein Geheimnis wird in den 1930er Jahren aus den Namen prominenter Fluggäste gemacht. Dazu zählt – hier neben Flugkapitän Joseph Kaspar – Sonja Henie, mehrfache Olympiasiegerin und Weltmeisterin im Eiskunstlauf und später weltberühmter Hollywood-Filmstar.

ge nach Wien starteten, wurden die Fluggäste an der Flugsteigsperre namentlich aufgerufen und zu den Flugzeugen geführt. Es sollte überlegt werden, ob das laute Ausrufen der Namen nicht umgangen werden kann. Es ist anzunehmen, dass es den Passagieren (vor allen Dingen Prominenten) durchaus nicht immer angenehm ist, den übrigen Reisenden auf diese Weise bekannt zu werden." Und in der Niederschrift „Zum Vortrag beim Hr. Amtschef LB" im RLM steht am 6. Januar 1944 hinsichtlich des zweiten Falls: „Das Auswärtige Amt gibt vereinbarungsgemäß der türkischen Regierung die Namen der Fluggäste des Kurierflugzeugs Wien-Istanbul vorher telegrafisch mit Berufsbezeichnungen bekannt. Der Botschafter von Papen berichtet dem A.A., dass die telegrafisch durchgegebenen Berufsbezeichnungen nicht immer mit den in den Pässen der Passagiere eingetragenen Bezeichnungen übereinstimmen; insbesondere träfe dies bei Offizieren zu, für die aus Tarnungsgründen andere Berufsbezeichnungen gewählt seien." Ausgerechnet dazu kommt im Juni noch eine weitere Unregelmäßigkeit: „Laut Mitteilung des Ausw. Amts hat sich der Botschafter von Papen darüber beschwert, dass in den Flugzeugen der Kurierfluglinie K 107 sich fast regelmäßig Fluggäste ohne türkisches Einreisevisum befänden und bittet um Abhilfe. Gestapo hat daraufhin die Grenzpolizei in Wien angewiesen, Fluggäste ohne das türkische Einreisevisum vom Fluge auszuschließen."

Für Fluggastnamen aus der Zeit von 1939 bis 1945 gibt es rückblickend tatsächlich eine ganze Reihe interessanter Quellen. So werden in Unfallberichten stets die tödlich Verunglückten namentlich genannt, aus dem Jahr 1941 liegen Passagierlisten aller aus Madrid – nach Lissabon oder in Richtung Deutschland – abgeflogenen Liniendienste der Lufthansa vor und schließlich sind in sonstigen Schriftstücken allgemeiner Art auch noch Hinweise auf besondere einzelne Fluggäste oder auch Fluggastgruppen zu finden.

In den ersten Kriegsjahren zeichnet sich noch keine große Veränderung hinsichtlich der beförderten Passagiere ab. Militär taucht zunächst kaum auf, weiterhin jedoch zahlreiche Kaufleute, und selbst Frauen fliegen durchaus auch noch häufiger. Als Flugverbindung eine ganz besondere Rolle spielt während des Kriegs die Strecke K 22, die Deutschland über Frankreich mit Spanien und Portugal verbindet. Insbesondere Lissabon – wer kennt nicht dieses in dem Film „Casablanca" heiß ersehnte Flugziel – ist in dieser schwierigen Zeit Dreh- und

Die gerade erst seit einigen Monaten wieder in Betrieb genommene Strecke K 22 zeigt eine ansteigende Tendenz bei den Passagierzahlen, wie diese Aufstellung aus Madrid für die erste Dezemberhälfte 1940 erkennen lässt.

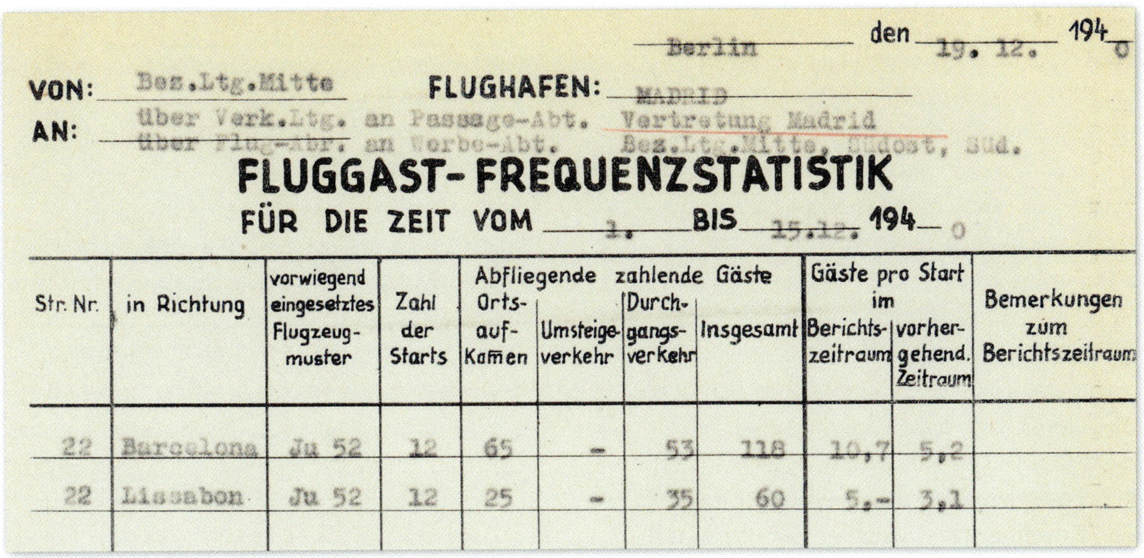

Berlin den 19. 12. 1940

VON: Bez.Ltg.Mitte FLUGHAFEN: MADRID

AN: über Verk.Ltg. an Passage-Abt. Vertretung Madrid
über Flug-Abr. an Werbe-Abt. Bez.Ltg.Mitte, Südost, Süd.

FLUGGAST-FREQUENZSTATISTIK

FÜR DIE ZEIT VOM 1. BIS 15.12. 1940

Str. Nr.	in Richtung	vorwiegend eingesetztes Flugzeugmuster	Zahl der Starts	Abfliegende zahlende Gäste: Ortsaufkommen	Umsteigeverkehr	Durchgangsverkehr	Insgesamt	Gäste pro Start im Berichtszeitraum	vorhergehend. Zeitraum	Bemerkungen zum Berichtszeitraum
22	Barcelona	Ju 52	12	65	–	53	118	10,7	5,2	
22	Lissabon	Ju 52	12	25	–	35	60	5,–	3,1	

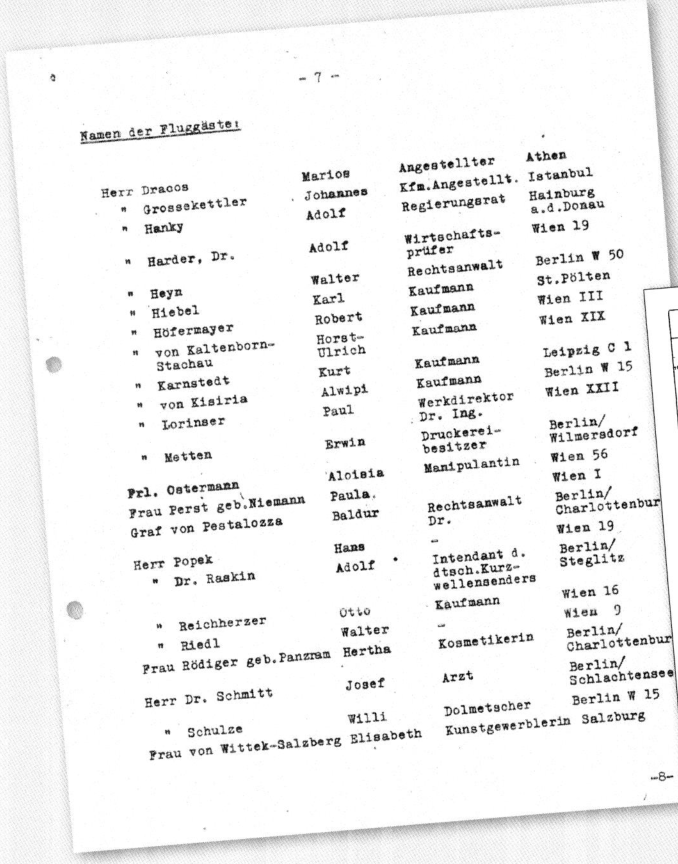

- 7 -

Namen der Fluggäste:

Herr Dracos	Marios	Angestellter	Athen
" Grossekettler	Johannes	Kfm.Angestellt.	Istanbul
" Hanky	Adolf	Regierungsrat	Hainburg a.d.Donau
" Harder, Dr.	Adolf	Wirtschafts-prüfer	Wien 19
" Heyn	Walter	Rechtsanwalt	Berlin W 50
" Hiebel	Karl	Kaufmann	St.Pölten
" Höfermayer	Robert	Kaufmann	Wien III
" von Kaltenborn-Stachau	Horst-Ulrich	Kaufmann	Wien XIX
" Karnstedt	Kurt	Kaufmann	Leipzig C 1
" von Kisiria	Alwipi	Kaufmann	Berlin W 15
" Lorinser	Paul	Werkdirektor Dr. Ing.	Wien XXII
" Metten	Erwin	Druckerei-besitzer	Berlin/Wilmersdorf
Frl. Ostermann	Aloisia	Manipulantin	Wien 56
Frau Perst geb.Niemann	Paula		Wien I
Graf von Pestalozza	Baldur	Rechtsanwalt Dr.	Berlin/Charlottenbur
Herr Popek	Hans	"	Wien 19
" Dr. Raskin	Adolf	Intendant d. dtsch.Kurz-wellensenders	Berlin/Steglitz
" Reichherzer	Otto	Kaufmann	Wien 16
" Riedl	Walter	"	Wien 9
Frau Rödiger geb.Panzram	Hertha	Kosmetikerin	Berlin/Charlottenbur
Herr Dr. Schmitt	Josef	Arzt	Berlin/Schlachtensee
" Schulze	Willi	Dolmetscher	Berlin W 15
Frau von Wittek-Salzberg	Elisabeth	Kunstgewerblerin	Salzburg

-8-

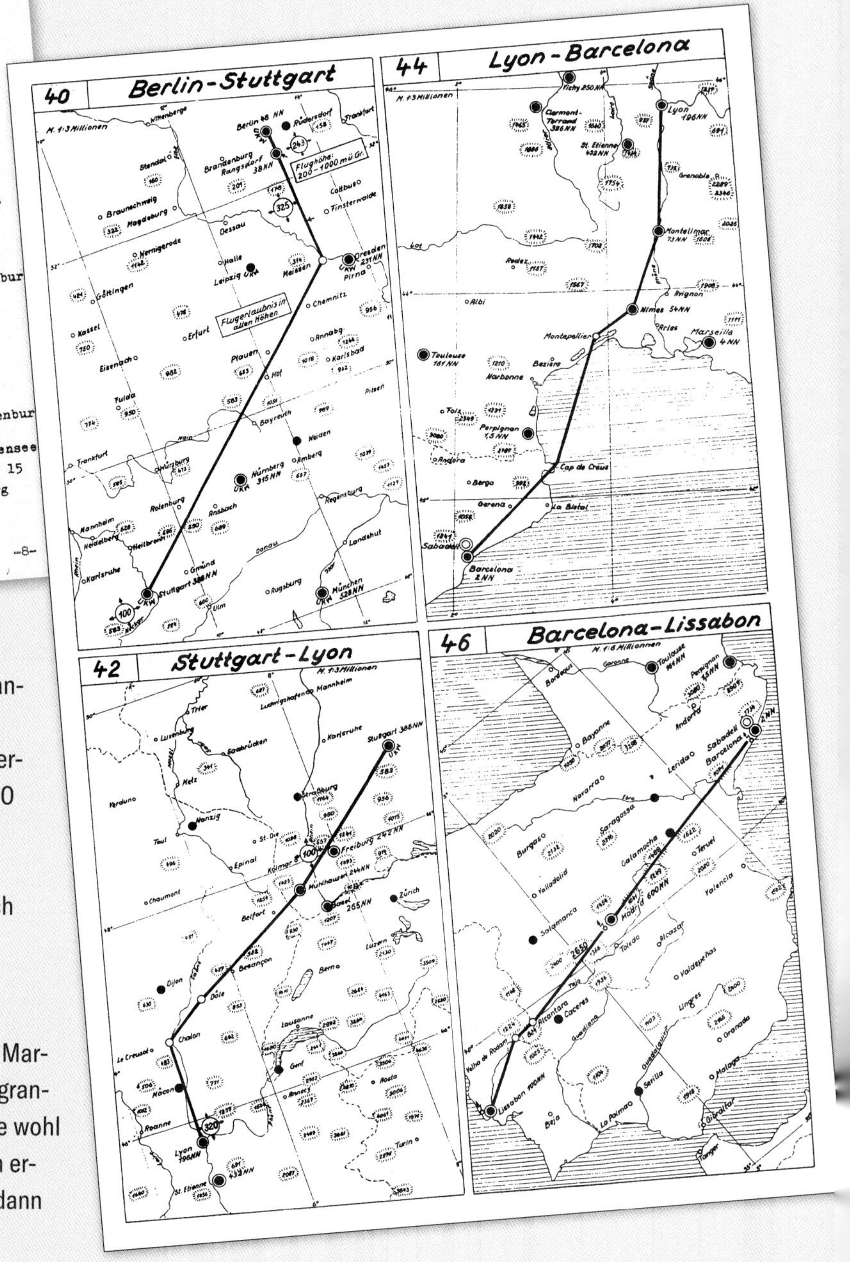

Der schwerste Unfall der „alten" Lufthansa ereignet sich am 8. November 1940. Wie die Aufstellung der dabei tödlich verunglückten Passagiere der Junkers Ju 90 *D-AVMF „Brandenburg"* belegt, werden gut 14 Monate nach Kriegsbeginn zivile Flugdienste von Militärangehörigen noch kaum oder gar nicht benutzt.

Die für einige Zeit zusätzlich noch über Marseille geführte Strecke K 22 gilt für Emigranten, die Europa verlassen wollen, als die wohl wichtigste Flugverbindung. Ab Lissabon erfolgt die Weiterreise in die „neue Welt" dann mit dem Schiff.

Nachdem gerade eine Woche zuvor die Lufthansa-Strecke K 22 bis Lissabon verlängert wurde, informiert ein Fluggast am 14. Oktober 1940 seine Berliner Angehörigen in üblichem Telegrammdeutsch, dass er wohlbehalten in der portugiesischen Hauptstadt angekommen ist.

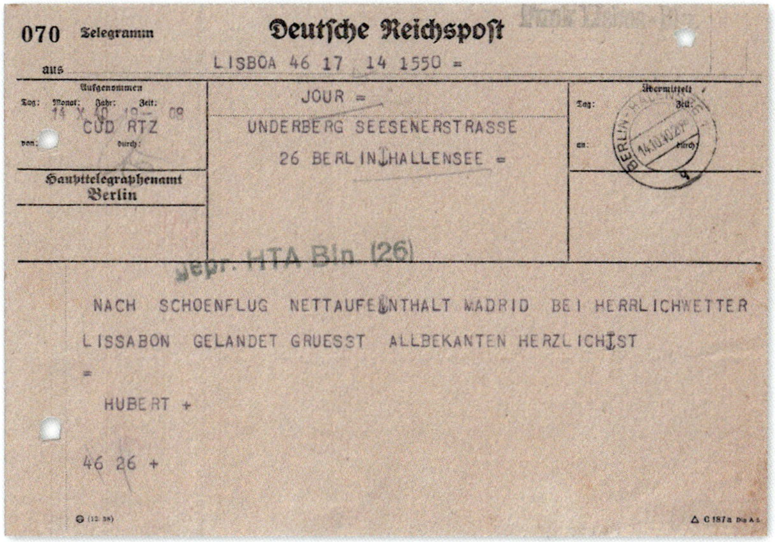

070 Telegramm **Deutsche Reichspost**

aus LISBOA 46 17 14 1550 =

Aufgenommen Tag: Monat: Jahr: Zeit: 14 X 40 19 — 09 CUD RTZ von: durch:

Haupttelegraphenamt Berlin

JOUR =

UNDERBERG SEESENERSTRASSE

26 BERLIN HALLENSEE =

gepr. HTA Bln (26)

NACH SCHOENFLUG NETTAUFENTHALT MADRID BEI HERRLICHWETTER LISSABON GELANDET GRUESST ALLBEKANTEN HERZLICHST

=

HUBERT +

46 26 +

Angelpunkt für viele und vieles. Nachdem bei Kriegsbeginn der Anflug der iberischen Halbinsel eingestellt werden musste, ermöglicht der deutsch-französische Waffenstillstand die Wiederaufnahme der Strecke K 22 zunächst über Lyon, Marseille und Barcelona bis Madrid. Die portugiesische Hauptstadt – das „offene Tor zur Welt", wie der dortige Lufthansa-Bevollmächtigte Graf Beroldingen Lissabon bezeichnet, ist dann ab dem 7. Oktober 1940 wieder Endpunkt der Verbindung. Doch nicht zuletzt auch Madrid – ob Zielort, Abflugort oder für Transitpassagiere – spielt eine wichtige Rolle. In den dort erstellten Passagiermanifesten tauchen bekannte Namen auf, wobei die Identität der beförderten Personen allerdings nicht immer unbedingt klar ist. Zufällige Namensgleichheiten dürften Einstein, Saint-Exupéry, Eichmann, Morell, Oppenheimer, Montgolfier, Guggenheim, Cartier, Seebohm oder auch Hammerstein sein. Größer ist die Wahrscheinlichkeit, dass mit Wallenberg, Schacht und Hedin die mit diesen Namen verbundenen bekannten Persönlichkeiten gemeint sind. Bei Nicolas Franco, einem Bruder des spanischen Staatschefs, und Cana-

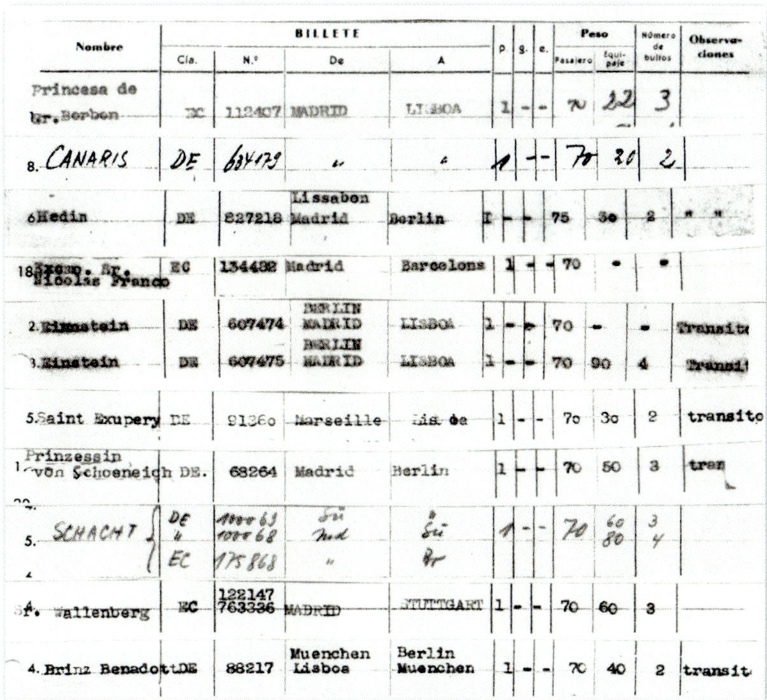

Nombre	Billete: Cla.	N.°	De	A	p.	g.	e.	Peso: Pasajero	Equipaje	Número de bultos	Observaciones
Princesa de Br. Borbon	DC	112407	MADRID	LISBOA	1	-	-	70	22	3	
8. CANARIS	DE	634179	"	"	1	-	-	70	30	2	
6 Hedin	DE	827218	Lissabon Madrid	Berlin	I	-	-	75	30	2	" "
18 Excmo. Sr. Nicolas Franco	EC	134432	Madrid	Barcelona	1	-	-	70	-	-	
2. Einstein	DE	607474	BERLIN MADRID	LISBOA	1	-	-	70	-	-	Transito
3. Einstein	DE	607475	BERLIN MADRID	LISBOA	1	-	-	70	90	4	Transit
5. Saint Exupery	DE	91360	Marseille	Lisboa	1	-	-	70	30	2	transito
1 Prinzessin von Schoeneich	DE.	68264	Madrid	Berlin	1	-	-	70	50	3	tran
5. SCHACHT	DE / " / EC	100063 / 100068 / 175868	Sü / Mad / "	Sü / Br	1	-	-	70	60 / 80	3 / 4	
4. Sr. Wallenberg	EC	122147 763336	MADRID	STUTTGART	1	-	-	70	60	3	
4. Brinz Benadott	DE	88217	Muenchen Lisboa	Berlin Muenchen	1	-	-	70	40	2	transit

Auf den Madrider Passagierlisten – hier einzelne Ausschnitte – tauchen bekannte Namen auf, mancher nur bei Flügen nach Lissabon, andere nur in Richtung Deutschland. Verschiedentlich findet man gleich lautende Namen auch auf Flügen in beide Richtungen.

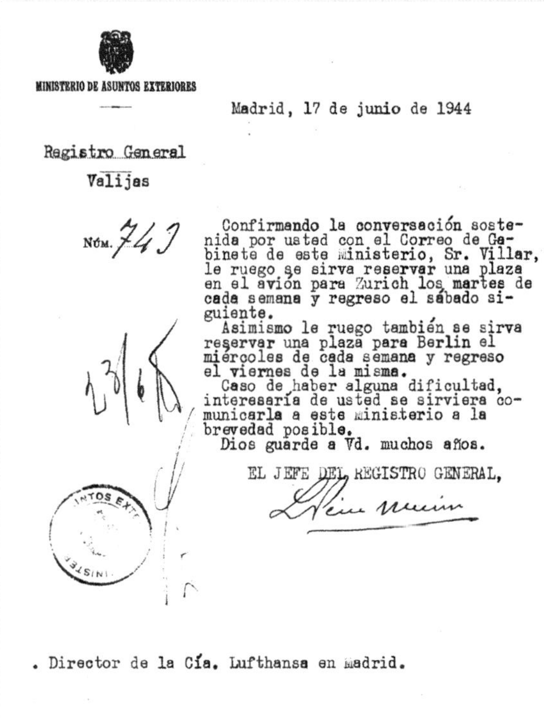

MINISTERIO DE ASUNTOS EXTERIORES

Madrid, 17 de junio de 1944

Registro General
Valijas

Núm. 743

Confirmando la conversación sostenida por usted con el Correo de Gabinete de este Ministerio, Sr. Villar, le ruego se sirva reservar una plaza en el avión para Zurich los martes de cada semana y regreso el sábado siguiente.
Asimismo le ruego también se sirva reservar una plaza para Berlin el miércoles de cada semana y regreso el viernes de la misma.
Caso de haber alguna dificultad, interesaría de usted se sirviera comunicarla a este Ministerio a la brevedad posible.
Dios guarde a Vd. muchos años.

EL JEFE DEL REGISTRO GENERAL,

23/6

. Director de la Cía. Lufthansa en Madrid.

Die Zentralstelle für Kuriersendungen des spanischen Außenministeriums bestätigt die bereits mündlich der Lufthansa vorgetragene Bitte, an bestimmten Wochentagen Kurierplätze auf Flügen nach und von Zürich beziehungsweise Berlin frei zu halten.

ris besteht dagegen wohl kein Zweifel. Auffällig sind auch die häufigen adeligen Namen wie Prinz von Ratibor, Prinz Bernadotte, von Rheinbaben, von Esebeck, von Holleuffer, von Knigge, Sempft von Pilsach, Princesa de Borbon sowie – ein ganz besonderer Fall – Prinzessin von Schönaich. Sollte dies die zweite Ehefrau des ehemaligen deutschen Kaisers Wilhelm II sein, die er 1922 im niederländischen Exil ehelichte? Nicht festzustellen ist, wer aus welchem Grund reiste. Doch fällt auf, dass laut den Madrider Passagierlisten der eine oder andere häufiger unterwegs war. So fliegt beispielsweise ein Passagier Ruckenbrod von Juni bis November 1941 mehrfach von Berlin nach Lissabon und umgekehrt. Vorher schon reist ein Fluggast Heinichen des Öfteren zwischen Madrid und Lissabon hin und her, zuweilen mit Anreise aus Berlin und München oder mit dem Endziel Stuttgart. Es könnte sich um Firmenvertreter handeln oder, vielleicht eher noch, auch um staatliche Kuriere. Letztere müssen keineswegs nur in deutschem Auftrag reisen. So fliegt beispielsweise am 7. August 1943 ein Rodolphe Hermann mit Schweizer Pass und einem Kurierausweis des spanischen Generalstabs von Barcelona nach Stuttgart. Für eine wirtschaftlichere Ausnutzung der Lufthansa-Flüge Oslo-Berlin sorgt im November 1944 der Kommandierende General der Luftwaffe in Norwegen. Statt weiterhin je einen Kurier der Luftwaffe, des Heeres, der Marine und des Reichskommissars einzusetzen, einigt man sich auf nur einen Offizierkurier für alle vier Dienststellen, eine Regelung, der sich auch das Forschungsamt anschließt.

Ein immer wieder aufkommendes Thema interner Schriftwechsel ist die Beförderung von Ausländern. Bereits 1940 informiert Gerhard Lindenberg, der Lufthansa-Bevollmächtigte für Spanien, die Verkehrsleitung in Berlin: „Die Anweisung, dass die spanische Polizei Franzosen, Engländer, Norweger, Holländer, Belgier und Polen in wehrpflichtigem Alter unter 40 Jahren in Richtung Portugal bezw. überhaupt in einer Richtung, die das Ziel England haben könnte, nicht passieren lässt, wurde von der Dirección General de Seguridad den zuständigen spanischen Dienststellen geheim gegeben, um evtl. Proteste, soweit noch vorhandene diplomatische Vertretungen dieser Länder oder England zu vermeiden." Ab 1941 ist, so wiederum Graf Beroldingen, „Reisenden mit kroatischen Pässen (mit Ausnahme von Diplomaten) das Betreten Portugals, selbst im Transit, ver-

Diese Liste verrät die Namen der für März 1941 aus dem Ausland beim Berliner Luftreisebüro der Lufthansa für die Strecke K 22 gebuchten Fluggäste. Bemerkenswert ist, dass auch die KLM noch Reservierungen auf diesem Weg veranlasst.

1. 3.	2x	Blinkenberg	Stuttgart-Barcelona	durch	Kopenhagen
3. 3.	1x	Dyrburg	" "	"	"
3. 3.	1x	Knudsen	Berlin-Barcelona	"	"
3. 3.	2x	Smith und Nutzhorn	" "	"	"
4. 3.	2x	Suow	" "	"	"
4. 3.	1x	Boumann	" "	"	K.L.M.,Den Haag
5. 3.	2x	Elsacker	" "	"	" "
5. 3.	1x	Hanssen	" "	"	Kopenhagen
5. 3.	2x	Lorenz	" "	"	Bukarest
6. 3.	1x	Nieuvenhüizen	" "	"	K.L.M.,Den Haag
6. 3.	1x	Wassermann	" "	"	" "
7. 3.	4x	Bruyn	Berlin-Lissabon	"	" "
8.3.	2x	Vandermey	Berlin-Barcelona	"	" "
8. 3.	2x	Löderup Aeder	Berlin-Lissabon	"	Stockholm
10.3.	1x	Breitzmann	Stuttgart-Barcelona	"	Kopenhagen
10.3.	2x	Bay	Berlin-Barcelona	"	"
11.3.	2x	Tovesen	Berlin-Lissabon	"	Stockholm
11.3.	2x	Jensen	Berlin-Barcelona	"	Kopenhagen
12.3.	1x	Leyonen	" "	"	Malmö
12.3.	4x	van Osten	" "	"	K.L.M.,Den Haag
13.3.	1x	Chang	" "	"	" "
14.3.	2x	Lessler	" "	"	Stockholm
15.3.	1x	Gorthon	" "	"	Malmö
17.3.	3x	Hedrich	" "	"	Kopenhagen
18.3.	3x	Groen	" "	"	K.L.M.,Den Haag
18.3.	1x	Beagstam	Berlin-Lissabon	"	Stockholm
19.3.	2x	Goven	Berlin-Barcelona	"	K.L.M.,Den Haag
20.3.	3x	Hofland	" "	"	" "
20.3.	2x	Warnaar Coebergh	" "	"	" "
21.3.	1x	Kjallstroem	Berlin-Lissabon	durch	Stockholm
21.3.	1x	Petersen	" "	"	Kopenhagen
22.3.	1x	Sollitt	Berlin-Barcelona	"	K.L.M.,Den Haag
24.3.	1x	Johansen	" "	"	Kopenhagen
27.3.	3x	Wiese Hansen	" "	"	Oslo
29.3.	4x	Salm	" "	"	K.L.M.,Den Haag
30.3.	1x	Diller	Stuttgart-Lissabon	"	Kopenhagen.

boten.“ In einem Rundschreiben weist Lufthansa 1943 darauf hin, „dass wir Buchungsaufträge aus dem Ausland für das innerdeutsche Streckennetz sowie für die nach dem Ausland führenden Strecken nur bearbeiten können, wenn mit dem Buchungsauftrag die Staatsangehörigkeit des Fluggastes, die aus dem Pass hervorgeht, sowie dessen Passnummer bekannt gegeben werden. (…) Von der ausländischen Flugscheinverkaufsstelle muss, falls uns eine Buchung möglich ist, sobald die Buchungsbestätigung vorliegt, Staatsangehörigkeit und Passnummer im Flugschein vermerkt werden.

Das an der Decke hängende Schild weist zwar lediglich auf die „Abflug-Flugscheinkontrolle“ hin, doch für Reisen ins Ausland ist die Kontrolle der Pässe und notwendigen Visa gleichermaßen wichtig.

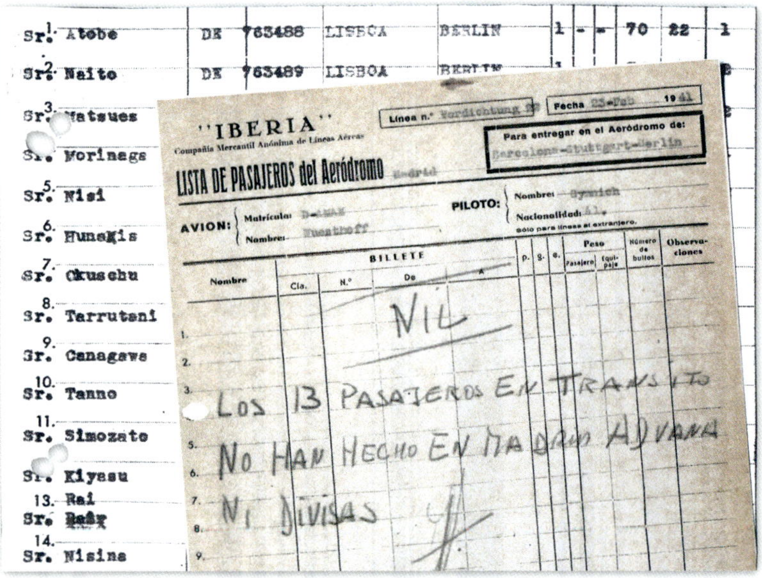

Die aus Lissabon kommenden japanischen Marinesoldaten werden bei der Durchreise in Madrid weder durch den Zoll noch auf mitgeführte Devisen überprüft. „NIL" bedeutet hier, dass es in Madrid keine zusteigenden Passagiere gab.

Alle Fluggäste werden bei Antritt der Luftreise in Deutschland darauf kontrolliert, dass Personalausweis und Eintragung im Flugschein übereinstimmen."

Kein großes Aufheben wird bis gegen Ende 1941 um Reisen von Angehörigen der amerikanischen Gesandtschaft in Berlin gemacht. So fliegt ein Mr. Coleman von dort nach Lissabon, allerdings mit einem unfreiwilligen eintägigen Aufenthalt in Madrid. Sein eigentlich vorgesehener Weiterflug musste wegen später Ankunft dort und schlechten Wetters in Lissabon auf den folgenden Tag verschoben werden. Bald darauf sind Lufthansa-Flüge aber für Amerikaner natürlich nicht mehr möglich, nachdem das Deutsche Reich den Vereinigten Staaten den Krieg erklärt hat. 1943 weist Gerhard Lindenberg die für die Lufthansa als Verkaufsagentur tätige Iberia auf eine entsprechende erweiterte Vorschrift hin: „Wir bitten Sie Ihr besonderes Augenmerk darauf zu richten, dass Angehörige der Feindstaaten auf unserer Strecke K 22 weder innerhalb Spaniens noch nach Lissabon in keinem Fall befördert werden. Diese Bestimmung bezieht sich nicht nur auf diejenigen Nationalitäten, die mit Deutschland bzw. der Achse im offenen Krieg stehen, sondern auch auf diejenigen Staaten, die die Beziehungen zu Deutschland abgebrochen haben." Geduldet ist da Mitte 1944 aber selbstverständlich der französische Kurier, der im Auftrag der Vichy-Regierung einmal wöchentlich Diplomatenpost von der Madrider Botschaft nach Lyon begleitet.

Natürlich gibt es aber auch Ausländer, die bevorzugt die Lufthansa-Dienste in Anspruch nehmen dürfen und vielleicht sogar sollen. So kann man sicherlich einen bündnispolitischen Hintergrund für die doch relativ zahlreichen japanischen Fluggäste unterstellen. Denn vorwiegend ist Berlin das Flugziel der in den Passagierlisten erwähnten Herren Okamoto, Akita, Takata, Maru, Nishigaya, Jiru Honma, Nobu, Sogi und Yaguchi. Im Februar 1941 treffen mit einem Dampfer sogar 28 Japaner – eine Abordnung der Kaiserlich-Japanischen Kriegsmarine – in Lissabon ein, denen über ihre örtliche Gesandtschaft Flugscheine nach Berlin ausgehändigt werden. Bei Ihrer Weiterreise mit Verdichtungsflügen der Lufthansa vermerkt die spanische Grenzkontrolle in Madrid, dass Zoll- und Devisenüberprüfungen nicht stattfanden. Noch im September 1944 bittet die japanische Botschaft in der Reichshauptstadt, sechs ihrer Mitarbeiter – einen sogar mit Ehefrau und Kind –, die sich zu dieser Zeit in Lissabon aufhalten, schnellstmöglich nach Berlin zu befördern.

Auch Spanien pflegt besondere Kontakte mit dem Deutschen Reich. Unklar ist, was zwölf junge Spanierinnen – in der Passagierliste als „Señoritas“ ausgewiesen – veranlasst, im Mai 1941 nach Stuttgart zu fliegen. Am 4. Juli sind für die Fußball-Stadtmannschaft von Barcelona 20 Plätze nach Deutschland gebucht. Aus Kapazitätsgründen kann der Rückflug jeweils nur für Fünfergruppen auf den Flügen am 7./8./9./10. Juli reserviert werden. Im Oktober reist eine elfköpfige Gruppe Spanier in der Junkers Ju 90 *D-AEDS „Preussen“* von Madrid nach München und im November wiederum sind zehn Spanier von Berlin bis nach Lissabon unterwegs, in ihrem Heimatland merkwürdigerweise also lediglich im Transit. Am 10. April 1942 reist die spanische Fußball-Nationalmannschaft nach Berlin. Auch hier muss auf zwei Flugzeuge verteilt geflogen werden, weil die zu dieser Zeit eingesetzten Douglas DC3-Flugzeuge jeweils nur 19 Sitzplätze aufweisen. Da die gesamte Mannschaft aber in einem Kollektivpass eingetragen reist, muss die Polizei in Stuttgart ausdrücklich auf diesen Umstand vor Ankunft der beiden Maschinen hingewiesen werden. Besondere Maßnahmen sind bei einem innerspanischen Flug der Douglas DC3 *D-AOFS* am 29. März 1943 zu ergreifen. Der in Barcelona zuständige Flugleiter Klaus Berendes schreibt dazu: „Genanntes Flugzeug startete am heutigen Tage pünktlich um 16,30 DSZ nach Madrid, obwohl zwei Fluggäste noch fehlten. Da solches öfters vorkommt, außerdem Gegenwind herrschte, bestand kein Grund den Start zu verzögern. Kurz nach Start erschienen die fehlenden Fluggäste und entpuppten sich als der spanische Arbeitsminister und ein anderer höherer Staatsbeamter, was aus der Buchungskladde nicht ersichtlich war. Da die Passagiere angaben, aller dringlichst nach Madrid zu müssen, wurde das Flugzeug vom Flugleiter der D.L.H. zurückgerufen. Landung 16,42, Wiederstart 16,47.“ Zahlreich sind auch Flüge mit politischem oder militärischem Hintergrund. An erster Stelle ist hier die División Española de Voluntarios zu nennen, besser bekannt als Blaue Division. Diese etwa 18 000 spanischen Freiwilligen, die das Deutsche Reich im „Kampf gegen den Bolschewismus“ unterstützen wollen, werden zwar per Eisenbahn nach Deutschland befördert, doch nimmt man in diesem Zusammenhang auch die Dienste der Lufthansa in Anspruch. So fliegt am 5. Juli 1941

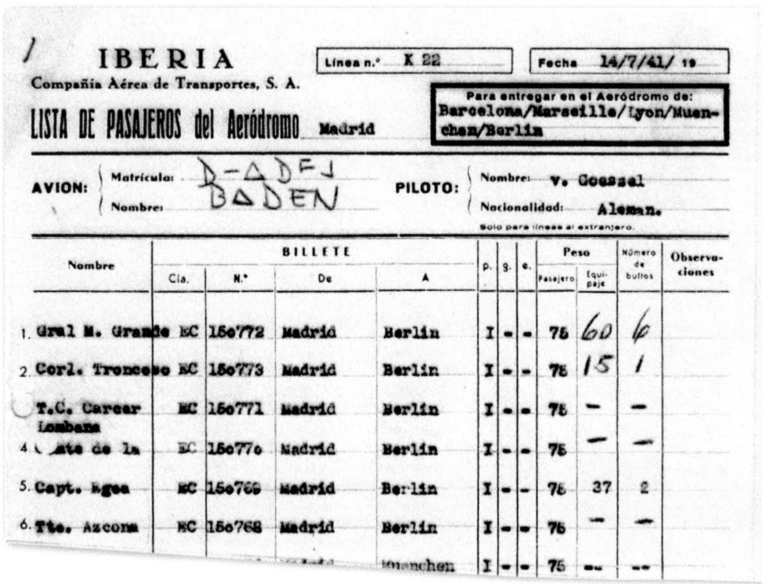

1 IBERIA
Compañia Aérea de Transportes, S. A.
Línea n.° K 22
Fecha 14/7/41/ 19
LISTA DE PASAJEROS del Aeródromo Madrid
Para entregar en el Aeródromo de: Barcelona/Marseille/Lyon/Muenchen/Berlin
AVION: Matrícula: D-ADFJ
Nombre: BADEN
PILOTO: Nombre: v. Goessel
Nacionalidad: Aleman.
Solo para líneas al extranjero.

Nombre	Billete Cia.	Billete N.°	Billete De	Billete A	p.	g.	e.	Peso Pasajero	Peso Equipaje	Número de bultos	Observaciones
1. Gral M. Grande	EC	15o772	Madrid	Berlin	I	-	-	75	60	6	
2. Corl. Troncoso	EC	15o773	Madrid	Berlin	I	-	-	75	15	1	
T.C. Carcer Lombana	EC	15o771	Madrid	Berlin	I	-	-	75	–	–	
4. [illegible] de la	EC	15o770	Madrid	Berlin	I	-	-	75	–	–	
5. Capt. [illegible]	EC	15o769	Madrid	Berlin	I	-	-	75	37	2	
6. Tte. Azcona	EC	15o768	Madrid	Berlin	I	-	-	75	–	–	
[illegible]			[illegible]	Muenchen	I	-	-	75	–	–	

Der Kommandeur der aus spanischen Freiwilligen bestehenden Blauen Division, General Agustin Muñoz Grandes, fliegt mit seinem Stab auf der Lufthansa-Strecke K 22 nach Deutschland.

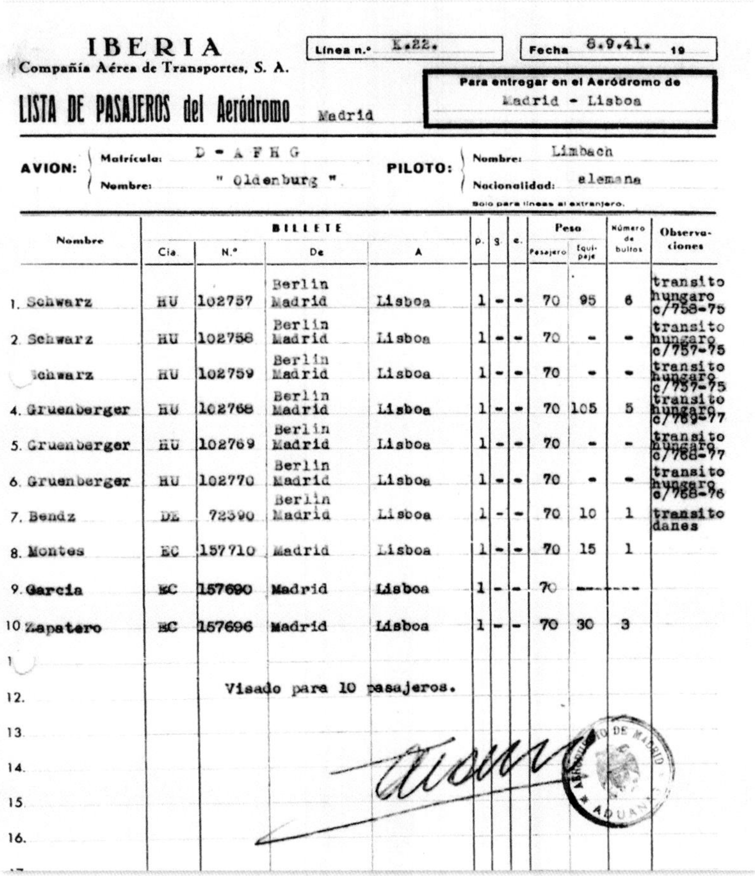

IBERIA
Compañía Aérea de Transportes, S. A.

Línea n.° K.22. Fecha 8.9.41. 19

LISTA DE PASAJEROS del Aeródromo Madrid

Para entregar en el Aeródromo de Madrid - Lisboa

AVION: Matrícula: D - A F H G
Nombre: " Oldenburg "

PILOTO: Nombre: Limbach
Nacionalidad: alemana
Solo para líneas al extranjero.

Nombre	BILLETE Cía.	N.°	De	A	p.	s.	e.	Peso Pasajero	Peso Equipaje	Número de bultos	Observaciones
1. Schwarz	HU	102757	Berlin Madrid	Lisboa	1	-	-	70	95	6	transito hungaro c/758-75
2. Schwarz	HU	102758	Berlin Madrid	Lisboa	1	-	-	70	-	-	transito hungaro c/757-75
Schwarz	HU	102759	Berlin Madrid	Lisboa	1	-	-	70	-	-	transito hungaro c/757-75
4. Gruenberger	HU	102768	Berlin Madrid	Lisboa	1	-	-	70	105	5	transito hungaro c/769-77
5. Gruenberger	HU	102769	Berlin Madrid	Lisboa	1	-	-	70	-	-	transito hungaro c/768-77
6. Gruenberger	HU	102770	Berlin Madrid	Lisboa	1	-	-	70	-	-	transito hungaro c/768-76
7. Bendz	DE	72390	Berlin Madrid	Lisboa	1	-	-	70	10	1	transito danes
8. Montes	EC	157710	Madrid	Lisboa	1	-	-	70	15	1	
9. Garcia	EC	157690	Madrid	Lisboa	1	-	-	70	---	---	
10 Zapatero	EC	157696	Madrid	Lisboa	1	-	-	70	30	3	
1											
12.											
13.											
14.											
15.											
16.											

Visado para 10 pasajeros.

DE MADRID ADUANA

Ungarische Emigranten mit Tickets der Fluggesellschaft Malert – Code HU – müssen erst nach Berlin kommen, um von dort über die Lufthansa-Strecke K 22 weiter nach Lissabon reisen zu können.

eine siebenköpfige Gruppe unter der Leitung von Oberstleutnant Joaquín Romero Mazariegos mit der Junkers Ju 90 *D-AEDS „Preussen“* nach Berlin, um vor Ort die Eingliederung der Spanier in das deutsche Militär mit zu organisieren. Der Kommandeur der División Azul , so die inoffizielle spanische Bezeichnung für die Einheit, General Agustin Muñoz Grandes reist schließlich am 14. Juli mit der Ju 90 *D-ADFJ „Baden“* nach Berlin. Ihn begleiten Oberst José Maria Troncoso Sagredo, Oberstleutnant Fernando Cárcer Disdier, Comandante Gonzalo de la Lombana García sowie ein Hauptmann Egea und ein Leutnant Azcona. Ende August 1941 ist es dann der spanische Handelsminister Demetrio Carceller Segura, der sich auf Einladung der Reichsregierung, an der Leipziger Herbstmesse teilzunehmen, mit seinem Privatsekretär auf dem Luftweg nach Berlin begibt. Besondere Aufmerksamkeit zieht in Spanien stets General José Moscardó Ituarte auf sich, seit er im Spanischen Bürgerkrieg als Verteidiger des Alcazars von Toledo zu außerordentlichem Ruhm gelangte. So ist es für Lufthansa durchaus begrüßenswert, dass er „sich bei seiner Rückkehr mit unserer Maschine aus Deutschland der zu seinem Empfang erschienenen Presse gegenüber in anerkennenden Worten über unseren Dienst“ äußert, so der Verkehrsmonatsbericht der Flugleitung Barcelona für Dezember 1941.

Eine absolut vorrangige Beförderung avisiert im Oktober 1942 ein an die Flugleitung Barcelona gerichtetes Telegramm: „sicherstellt auf höheren befehl unbedingt beförderung vier sich bei ihnen meldender offizieller spanischer persoenlichkeiten mit streckenmaschine donnerstag 22 bis berlin“. Diese „kriegsunmittelbar wichtigen Gäste“ sind Oberstleutnant Penaranda, Major García, Leutnant Horica und Prinz Louis Ferdinand von Bayern und Bourbon.

Ganz besonders in Anspruch genommen wird die Strecke K 22 durch jüdische Emigranten, deren Beförderungsmöglichkeit „ab sofort besteht bis auf jederzeitigen Widerruf“, so ein Lufthansa-Rundschreiben vom 12. September 1940. Dies ändert sich etwa ein Jahr später, „nachdem Juden das Flugzeug ab einem deutschen Hafen überhaupt nicht mehr benutzen können", wie die Verkehrsleitung der Flugleitung Marseille mitteilt. Ein Problem für die Emigranten ist die erforderliche äußerst kurzfristige Verfügbarkeit für den Flugantritt. Darauf geht die Abteilung Personenverkehr ein: „Tatsächlich werden Nichtarier zum Teil erst um 16.00 Uhr in Kenntnis gesetzt, dass sie am nächsten Morgen fliegen können. Diese späte Benachrichtigung kommt daher, dass ein Platz frei geworden ist, und da ja für jeden Tag aus Kreisen der Wirtschaft Vormerkungen nach überall hin vorliegen, wird naturgemäß erst versucht, einen frei gewordenen Platz an eine Persönlichkeit weiterzuverkaufen, die im Interesse des Deutschen Reiches nach Spanien oder Portugal muss. Nun ist es in den meisten Fällen immer so, dass gerade diese Persönlichkeiten einem so kurzfristigen Abruf nicht folgen können. Daraus erklärt sich die Tatsache, dass überhaupt Nichtarier auch heute noch befördert werden." Das bedeutet, dass diese aufgrund der zunehmenden Bedrohung gegen Leib und Leben zweifellos eher unfreiwillig zur Ausreise Entschlossenen im Allgemeinen erst nach Berlin kommen und dort warten müssen – vereinzelt möglich sind ebenso Stuttgart und zeitweise auch München –, um eine sich bietende Flugmöglichkeit sofort ausnutzen zu können. Trotz dieser außerordentlich restriktiven Voraussetzungen erreichen zahlreiche Emigranten, darunter Familien mit mehreren Kindern und mitunter sogar noch mit einem Hund, Lissabon auf dem Luftweg. Selbst Niederländer, Rumänen und Ungarn – einmal wird in der Madrider Passagierliste auch eine „Africana" erwähnt – wählen diese Lufthansa-Verbindung für ihre Ausreise. Über eine gewisse Zeit steigen jüdische Emigranten auch noch in Lyon oder Marseille zu. Doch hinsichtlich der sie erwartenden, doch sehr einschränkenden und widrigen Verhältnisse in Portugal äußert sich Graf Beroldingen in einem Schreiben an die Verkehrsleitung in Berlin: „Die hiesige Polizei pflegt nichtarische Fluggäste nur dann in Portugal einreisen zu lassen, wenn dieselben bereits im Besitze eines Visums desjenigen Landes sind, in welchem sie sich niederzulassen wünschen und mit dem es von Lissabon aus eine direkte Schiffsverbindung gibt. Es genügt mithin u. U. bei nichtarischen Fluggästen nicht das von einem portu-

Es entfallen auf die Kategorie:

"K" und "S"

während der Zeit vom 15.6. bis 11.7.42

Str.7	233	Gäste	= 95 %	12	Gäste	= 5 %	
" 8	259	"	= 77 %	77	"	= 23 %	
" 9	234	"	= 80 %	57	"	= 20 %	
" E9	170	"	= 77 %	50	"	= 23 %	
" 12	331	"	= 80 %	82	"	= 20 %	
" 15	43	"	= 74 %	15	"	= 26 %	
" 17	239	"	= 86 %	39	"	= 14 %	
"E17a	18	"	= 45 %	22	"	= 55 %	
" 22	246	"	= 80 %	63	"	= 20 %	x)
1xVerd 22	4	"	= 50 %	4	"	= 50 %	
29 n.Kophg.	408	"	= 89 %	50	"	= 11 %	
29 n. Wien	391	"	= 88 %	52	"	= 12 %	
33	215	"	= 91 %	20	"	= 9 %	
E33	147	"	= 81 %	35	"	= 19 %	
117	149	"	= 73 %	54	"	= 27 %	o)
insges.	3087	Gäste	= 83 %	625	Gäste	= 17 %	

Die „Kriegswichtigkeit" entscheidet, wer den Luftweg benutzen darf. Im angegebenen Zeitraum wurden – als Durchschnitt aller Lufthansa-Flugstrecken – 83 % der Passagiere als „kriegswichtig" (K) eingestuft, 17 % fielen unter „Sonstige" (S).

Diese Lufthansa-Fluggäste steigen wenige Monate nach Kriegsbeginn auf dem Flugplatz Rangsdorf in die zivile Junkers Ju 90 *D-ASND „Mecklenburg“* ein, die nach vorübergehendem Luftwaffeneinsatz mit Balkenkreuz und luftwaffentypischer Leitwerksbemalung noch militärische Kennzeichnungen trägt.

Namen der tödlich verunglückten Fluggäste:

1)	Herr	Baum,	Bauleiter der Organisation Todt
2)	"	Briest,	Marinebaurat
3)	"	Daduna,	Oberzahlmeister
4)	"	Dr. Haas	I.G.-Farben, Oslo
5)	"	Hodt,	Referent beim Reichskom.f.d.bes.Norw.Geb.
6)	Frl.	Holthe,	Arbeitsdienst Oslo
7)	Herr	Dr. Keller,	Marine-Stabszahnarzt
8)	"	Krause,	Korvetten-Kapitän
9)	"	Marthinsen,	Untersturmführer
10)	"	Rockel,	Stabsnautiker
11)	"	Rosenbusch,	Generalleutnant
12)	"	Schmidt,	Studienrat

Dieser Auszug aus dem Unfallbericht der am 16. Oktober 1944 auf der Strecke 7 Berlin-Oslo verunglückten Junkers Ju 52 *D-ADQV „Hermann Stache“* zeigt, dass mittlerweile vorwiegend Militärs zu den Reisenden gehören.

giesischen Konsul erteilte Transitvisum. Wir machen hierbei besonders aufmerksam, dass nach den Mittelamerikanischen Staaten infolge fehlender unmittelbarer Schiffsverbindung ein Transitvisum für die U.S.A. erforderlich ist.“

Im weiteren Verlauf des Kriegs ändert sich die Zusammensetzung der Fluggäste auf einigen Liniendiensten grundlegend. Mehr und mehr richtet sich die Vergabe von Sitzplätzen in den Lufthansa-Flugzeugen nach der Kriegswichtigkeit. Vor allem auf den Strecken in Richtung Griechenland und nach Norwegen findet man nun vorwiegend Militär beziehungsweise Personen, die in militärischem Auftrag unterwegs sind. Unabhängig vom Dienstgrad oder eventuell vom Zweck der Reise, sie alle fliegen grundsätzlich mit üblichen und bezahlten Lufthansa-Tickets. Doch es gibt auch schwarze Schafe. So reist ein Oberleutnant Günther 1941 von Stuttgart nach Madrid mit dem Hinweis, dass die deutsch-französische Waffenstillstandskommission in Wiesbaden den Flugschein bezahlen würde. Doch wie sich später herausstellt, ist der Mann dort gar nicht bekannt. Ganz anders ist die Situation bei dem General der Panzertruppe Hans Cramer. Aus britischer Kriegsgefangenschaft entlassen, trifft dieser am 17. Mai 1944 auf der schwedischen MS „Gripsholm" in Barcelona ein. Nur er und sein Adjutant dürfen das Schiff verlassen, um tags darauf mit Lufthansa direkt nach Berlin zu fliegen. Die weiteren Fahrgäste der „Gripsholm", ebenfalls aus Gefangenschaft oder Internierung freigekommen, müssen ihre Schiffsreise zunächst noch bis nach Marseille fortsetzen. Unter ihnen befindet sich auch Lufthansa-Flugkapitän Siegfried Graf Schack, der wie alle anderen von dort aus mit der Bahn zunächst bis Heilbronn gebracht wird, bevor er seine Fahrt nach Berlin fortsetzen kann.

Dass es sich bei Walter Gieseking „um den 1. Pianisten der Jetztzeit handelt", darauf weist 1943 die Deutsche Amerika-Linie hin, die für den Künstler und seine Frau eine Konzertreise nach Spanien organisiert. Probleme bereitet dabei, dass die beiden beim Eintreffen in Barcelona keine spanischen Visa vorweisen können. Auch besitzen sie keine Tickets für den Weiterflug nach Madrid, wo am folgenden Tag – und darauf legt die deutsche Botschaft besonderen Wert – ein Konzert vor offiziellen Persönlichkeiten gegeben werden soll. Mit staatlicher Hilfe kann dies aber schließlich alles geregelt werden. Etwas mysteriös gestaltet sich 1942 ein Buchungsvorgang für zwei Plätze Lissabon-Madrid, zunächst beide auf den Namen von Rohrscheidt. Dies muss jedoch abgeändert werden, wozu die Vertretung für Spanien

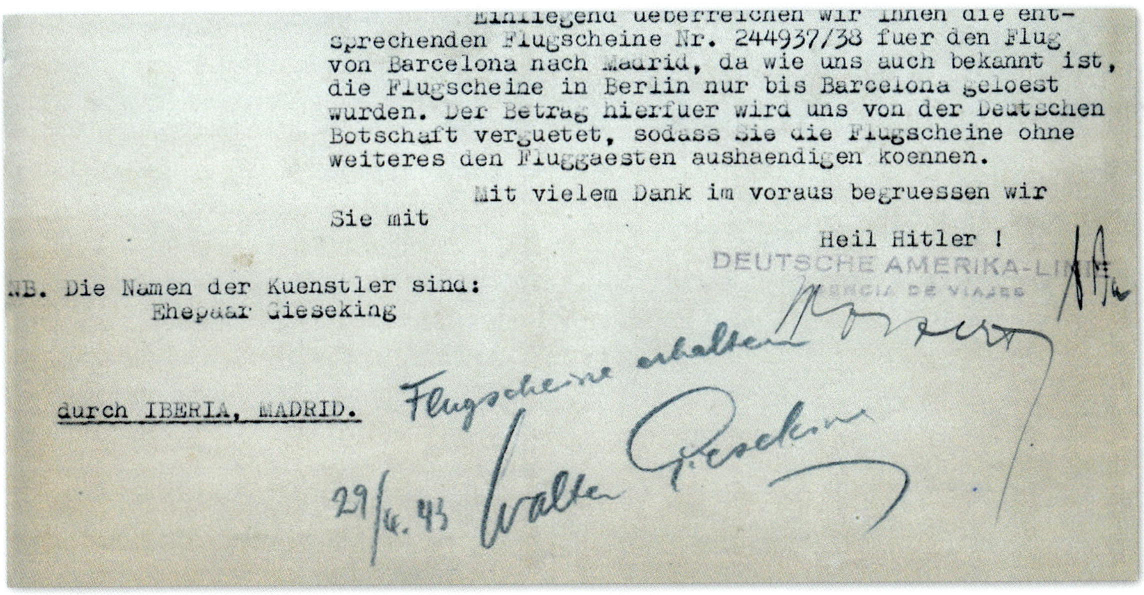
Einliegend ueberreichen wir Ihnen die entsprechenden Flugscheine Nr. 244937/38 fuer den Flug von Barcelona nach Madrid, da wie uns auch bekannt ist, die Flugscheine in Berlin nur bis Barcelona geloest wurden. Der Betrag hierfuer wird uns von der Deutschen Botschaft verguetet, sodass Sie die Flugscheine ohne weiteres den Fluggaesten aushaendigen koennen.

Mit vielem Dank im voraus begruessen wir Sie mit

Heil Hitler !

DEUTSCHE AMERIKA-LINIE
AGENCIA DE VIAJES

NB. Die Namen der Kuenstler sind:
Ehepaar Gieseking

durch IBERIA, MADRID.

Flugscheine erhalten
29/4. 43 Walter Gieseking

Um den Flug nach Madrid fortsetzen zu können, wo der weltberühmte Pianist Walter Gieseking ein Konzert geben soll, werden diesem und seiner mitreisenden Frau in Barcelona Tickets ausgehändigt, deren Erhalt der Virtuose hier quittiert.

die Vertretung für Portugal streng vertraulich wie folgt veranlasst: „Herr v. Rohrscheidt legt besonderen Wert darauf, dass der zweite Platz auf den Namen Maria Louisa Gouveia geändert wird, da er aus bestimmten Gründen vermeiden muss, zu der genannten Dame zugehörig zu erscheinen. Herr v. R. ist Gesandtschaftsrat der hiesigen Botschaft und reist im dienstlichen Auftrag." Unklar bleibt auch ein Unternehmen, das Mitte 1944 „im Auftrage einer obersten deutschen Reichsbehörde" geplant ist. Dabei sollen eine Focke-Wulf Fw 200 und eine Douglas DC 3 gemeinsam und am selben Tag insgesamt 35 Personen von Stuttgart nach Lissabon befördern. Näheres zu den Fluggästen ist nicht bekannt. Später heißt es, dass die Fw 200 nur bis Madrid fliegen wird und am folgenden Tag auf dem Rückflug nach Berlin dann in Barcelona die gesamte Ladekapazität für den Transport von Schafsdärmen ausnutzen soll. Auch die DC 3 nimmt auf ihrer Rückreise nach Deutschland keine Fluggäste mit, sondern ab Lissabon 1000 kg Mutterkorn und ab Barcelona dann, soweit möglich, zusätzlich Därme. Diese müssen, so die Bezirksleitung Mitte der Lufthansa, „aus kriegswichtigen Gründen beschleunigt nach Deutschland geschafft werden." Auf diese Art von Zuladung – Schafsdärme und Mutterkorn – wird im Kapitel „Luftfracht- und Postbeförderung" des ersten Bandes von „Lufthansa im Krieg – die Jahre 1939 – 1945" näher eingegangen.

Noch wesentlich mehr Aufmerksamkeit seitens Lufthansa erfordern 1943 einige andere Fluggäste. So ist beispielsweise Roland Freisler, der Präsident des Volksgerichtshofs, am 5. Mai für die Strecke Lissabon-Madrid gebucht. Am 28. Mai fliegt dann der Prinz von Orléans „in Angelegenheiten, die sowohl für Spanien als auch für Deutschland im höchsten Interesse stehen", von Madrid nach Zürich. Es muss sichergestellt sein, „dass der Flug" – die Teilstrecke Stuttgart-Zürich ist allerdings Sache der Swissair – „ohne Schwierigkeiten durchgeführt werden kann, damit der genannte Fluggast am Abend des 28. Mai in Zürich eintrifft." Als der bulgarische Gesandte in Madrid Parwan Draganoff 1944 zum Außenminister seines Landes ernannt wird, muss Lufthansa auch dessen Reise nach Sofia kurzfristig und bis ins Kleinste organisieren, wobei von Stuttgart, das mit dem Lufthansa-Flug K 22 zu erreichen ist, bis Wien die Eisenbahn benutzt werden soll und von Wien nach Sofia dann – je nach Lage – Flugzeug oder Eisenbahn. Für den 23. Mai 1944 müssen im Auftrag des Auswärtigen Amtes ebenfalls kurzfristig zwei Plätze Stuttgart-Madrid gebucht werden für Mehmed Esad Atuner, den neu ernannten türkischen Gesandten in Madrid. Die zweite Platzreservierung dient dabei der auch im Auftrag des A.A. dem Reisenden zugestandenen Beförderung von 140 kg Gepäck. Schwierigkeiten gibt es 1943 mit einer siebenköpfigen Reisegruppe um Reichsstudentenführer Gustav Adolf Scheel. Nachdem die Herren ihren bereits gebuchten Flug ab Barcelona aus welchen Gründen auch immer nicht antraten, müssen sie auf Anweisung des Generalkonsulats unbedingt zwei Tage später nach Deutschland befördert werden, da sie „vom Führer zurückgerufen seien". Die Flugleitung Barcelona resümiert diesen Fall: „Bei Ausladung aller Fracht und dank des starken Rückenwindes, der geringste Mitnahme von Brennstoff erlaubte, gelang es, alle Personen abzubefördern, so dass die Anwendung des Reichsleistungsgesetzes" – zwecks eventuell unumgänglichen Ausschlusses anderer Fluggäste vom Flug – „praktisch nicht notwendig wurde".

Ab Mitte 1944 wird die Buchungslage auf der Strecke K 22 zusehends schwieriger, worauf der Bevollmächtigte für Spanien Gerhard Lindenberg die Verkehrsleitung in Berlin mit Schreiben vom 19. August streng vertraulich hinweist: „Es befinden sich im Augenblick in Madrid an kriegswichtigen Fluggästen, welche dringend auf Abbeförderung warten, ungefähr 50 Personen, welche bereits für die nächsten 14 Tage Flugplätze belegt bezw. angefordert haben. Hinzu kommen eine Reihe von Botschafts- und Konsulatspersonal, deren Abbeförderung vonseiten der Deutschen Botschaft sehr dringlich gemacht wurde, da seitens der spanischen Regierung Anordnungen vorliegen zur Ausweisung aus Spanien. Weiterhin benötigt das spanische Außenministerium jeden Dienstag und Mittwoch einen Platz für den Kurier nach Zürich bezw. Berlin, abgesehen von den verschiedenen befreundeten dipl. Vertretungen (Ungarn, Rumänien, Japan, Vichy), welche in gewissen Zeitabständen Kuriere bezw. dipl. Personal über Deutschland in ihre Länder schicken." Im November 1944 werden laut RLM 142 Fluggäste ab Spanien befördert, nach Spanien 38. Im März 1945 spricht Lindenberg schließlich von einer „Bevorratung von Passagieren in Barcelona". Die Entscheidung, wer nach Deutschland befördert werden soll oder darf, liegt bei der deutschen Botschaft in Madrid beziehungsweise beim Generalkonsulat in Barcelona. Besonders verpflichtet sieht man sich gegenüber dem noch im Einklang mit Deutschland gegen die Sowjetunion kämpfenden Finnland, dessen Madrider Gesandtschaft um Buchungen für Mitglieder „der rückkehrenden Finnischen Gesandtschaft in Washington" bittet. Nachdem für den Gesandten in Washington, Minister Hjalmar Procopé, bereits ein Sitzplatz Madrid-Berlin für den 20. Juli reserviert wurde, sollen nun auch noch zwei Gesandtschaftsräte, deren Ehefrauen und jeweils zwei Kinder sowie zwei weitere Damen von Barcelona nach Berlin gebucht werden. Dies ist für Ende Juli/Anfang August 1944 auf mehrere Flü-

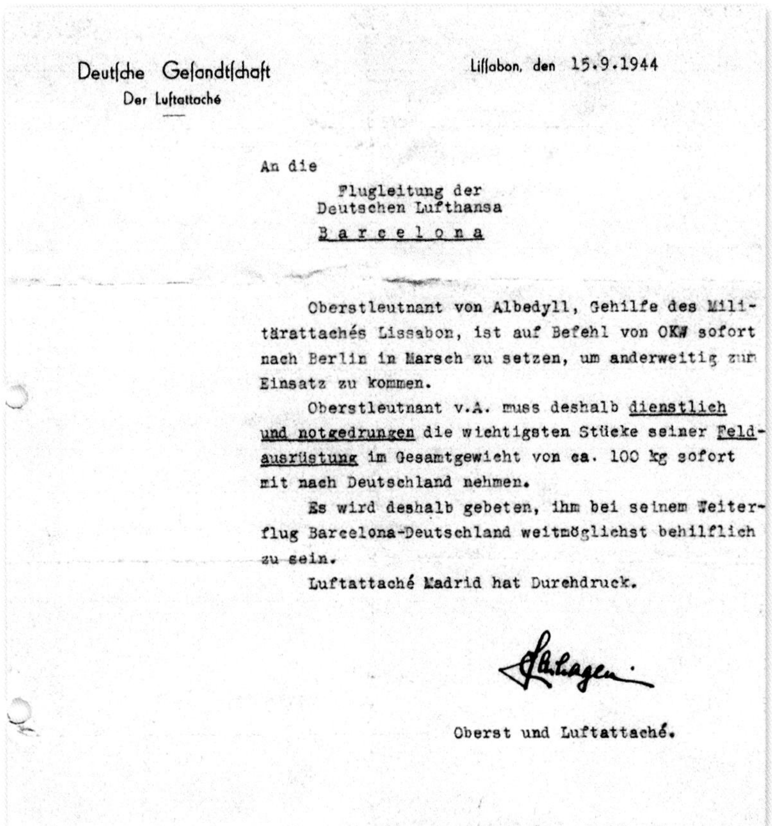

Deutſche Geſandtſchaft
Der Luftattaché

Liſſabon, den 15.9.1944

An die
Flugleitung der
Deutschen Lufthansa
Barcelona

Oberstleutnant von Albedyll, Gehilfe des Militärattachés Lissabon, ist auf Befehl von OKW sofort nach Berlin in Marsch zu setzen, um anderweitig zum Einsatz zu kommen.

Oberstleutnant v.A. muss deshalb dienstlich und notgedrungen die wichtigsten Stücke seiner Feldausrüstung im Gesamtgewicht von ca. 100 kg sofort mit nach Deutschland nehmen.

Es wird deshalb gebeten, ihm bei seinem Weiterflug Barcelona-Deutschland weitmöglichst behilflich zu sein.

Luftattaché Madrid hat Durchdruck.

Oberst und Luftattaché.

Wenn das Oberkommando der Wehrmacht eine derartig dringende Reise anordnet, haben alle Überlegungen hinsichtlich der „Kriegswichtigkeit" anderer Fluggäste zurückzustehen.

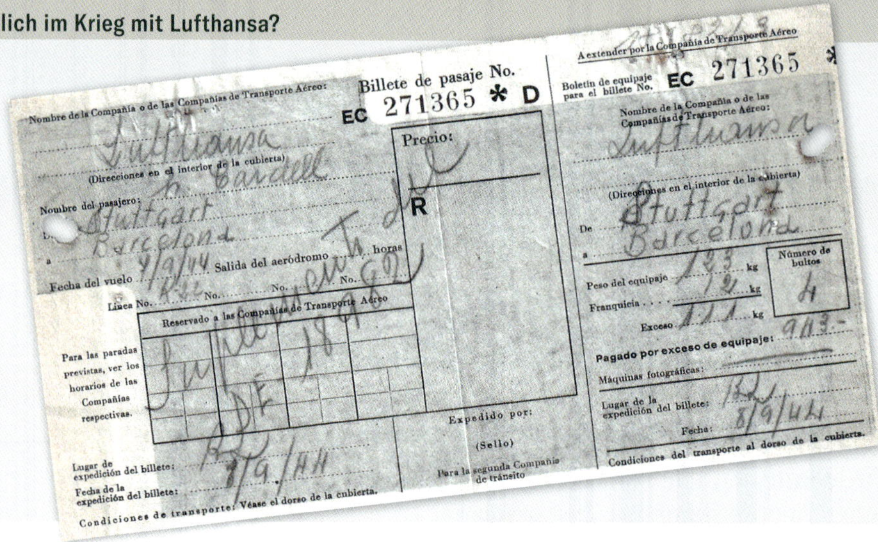

Billete de pasaje No. EC 271365 * D

Nombre de la Compañía o de las Compañías de Transporte Aéreo: Lufthansa

(Direcciones en el interior de la cubierta)

Nombre del pasajero: Cardell

De Stuttgart

a Barcelona

Fecha del vuelo 8/9/44 Salida del aeródromo ... horas

Línea No. ... No. ... No. ... No.

Reservado a las Compañías de Transporte Aéreo

Precio:

R

Para las paradas previstas, ver los horarios de las Compañías respectivas.

Lugar de expedición del billete: ... 8/9/44

Fecha de la expedición del billete:

Condiciones de transporte: Véase el dorso de la cubierta.

Expedido por:

(Sello)

Para la segunda Compañía de tránsito

A extender por la Compañía de Transporte Aéreo

Boletín de equipaje para el billete No. EC 271365 *

Nombre de la Compañía o de las Compañías de Transporte Aéreo: Lufthansa

(Direcciones en el interior de la cubierta)

De Stuttgart

a Barcelona

Peso del equipaje 133 kg

Franquicia 12 kg

Exceso 121 kg

Número de bultos 4

Pagado por exceso de equipaje: 943.-

Máquinas fotográficas:

Lugar de la expedición del billete:

Fecha: 8/9/44

Condiciones del transporte al dorso de la cubierta.

Nach der Ankunft in Barcelona wird dem Ehepaar Cardell der Transport seines in Stuttgart unabgefertigt an Bord des Flugzeugs gelangten Übergepäcks mit Ausstellung dieses Zusatzflugscheins in Rechnung gestellt.

ge verteilt möglich, gerade noch einen Monat bevor Finnland seine diplomatischen Beziehungen zu Deutschland abbricht. Etwa zur selben Zeit bemühen sich Mitarbeiter der politisch inzwischen völlig bedeutungslos gewordenen Mussolini-Regierung, ihre Angehörigen von Italien nach Spanien zu holen. Der Militärattaché in Madrid, Hauptmann Giuseppe Comelli, zahlt bei Iberia den Gegenwert für Passagen Mailand-Berlin-Madrid seiner Ehefrau und seiner zwei Kinder ein. Ein Major Turci der Mussolini-Vertretung tut Gleiches für Frau und Kind über die Strecke Stuttgart-Madrid. Es gibt aber auch Fälle des ausdrücklichen Mitnahmeverbots, wie zum Beispiel für ein Ehepaar Nancini und eine Frau Cosmo. Trotzdem befinden sich diese am 23. Dezember 1944 an Bord der in Richtung Deutschland fliegenden Junkers Ju 290 *D-AITQ „Preussen“*. Lindenberg verlangt diesbezüglich eine Aufklärung seitens der Flugleitung Barcelona und bezieht sich dabei nachdrücklich auf folgende Information: „Der Luftattaché teilt uns soeben mit, dass dem Generalkonsulat ausdrücklich Weisung erteilt ist, diese 3 Gäste vorerst auf keinen Fall zu befördern, und zwar auf höchste Weisung aus Deutschland.“

In den letzten Kriegsmonaten sind nicht als kriegswichtig eingestufte Flugreisen praktisch ausgeschlossen. So beabsichtigt Sabine Kraemer, Tochter eines in Barcelona ansässigen Deutschen, nach der Ableistung ihres Arbeitsdienstes in Deutschland nach Spanien zurückzukehren. Doch ihr muss Lufthansa mitteilen, „dass ohne die ausdrückliche Bestätigung einer obersten Reichsbehörde Buchungen nach Spanien keinesfalls getätigt werden können“. Man empfiehlt, „gegebenenfalls über die entsprechenden Instanzen des Reichsarbeitsdienstes von der hierfür zuständigen obersten Reichsbehörde (Reichsleitung des RAD bzw. Reichsinnenministerium) eine entsprechende Bestätigung der Dringlichkeit ihrer Reise zu erwirken.“ Tatsächlich besteht aber die Erwartung, dass Sabine Kraemer „vielmehr im Rahmen des Kriegsdiensteinsatzes der Arbeitsmaiden im Reich nützlicher Verwendung zugeführt werden wird, wobei selbstredend die Eltern sich um die Betreuung ihres Kindes im einzelnen keine Sorgen zu machen brauchen.“

Durch Eigeninitiative kommt man sicherlich weiter, denkt da wohl ein spanisches Ehepaar namens Cardell. Diesem gelingt es – trotz der

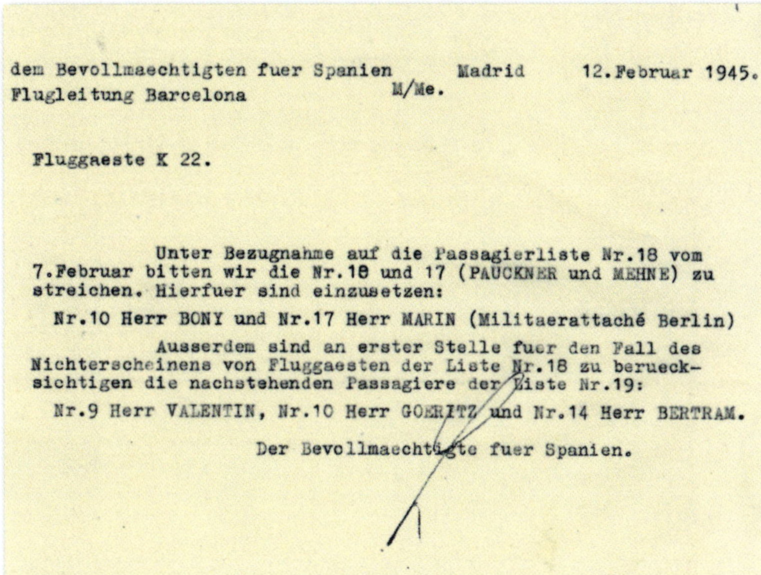

dem Bevollmaechtigten fuer Spanien Madrid 12.Februar 1945.
Flugleitung Barcelona M/Me.

Fluggaeste K 22.

Unter Bezugnahme auf die Passagierliste Nr.18 vom 7.Februar bitten wir die Nr.18 und 17 (PAUCKNER und MEHNE) zu streichen. Hierfuer sind einzusetzen:

Nr.10 Herr BONY und Nr.17 Herr MARIN (Militaerattaché Berlin)

Ausserdem sind an erster Stelle fuer den Fall des Nichterscheinens von Fluggaesten der Liste Nr.18 zu beruecksichtigen die nachstehenden Passagiere der Liste Nr.19:

Nr.9 Herr VALENTIN, Nr.10 Herr GOERITZ und Nr.14 Herr BERTRAM.

Der Bevollmaechtigte fuer Spanien.

Die Anweisungen der deutschen Botschaft bezüglich der Priorität bei der Passagierbeförderung nach Deutschland gehen über Lufthansa Madrid an die Flugleitung Barcelona. Diese verteilt die Fluggäste dann entsprechend den Vorgaben auf die abgehenden Flüge.

peinlichst nach Kriegswichtigkeit gesteuerten Personenbeförderung –, am 7. September 1944 als Privatreisende von Stuttgart nach Barcelona zu fliegen. Und nicht nur das, die beiden haben auch noch 123 kg unabgefertigtes Gepäck dabei, wie der Zoll des Zielortes feststellt und dafür Aufklärung fordert. Große Aufregung natürlich bei der Verkehrsleitung in Berlin: Warum wurde das Ehepaar überhaupt zum Flug akzeptiert und wie konnte diese erhebliche Menge Übergepäck ungesehen an Bord gelangen? Die Kosten für dessen Transport werden von den Cardells nachträglich einkassiert. Im Rahmen der Nachforschungen stellt sich zusätzlich heraus, dass im Zolllager des Flughafens Barcelona seit August auch noch vier Federbetten auf Abholung warten. Doch nicht der angegebene Adressat ist deren Eigentümer – er weiß gar nichts davon –, sondern auch hier das Ehepaar Cardell. Offenbar hatte man auch bei dieser Sendung bereits die Vorschriften erfolgreich umgangen. Ganz aufgeklärt wird die Angelegenheit anscheinend bis Kriegsende nicht mehr.

Eine ganz besondere Bewandtnis muss es dagegen im Januar 1945 mit einem weiblichen Fluggast haben. Graf Beroldingen erwartet – und dies offenbar gänzlich ohne Vorbehalt etwaiger Buchungsprobleme – „in der nächsten Zeit" ein Fräulein Emma Ziegler. Dieser aus Deutschland kommenden jungen Dame sollen nach ihrer Ankunft in Barcelona nicht nur ein bezahlter Flugschein für die Weiterreise nach Lissabon ausgehändigt, sondern auch benötigte Geldmittel für die Übernachtung zu Lasten des Lufthansa-Bevollmächtigten für Portugal zur Verfügung gestellt werden. Anders ist 1945 die Situation bei sechs ehemaligen Austauschstudentinnen. Schon seit Längerem in Spanien festsitzend, da die Beförderungsbeschränkungen bisher eine Rückkehr nach Deutschland verhinderten, sollen sie auf Anweisung des Kulturinstituts der deutschen Botschaft im Januar oder Februar endlich ihre Rückreise antreten. Dem entgegen steht eine Anweisung der deutschen Botschaft selbst, andere namentlich aufgeführte Personen „im Austausch gegen die deutsche Mädchengruppe zu befördern". Es ist nicht überliefert, ob die Studentinnen vor der Einstellung des Lufthansa-Flugbetriebs bei Kriegsende einen der bis dahin noch durchgeführten Flüge für ihre Heimreise benutzen konnten.

Nicht immer einfache ausländische Kontakte

Innerhalb von nur zwei Jahrzehnten hat sich der Luftverkehr einen festen Platz bei Wirtschaft und Handel erobert als besonders verlässliche und schnelle Form des in früherer Zeit ausschließlich auf Straße, Wasser und Schiene beschränkten Transportwesens. Zum üblichen Geschäft des zivilen Luftverkehrs gehört auch das Verhältnis der Fluggesellschaften untereinander, sei es als Konkurrenten oder im Rahmen möglicher Zusammenarbeit, beispielsweise in Form von Betriebsgemeinschaften, Flugstreckenpools oder gegenseitiger technischer Unterstützung. Zwischen Lufthansa und Air France hat sich da im Lauf der Jahre ein vertrauensvolles Verhältnis entwickelt. Im Grundsatz bleibt dies auch so, als gegen Ende des Spanischen Bürgerkriegs dann doch gewisse Probleme bei Air France zu Tage treten. Diese stuft Lufthansa als so schwerwiegend ein, dass sie am 8. März 1939 sogar den Leiter des Allgemeinen Luftamts im RLM, Ministerialdirektor Willy Fisch, darüber in Kenntnis setzt. Die Vorstandsmitglieder Carl August von Gablenz und später auch Walter Luz, Verkehrsleiter Hans M. Bongers, Flugbetriebsleiter Rudolf Krause und der Verkehrspolitische Leiter Hans-Karl von Winterfeld werden über die Vorgänge ständig auf dem Laufenden gehalten. Dreh- und Angelpunkte des Geschehens sind zunächst Salamanca, vorübergehender Sitz des Lufthansa-Bevollmächtigten für Spanien Gerhard Lindenberg, in Personalunion auch geschäftsführender Direktor der Lufthansa-Tochter Iberia, sowie Burgos, wo die nationalspanische Regierung vor der Einnahme Madrids am 28. März 1939 residiert. In Paris, dem Sitz der Air France, vertritt Franz Drees die deutsche Fluggesellschaft. Auf Anordnung von Herrn von Gablenz begibt sich auch Lindenberg am 12. März 1939 nach Paris, um dort von Air France-Präsident Louis Allègre Näheres über die Probleme der Fluggesellschaft zu erfahren. Eigentlich ist Allègres Sicht der Dinge recht einfach. Nachdem Frankreich Nationalspanien völkerrechtlich anerkannt hat, ist es für Air France einerseits untragbar, weiterhin das republikanische Spanien anzufliegen. Andererseits sind für die Flugabschnitte Marseille-Algier und Toulouse-Oran ihrer Strecken 258 und 275 aber technische Zwischenlandungen unbedingt erforderlich. Die Absicht der Air France ist es nun, über Lufthansa an Iberia – als spanische Luftverkehrsgesellschaft – heranzutreten, um mit deren Unter-

Infolge politischer Spannungen darf Air France auf nationalspanischen Flughäfen nicht planmäßig landen. Die Abbildung zeigt das scherzhaft auch als „La Crevette" (Garnele) bezeichnete Seepferdchen-Emblem der Fluggesellschaft und die Dewoitine D.338 *F-AQBF „Ville de Strasbourg"*, später *„Ville de Vientiane"*.

stützung die gewünschten Zwischenlandungen in Barcelona und Palma de Mallorca genehmigt zu bekommen. Wäre die nationalspanische Regierung damit einverstanden, würde Air France selbstverständlich sofort jegliche Zwischenstopps auf republikanischem Gebiet unterlassen, womit hier in erster Linie das nach wie vor angeflogene Alicante gemeint ist. Weiter bittet die Fluggesellschaft, ihren Flugzeugen auf den genannten Strecken notfalls Funkhilfe zu leisten. Zu diesem letztgenannten Punkt kann Lindenberg bereits wenige Tage später einen Funkverkehrsplan anbieten.

Auf die dem gesamten Vorhaben entgegenstehenden Hindernisse geht Lindenberg in einer streng vertraulichen Notiz ein: „Wie ich in dem Bericht vom 23.3. betreffs Lage in Spanien näher ausführte, ist die Stimmung in Nationalspanien gegen Frankreich noch absolut feindlich. Sie ist es auch noch mehr wieder dadurch geworden, dass die französischen Versprechungen, sofort mit dem Rücktransport der in Frankreich befindlichen roten Truppen, Waffen usw. zu beginnen, nicht eingehalten worden sind. Nur in ganz bescheidenem und unwesentlichem Maße sind kleine Transporte erfolgt. Aus diesem Grunde hat auch der Marschall Pétain sein Beglaubigungsschreiben" – als Botschafter Frankreichs – „dem Generalissimus Franco noch nicht überreichen können, weil Franco seinen Empfang aus oben erwähntem Grunde ablehnt." Weiter zitiert Lindenberg, was Luftwaffenchef General Alfredo Kindelán bereits vor mehreren Wochen gegenüber einer eigens angereisten Kommission der Air France äußerte: „Vergessen Sie nicht, meine Herren, dass Sie das rotspanische Oberhaupt Negrin in Sonderflugzeugen von und nach Frankreich befördert haben. Vergessen Sie nicht, dass Sie sich für Sonderflüge für rotspanische Funktionäre hergegeben haben und durch Ihren Dienst bis vor kurzem Seite an Seite mit unseren Feinden standen. Bevor wir nicht Ihren absolut ernsten Willen sehen, durch Rücklieferung des gesamten Materials das Geschehene wieder gut zu machen, habe ich keine Möglichkeit, mit Ihnen über Ihren Dienst zu sprechen. Nehmen Sie bitte zur Kenntnis, dass ich es gewesen bin, der den Befehl gegeben hat, bei einer gewollten oder ungewollten Zwischenlandung eines Air France-Flugzeuges dieses sicherzustellen und die Besatzung zu verhaften." Solche Worte fordern natürlich feinstes Fingerspitzengefühl vonseiten der Lufthansa und der Iberia hinsichtlich eines eventuellen Eintretens für Air France in Spanien. So verpflichtet Lindenberg den Funker Erich Kulas in Barcelona schriftlich zu einer absoluten Vertraulichkeit des bereits betriebenen Funkverkehrs mit Air France-Flugzeugen auf den Mittelmeerstrecken 258 und 275. Und „sollten Sie von dritter Stelle irgendwie angesprochen werden, geben Sie die Erklärung ab, dass es sich nur um Funknothilfe bei besonderen Fällen handelt". Wie ernst Lindenberg die Situation einschätzt, zeigt dabei seine an Kulas gegebene abschließende Anweisung: „Dieses Schreiben ist sofort nach Kenntnisnahme zu vernichten." An Franz Drees schreibt Lindenberg, dass er die aktuell betriebene Funkhilfe vorerst als eine interne Lufthansa-Angelegenheit betrachte, denn „die augenblickliche Franzosen-feindliche Stimmung lässt es nicht zu, dass die Iberia als spanische Gesellschaft schon jetzt in offizielle Verbindung mit der Air France tritt."

Auch die deutsche Politik äußert sich da ziemlich einseitig. Der deutsche Botschaf-

Iberia zeigt zwar einen etwas großspurigen Auftritt mit den viermotorigen Lufthansa-Flugzeugen auf ihren Gepäckanhängern, doch bei den Air France-Problemen mit Spanien gilt es, sich so weit wie möglich im Hintergrund zu halten.

ter Eberhard von Stohrer erklärt, „dass es für ihn zur Zeit unmöglich sei, eventuell fürsprechend für eine technische Zwischenlandung" (auf nationalspanischem Gebiet) „einzutreten, weil die Absicht, Franco an die Achse Berlin-Rom„ (zu binden) – und zwar im Sinne Deutschlands – „gerade in den letzten Tagen kaum zu erwartende erfreuliche Fortschritte gemacht habe." Keine Zweifel an der bestehenden politischen Haltung Deutschlands hinterlässt bei Lindenberg ein Gespräch mit General Wolfram von Richthofen, dem letzten Kommandeur der am Spanischen Bürgerkrieg beteiligten Legion Condor. „Er habe", so zitiert er diesen, „vom Generalfeldmarschall Hermann Göring noch vor acht Tagen die persönliche Anweisung bekommen, die Frankreich-feindliche Einstellung der Spanier zu fördern."

Am 24. März kann der französische Botschafter Marschall Philippe Pétain in Burgos dem Generalísimo Francisco Franco endlich seine Beglaubigung überreichen, doch dauert der kühle Empfang gerade einmal zweieinhalb Minuten. Und gegenüber dem Botschaftsgebäude, das Pétain in Burgos beziehen soll, steht auf einer Hauswand in übermannsgroßen Lettern „Tod den Franzosen", was auf Veranlassung der spanischen Regierung allerdings schnell überstrichen wird. Pétain versichert, dass die in französischen Häfen internierte „rotspanische" Flotte in den nächsten Tagen an die Franco-Regierung ausgeliefert werde. Auch von großen Viehherden ist dann noch die Rede und wenige Wochen später sogar von „Schwierigkeiten bei der Auslieferung des spanischen Goldes", was zur Entspannung der Situation sicherlich auch nicht beiträgt.

Air France sieht da verständlicherweise aber eher die Politik in der Verantwortung und nicht sich selbst. Deshalb versucht man als Fluggesellschaft wohl, Zwischenlandungen auf nationalspanischem Gebiet mehr oder minder zu erzwingen. So erbittet das von Algier nach Marseille fliegende Air France-Flugboot *F-AMSV „Algé-*

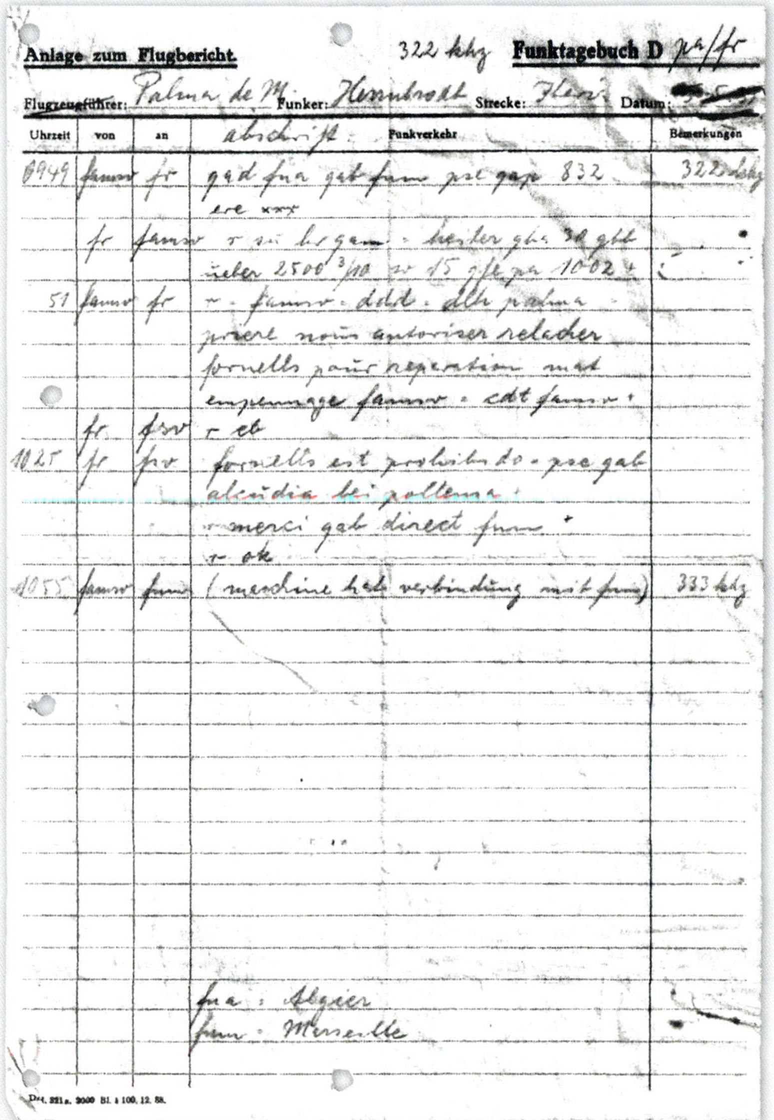
Anlage zum Flugbericht. 322 khz Funktagebuch D

Flugzeugführer: Palma de M Funker: Strecke: Datum:

Uhrzeit	von	an	Funkverkehr	Bemerkungen

fra : Algier
fmm : Marseille

Drf. 221a. 2000 Bl. 1 100. 12. 38.

Wie üblich, ist im Tagebuch der Funkstelle Palma de Mallorca auch der Funkverkehr von 09:49 Uhr bis 10:55 Uhr am 5. Mai 1939 mit dem aus Algier kommenden Air France-Flugboot *F-AMSV* aufgezeichnet.

rie" – eine Breguet 530 Saigon – am 5. Mai 1939 bei der Funkstelle Palma de Mallorca um Erlaubnis, wegen Motorstörung bei Fornells/Menorca wassern zu dürfen. Die örtliche Jefatura gestattet dies aber nicht, da Menorca erklärtes Sperrgebiet ist. Doch wird ein möglicher Anflug von Alcudia auf Mallorca angeboten. Darauf geht der Flugzeugführer aber nicht ein und zieht es schließlich doch vor, stattdessen gleich bis Marseille durchzufliegen. Am 22. Mai ist es die Dewoitine D.338 *F-AQBO „Ville d'Angers"*, die auf ihrem Flug von Toulouse nach Oran wegen angeblich starken Vibrierens des Mittelmotors Barcelona ansteuert. Trotz über Funk genehmigtem Anflug auf dessen Zivilflughafen Canudas überquert die *F-AQBO* diesen jedoch lediglich, um auf dem in unmittelbarer Nähe gelegenen Militärflugplatz Prat de Llobregat niederzugehen. Nach Vorstellung der Besatzung soll eine aus Toulouse eintreffende Ersatzmaschine die Weiterführung des Fluges übernehmen. Die Militärbehörde verweigert dafür jedoch die Erlaubnis. Wie Gerhard Lindenberg nach Berlin berichtet, wird das abgestellte Flugzeug ständig von zwölf Mann Militärpersonal bewacht. Angehörigen aller Luftverkehrsgesellschaften ist es verboten, mit den Insassen in irgendeine Verbindung zu treten. Diplomatische Verhandlungen zwischen der französischen Botschaft – zurzeit in San Sebastián – und der spanischen Regierung in Burgos sind aufgenommen. Erst am 27. Mai darf die *F-AQBO* um 16 Uhr 55 mit dem Ziel Toulouse wieder starten.

Der Beginn des am 1. September 1939 vom Deutschen Reich ausgehenden Kriegs lässt die Air France-Probleme vorübergehend in den Hintergrund rücken. Erst im April 1940 begibt sich, angeführt von den Generälen Léon Pujo und Raymond Duval, eine französische Delegation mit der Dewoitine D.338 *F-ARIE „Ville de Paris"* zwecks Verhandlungen nach Madrid. Auch hier ist der Empfang kühl und man lässt die Herren gleich zu Beginn wissen, „dass die spanische Regierung noch nicht vergessen hat, dass die Air France bis zum letzten Augenblick der roten Regierung Spaniens Dienst leistete." Trotzdem werden das Überfliegen spanischen Hoheitsgebiets sowie technische Landungen an bestimmten Orten auf dem spanischen Festland – nicht aber auf den Balearen – zugesagt. Diese Genehmigung wird allerdings ausdrücklich der französischen Regierung erteilt, nicht Air France. Als am 15. Mai 1940 – die deutsche Westoffensive in Stoßrichtung auf Frankreich ist bereits in vollem Gang – die Dewoitine D.338 *F-ARIA „Ville de Nantes"* aus Oran kommend wegen Motorstörung in Barcelona

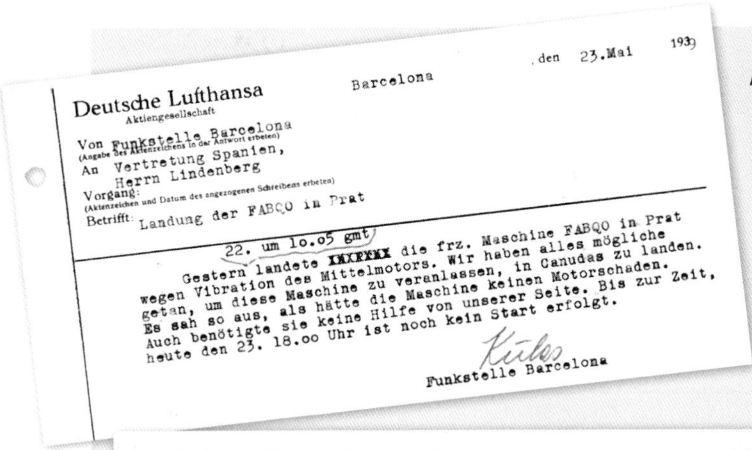

Deutsche Lufthansa
Aktiengesellschaft

Barcelona, den 23. Mai 1939

Von Funkstelle Barcelona
(Angabe des Aktenzeichens in der Antwort erbeten)
An Vertretung Spanien,
Herrn Lindenberg
Vorgang:
(Aktenzeichen und Datum des angezogenen Schreibens erbeten)
Betrifft: Landung der FABQO in Prat

Gestern landete ~~XXXXXX~~ 22. um lo.o5 gmt die frz. Maschine FABQO in Prat wegen Vibration des Mittelmotors. Wir haben alles mögliche getan, um diese Maschine zu veranlassen, in Canudas zu landen. Es sah so aus, als hätte die Maschine keinen Motorschaden. Auch benötigte sie keine Hilfe von unserer Seite. Bis zur Zeit, heute den 23. 18.oo Uhr ist noch kein Start erfolgt.

Kutes
Funkstelle Barcelona

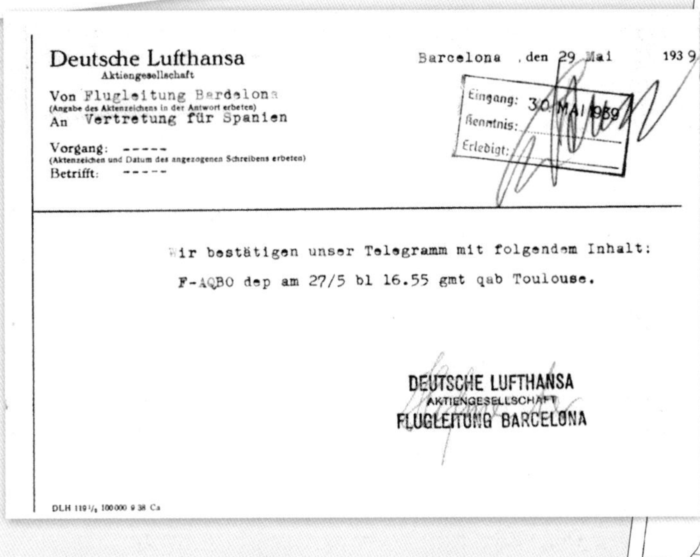

Deutsche Lufthansa
Aktiengesellschaft

Barcelona, den 29 Mai 1939

Von Flugleitung Barcelona
(Angabe des Aktenzeichens in der Antwort erbeten)
An Vertretung für Spanien

Vorgang: -----
(Aktenzeichen und Datum des angezogenen Schreibens erbeten)
Betrifft: -----

Eingang: 30 MAI 1939
Kenntnis:
Erledigt:

Wir bestätigen unser Telegramm mit folgendem Inhalt:

F-AQBO dep am 27/5 bl 16.55 gmt qab Toulouse.

DEUTSCHE LUFTHANSA
AKTIENGESELLSCHAFT
FLUGLEITUNG BARCELONA

DLH 1191/1 100000 9 38 Ca

Aufmerksam verfolgt das örtliche Lufthansa-Personal die etwas überraschende Landung der Air France-Maschine *F-AQBO* in Barcelona sowie auch ihren Abflug fünf Tage später.

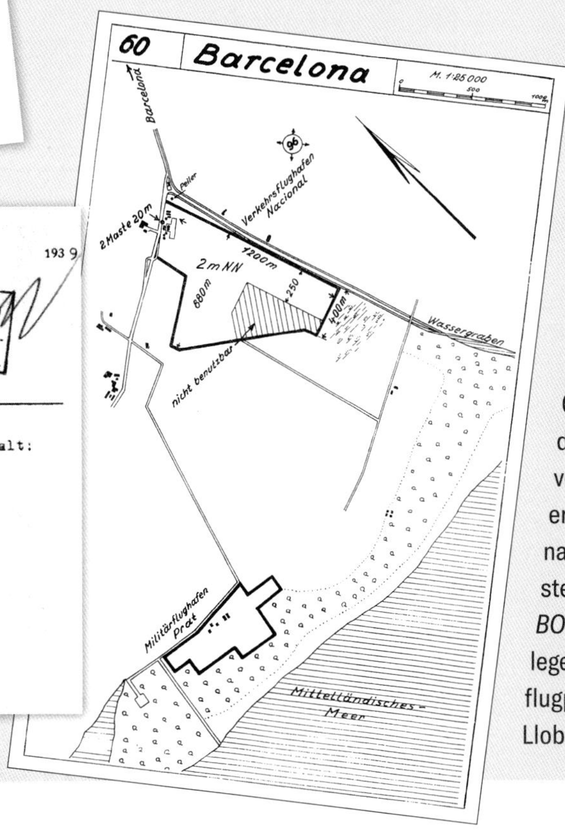

Statt auf dem Zivilflughafen Canudas – auf der Abbildung von 1943 heißt er bereits Nacional – zu landen, steuert die *F-AQBO* den nahe gelegenen Militärflugplatz Prat de Llobregat an.

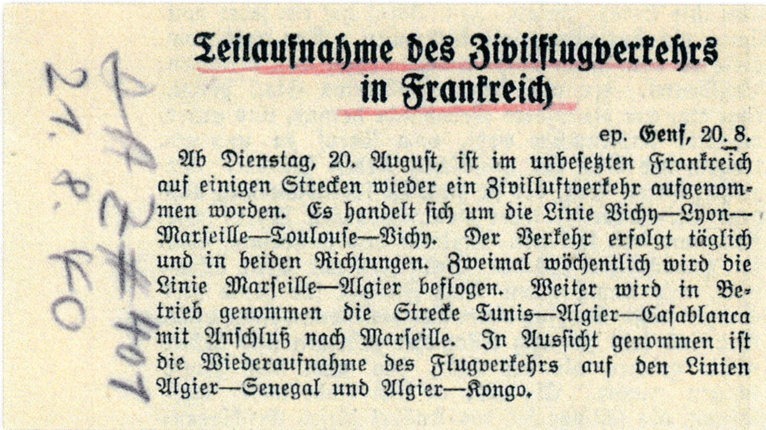

Teilaufnahme des Zivilflugverkehrs in Frankreich

ep. Genf, 20. 8.

Ab Dienstag, 20. August, ist im unbesetzten Frankreich auf einigen Strecken wieder ein Zivilluftverkehr aufgenommen worden. Es handelt sich um die Linie Vichy—Lyon—Marseille—Toulouse—Vichy. Der Verkehr erfolgt täglich und in beiden Richtungen. Zweimal wöchentlich wird die Linie Marseille—Algier beflogen. Weiter wird in Betrieb genommen die Strecke Tunis—Algier—Casablanca mit Anschluß nach Marseille. In Aussicht genommen ist die Wiederaufnahme des Flugverkehrs auf den Linien Algier—Senegal und Algier—Kongo.

Nach dem deutsch-französischen Waffenstillstand ist die Wiederaufnahme eines zivilen Luftverkehrs in Vichy-Frankreich und mit den dazugehörigen afrikanischen Gebieten möglich.

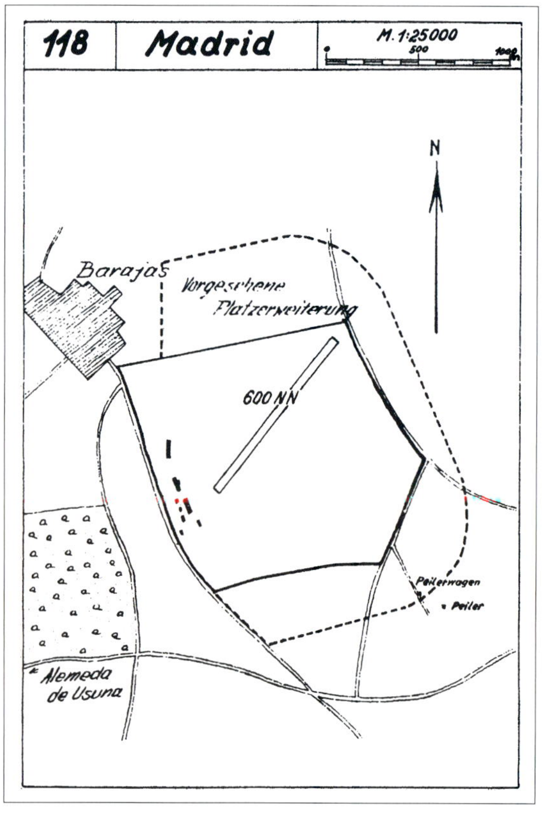

Selbst 1943 – der abgebildete Plan entsteht in diesem Jahr – zeigt sich der Flughafen Barajas der spanischen Hauptstadt noch keineswegs in einem für den Luftverkehr eigentlich wünschenswerten Ausbauzustand.

landet, werden die Insassen – neben der Besatzung fünf erwachsene Fluggäste und ein Kind – nicht gerade freundlich empfangen. Sie dürfen nicht in die Stadt fahren, sondern müssen in Prat de Llobregat bleiben, bis am 17. Mai die *F-AQBK „Ville de Rouen"* mit Ersatzteilen eintrifft. Diese startet nach kurzer Zeit wieder und nimmt die Passagiere mit nach Marseille. Die *F-ARIA* kann nach Behebung des Motorschadens ebenfalls das Land verlassen.

Die deutsch-französischen Kriegshandlungen, die auch den Flugbetrieb erheblich beeinträchtigten, enden vorerst am 22. Juni 1940 mit einem Waffenstillstand und einer Aufteilung Frankreichs in einen besetzten und einen unbesetzten Landesteil. In Letzterem richtet sich unter Marschall Pétain in Vichy die nach diesem Ort benannte Regierung ein. Air France kann am 20. August von dort aus bereits wieder einige Flugstrecken in Betrieb nehmen, die bald darauf aber unter dem Begriff „Réseau Aérien Français" fortgeführt werden.

Die prekäre Lage der Air France ist nicht das einzige Problem, das Gerhard Lindenberg seit Ende des Spanischen Bürgerkriegs beschäftigt. Einen völlig anderen Schwerpunkt schildert er Anfang 1941 der Flugbetriebsleitung in Berlin: „Kurz nach der Einnahme von Madrid im Jahre 1939 haben wir allen Nachdruck darauf gelegt, das Luftfahrtministerium zu einer Instandsetzung des Flughafens Barajas zu bewegen. Bei der Instandsetzung der Hallen und Gebäude können wir gewisse Erfolge feststellen.

Beim Rollfeld gelang es uns endlich, im Frühjahr 1940 zu erreichen, dass die Startbahn verlängert und verbreitet werden sollte. Der Beschluss war gefasst, die Beträge bewilligt und die Ausschreibung erfolgt. Anfang Oktober

40 (!) wurde mit den Arbeiten begonnen. In drei Monaten – war mit der Firma abgemacht – sollten die Arbeiten beendet sein; bei Nichteinhaltung verpflichtete sich die Firma, eine Konventionalstrafe von Pts. 100 000,– zu zahlen. Die drei Monate sind verstrichen, die Arbeiten vielleicht zu einem Viertel fertiggestellt, und zwar nur Ausschachtungen – die Pts. 100 000,– sind bezahlt, und zwar durch einen Mittelsmann, der der Firma Bürge war. Die Arbeiten sind eingestellt, und bis nun etwas passiert, werden Monate vergehen. Inzwischen rauscht der Regen über die Ausschachtungen, und die Arbeit war vergebens. Beim Ministerium freut man sich über die Pts. 100 000,–. Nun kann man wieder neu debattieren, neue Pläne schmieden und vielleicht noch einmal eine Konventionalstrafe ‚verdienen'. Was die Arbeit angeht, interessiert zurzeit nicht. Es ist ja Winter, und da kann man doch nicht viel tun. – Weiter:

Die Halle ist instandgesetzt bis auf die Hallentore. Ständiger Druck: die Hallentore sind nötig. Druck seit über 1½ Jahren. Anfang des Jahres kommen die Hallentore. Große Freude, in zwei Tagen ist alles fertig. Das war im Juli. Nach zwei Tagen: die Hallentore passen nicht, sie sind zu klein. Und so legte man sie hinter die Halle, und da liegen sie noch heute und verrosten und verrotten. Und wenn wir immer wieder daran erinnern und auf die Tore zeigen, dann heißt es „morgen bestimmt, Sie können sich unbedingt darauf verlassen". Und so gibt es viele Dinge, die ebenso oder noch schlimmer sind. Und das auf dem Flughafen der Hauptstadt des Landes, der nach Ansicht des 2. Flughafenchefs der ‚beste der Welt' ist."

Und Letzteres will man auch nicht durch Fehlverhalten seitens der Flugzeugbesatzungen beeinträchtigt sehen. Der Kommandant des Flughafens Barajas, Oberst Jacobo de Armijo, droht schärfste Maßnahmen an, sollten sich die Lufthansa-Flugzeugführer weiterhin nicht an die Vorschriften halten. Hauptsächlich geht es wohl darum, dass nicht unmittelbar von der Parkposition des Flugzeugs mit Vollgas gestartet werden darf, was jedes Mal „das ganze Flughafengebäude in eine Riesenstaubwolke" hüllt.

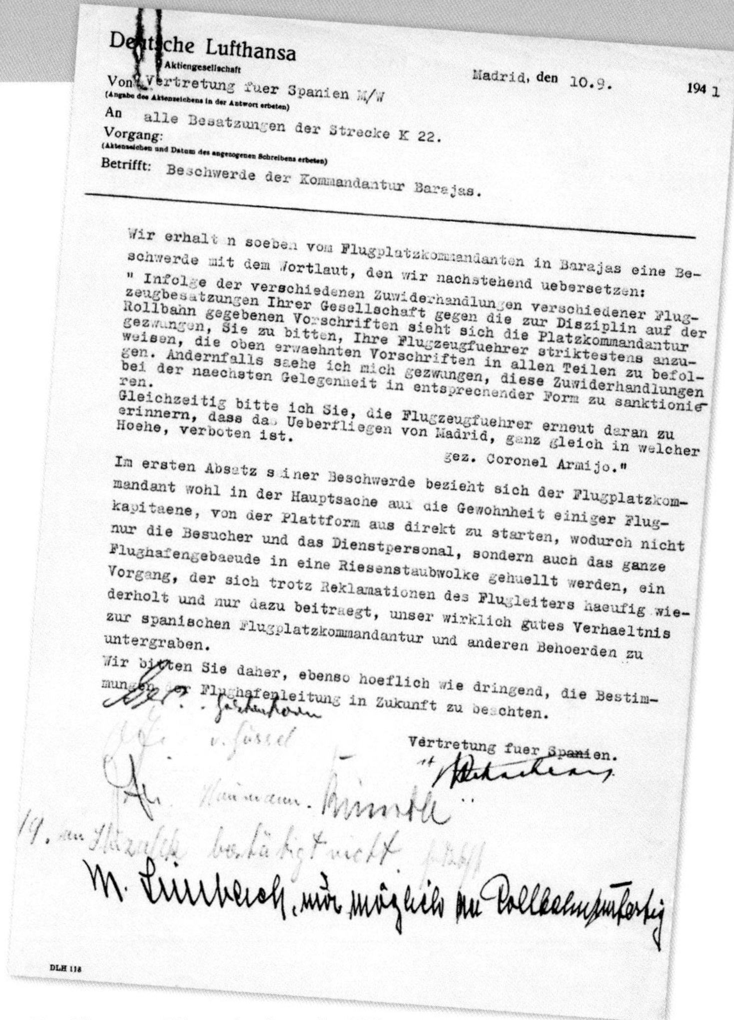
Deutsche Lufthansa
Aktiengesellschaft
Von Vertretung fuer Spanien M/W — Madrid, den 10.9. 1941
(Angabe des Aktenzeichens in der Antwort erbeten)
An alle Besatzungen der Strecke K 22.
Vorgang:
(Aktenzeichen und Datum des angezogenen Schreibens erbeten)
Betrifft: Beschwerde der Kommandantur Barajas.

Wir erhalten soeben vom Flugplatzkommandanten in Barajas eine Beschwerde mit dem Wortlaut, den wir nachstehend uebersetzen:
" Infolge der verschiedenen Zuwiderhandlungen verschiedener Flugzeugbesatzungen Ihrer Gesellschaft gegen die zur Disziplin auf der Rollbahn gegebenen Vorschriften sieht sich die Platzkommandantur gezwungen, Sie zu bitten, Ihre Flugzeugfuehrer striktestens anzuweisen, die oben erwaehnten Vorschriften in allen Teilen zu befolgen. Andernfalls saehe ich mich gezwungen, diese Zuwiderhandlungen bei der naechsten Gelegenheit in entsprechender Form zu sanktionieren.
Gleichzeitig bitte ich Sie, die Flugzeugfuehrer erneut daran zu erinnern, dass das Ueberfliegen von Madrid, ganz gleich in welcher Hoehe, verboten ist.
gez. Coronel Armijo."
Im ersten Absatz seiner Beschwerde bezieht sich der Flugplatzkommandant wohl in der Hauptsache auf die Gewohnheit einiger Flugkapitaene, von der Plattform aus direkt zu starten, wodurch nicht nur die Besucher und das Dienstpersonal, sondern auch das ganze Flughafengebaeude in eine Riesenstaubwolke gehuellt werden, ein Vorgang, der sich trotz Reklamationen des Flugleiters haeufig wiederholt und nur dazu beitraegt, unser wirklich gutes Verhaeltnis zur spanischen Flugplatzkommandantur und anderen Behoerden zu untergraben.
Wir bitten Sie daher, ebenso hoeflich wie dringend, die Bestimmungen der Flughafenleitung in Zukunft zu beachten.
Vertretung fuer Spanien.
DLH 118

Die Flugzeugführer der Strecke K22 bestätigen ihre Kenntnisnahme der Beschwerde der Madrider Flughafenleitung. Flugkapitän Max Limbach weist aber darauf hin, dass das beanstandete Startverfahren „nur möglich da Rollbahn unfertig".

Es ist sehr fraglich, ob die Lufthansa-Hauptverwaltung die gewünschten Flugzeugbilder, in „Öldruck bunt, wenn möglich“, noch 1945 nach Barcelona liefern kann. Eher möglich wären wohl Holzschnitte, wie sie Wassili Masjutin für Lufthansa anfertigte.

Eine entsprechende Ermahnung nehmen die Flugkapitäne der Strecke K 22 zur Kenntnis und bestätigen dies – bis auf einen – durch ihre Unterschrift.

Über eine ganz andere Schwierigkeit – um hier auch noch auf weiterhin andauernde und belastende Folgen des Bürgerkriegs einzugehen – setzt der Flugleiter von Barcelona Hanns Fischer 1942 den Kaufmännischen Leiter der Lufthansa Willy Hädrich in Kenntnis, nämlich die nicht einfachen Lebensbedingungen in Spanien. „Es mag vielleicht im ersten Augenblick übertrieben, vielleicht unglaublich klingen, wenn wir hier die derzeitigen Lebensverhältnisse und -bedingungen in Deutschland im Vergleich zu den hiesigen als ideal bezeichnen", schreibt er da, und: „Die Zusammenstellung einer Mahlzeit in Spanien verursacht jedenfalls mehr Schwierigkeiten wie augenblicklich in Deutschland, dazu mit dem fünffachen Kostenaufwand im Durchschnitt. Die hauptsächlichsten und grundlegenden Lebensmittel sind auch in Spanien rationiert, zum Unterschied gegen Deutschland jedoch nicht in täglichen oder periodischen Rationen, sondern jeweils Sonnabend wird bekanntgegeben, welche Lebensmittel und welche Menge zur Verteilung gelangt, wohlbemerkt für die ganze Woche." Deshalb „wird selbst von Regierungskreisen vorausgesetzt, dass der Bessersituierte nicht allein darauf angewiesen ist, sondern gegen entsprechenden Aufwand sich anderweitig eindecken kann." Mit „anderweitig" ist hier der Schwarzhandel gemeint. Aber selbst da kann man – zu unendlich überhöhten Preisen, versteht sich – selbst Kartoffeln, wenn überhaupt, auch nur mit Hilfe guter Beziehungen bekommen. Fleisch zu beschaffen ist „in Barcelona alle 10 – 14 Tage einmal möglich". Mit seiner Darstellung will Fischer dem in Berlin offenbar bestehenden Eindruck entgegenwirken, dass die Lufthansa-Mitarbeiter in Spanien „sozusagen in Saus und Braus dahinleben" würden.

Das Hauptaugenmerk in Spanien gilt aber selbstverständlich der Aufrechterhaltung des Lufthansa-Flugdienstes. Dazu gehört auch ein entsprechendes Auftreten vor Ort, selbst oder gerade in den letzten Kriegsmonaten. Als die Leitung des Flughafens Barcelona die Absicht äußert, in der Abflughalle Bilder von Verkehrsflugzeugen aufzuhängen, werden solche von englischer und amerikanischer Seite sofort zur Verfügung gestellt. Nur die Lufthansa-Vertretung hat nichts Derartiges anzubieten. Deshalb bittet man die Hauptverwaltung in Berlin, „uns möglichst umgehend 2 entsprechende Bilder von deutschen 4motorigen Verkehrsflugzeugen (Öldruck bunt, wenn möglich) zu übermitteln, um dieselben schnellstens der Flughafenverwaltung aushändigen zu können. (…) Für bevorzugte Erledigung wären wir außerordentlich dankbar", so das Schreiben vom 8. Januar 1945. Immerhin hat sich der Flughafenkommandant entgegenkommenderweise aber bereit erklärt, die Bilder der anderen Fluggesellschaften solange nicht aufzuhängen, bevor die Lufthansa-Stücke eingetroffen sind. Es bleibt unklar, ob dies noch vor dem Kriegsende geschah.

Der Luftverkehr mit Italien ist seit Jahren eingespielt. Die Strecke 9 Berlin-München-Venedig-Rom wird in Betriebsgemeinschaft von Lufthansa und Ala Littoria zunächst täglich, ab 1940 werktäglich jeweils abwechselnd bedient. Lediglich im September 1939, dem ersten Kriegsmonat gibt es eine kurze Unterbrechung. Anders ist das bei der über Frankreich

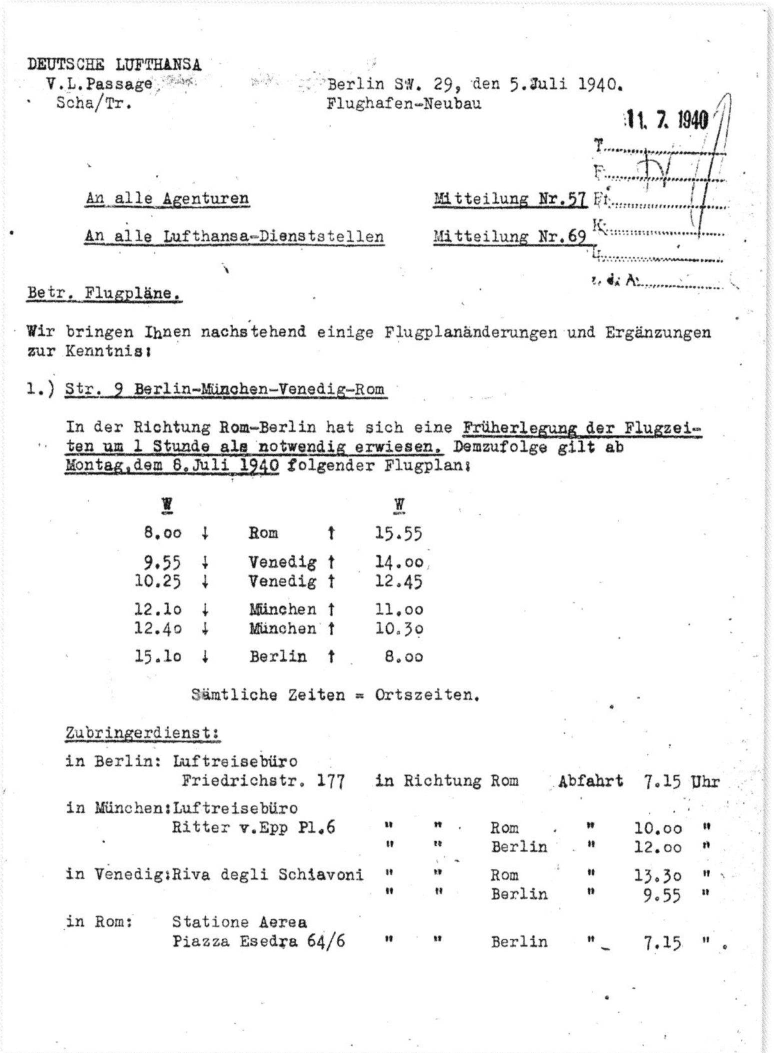

DEUTSCHE LUFTHANSA
V.L.Passage
Scha/Tr.

Berlin SW. 29, den 5.Juli 1940.
Flughafen-Neubau

11. 7. 1940

An alle Agenturen — Mitteilung Nr.57

An alle Lufthansa-Dienststellen — Mitteilung Nr.69

Betr. Flugpläne.

Wir bringen Ihnen nachstehend einige Flugplanänderungen und Ergänzungen zur Kenntnis:

1.) Str. 9 Berlin-München-Venedig-Rom

In der Richtung Rom-Berlin hat sich eine Früherlegung der Flugzeiten um 1 Stunde als notwendig erwiesen. Demzufolge gilt ab Montag,dem 8.Juli 1940 folgender Flugplan:

W				W
8.oo	↓	Rom	↑	15.55
9.55	↓	Venedig	↑	14.oo
10.25	↓	Venedig	↑	12.45
12.1o	↓	München	↑	11.oo
12.4o	↓	München	↑	10.3o
15.1o	↓	Berlin	↑	8.oo

Sämtliche Zeiten = Ortszeiten.

Zubringerdienst:

in Berlin: Luftreisebüro Friedrichstr. 177	in Richtung	Rom	Abfahrt	7.15 Uhr
in München: Luftreisebüro Ritter v.Epp Pl.6	" "	Rom	"	10.oo "
	" "	Berlin	"	12.oo "
in Venedig: Riva degli Schiavoni	" "	Rom	"	13.3o "
	" "	Berlin	"	9.55 "
in Rom: Statione Aerea Piazza Esedra 64/6	" "	Berlin	"	7.15 "

Die Strecke 9 wird von Lufthansa und Ala Littoria täglich abwechselnd beflogen, von beiden Fluggesellschaften mit Junkers Ju 52.

und Spanien nach Lissabon führenden Strecke 22 sowie der Südatlantikstrecke TO 191, beides Lufthansa-Linien von ganz besonderer Bedeutung. Sie müssen bei Kriegsbeginn eingestellt werden, die Strecke 22 vorübergehend, die TO 191 ohne Erwartung einer absehbaren Wiederaufnahme. Doch da Italien, zwar verbündet mit dem Deutschen Reich, zunächst „nichtkriegführend" bleibt, nutzen die Fluggesellschaften dieses Landes die Chance zum Ausbau ihrer Flugliniennetze, vorwiegend im Mittelmeerraum, aber auch – ganz neu – über den Südatlantik. Beides liegt durchaus im Interesse der Lufthansa, kann sie doch auf diesen Wegen unter anderem die notwendige technische Versorgung ihrer Tochtergesellschaften – Iberia in Spanien, Syndicato Condor in Brasilien, Sedta in Ecuador – sowie der eigenen Niederlassung in Peru in gewissem Umfang sicherstellen. Für die Spanien-Strecke wird am 12. April 1940 ein italienisch-spanisches Luftverkehrsabkommen abgeschlossen. Zur Unterzeichnung reisten am Tag zuvor Staatssekretär Aldo Pellegrini und Ala Littoria-Präsident Umberto Klinger mit der Savoia-Marchetti SM 75 *I-LIUT* von Rom nach Madrid, wie Gerhard Lindenberg der Verkehrspolitischen Leitung der Lufthansa in Berlin berichtet. Der schließlich doch erfolgende Kriegseintritt Italiens gegen England und Frankreich am 10. Juni 1940 hat zunächst keine allzu großen Auswirkungen auf das Europa-Streckennetz der Ala Littoria wie auch der Avio Linee Italiane, einem weiteren italienischen Luftfahrtunternehmen.

Mit außerordentlichem Interesse verfolgt Lufthansa die Entwicklung auf dem Südatlantik, war es doch sie selbst, die 1934 dort den ersten „nur auf den Luftweg abgestellten transozeanischen Flugdienst" einrichtete, wie man es damals ausdrückte. Jetzt ist es die gerade einmal vier Monate zuvor gegründete L.A.T.I. (Linee Aeree Transcontinentali Italiane), die am 21. Dezember 1939 planmäßige Flüge aufnimmt, ausschließlich mit für die Passagierbeförderung auf dieser Strecke allerdings

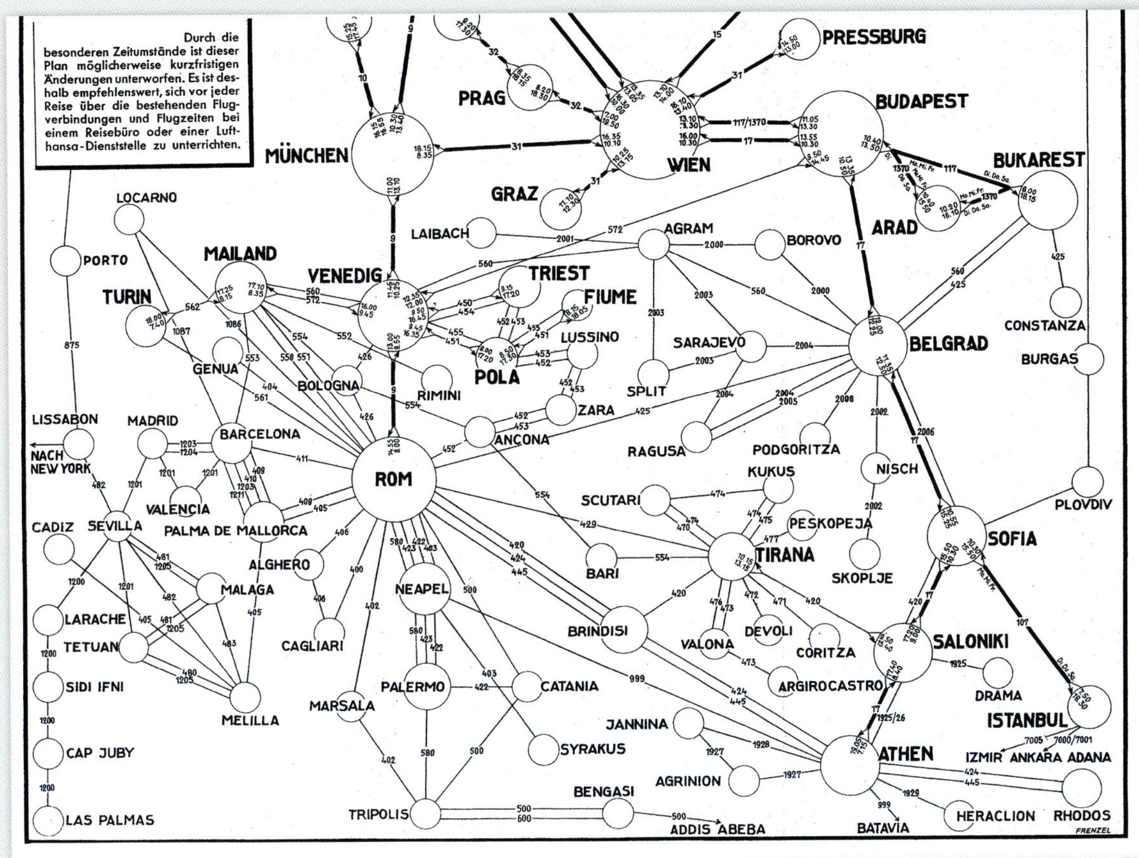

Die Grafik des Lufthansa-Sommerflugplans verdeutlicht optisch, was die Neue Zürcher Zeitung am 14. März 1940 so ausdrückt: „Rom ist heute unverkennbar der verkehrsreichste Flughafen von ganz Europa" und „der Schwerpunkt des europäischen Luftverkehrs".

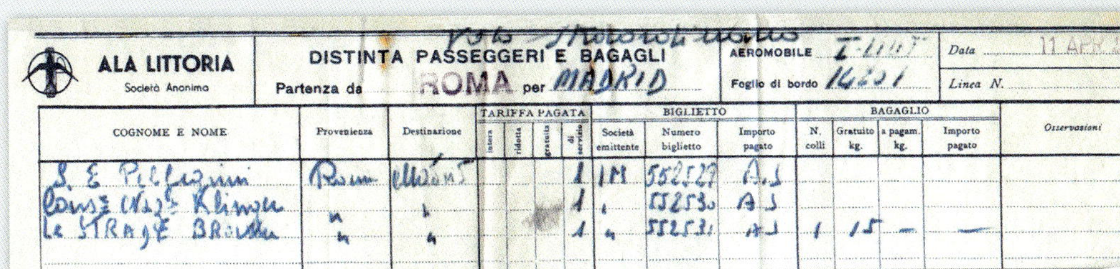

ALA LITTORIA
Società Anonima

DISTINTA PASSEGGERI E BAGAGLI
Partenza da ROMA per MADRID
AEROMOBILE I-...
Foglio di bordo 16201
Data 11 APR.
Linea N.

COGNOME E NOME	Provenienza	Destinazione	TARIFFA PAGATA intera	ridotta	gratuita	di servizio	BIGLIETTO Società emittente	Numero biglietto	Importo pagato	BAGAGLIO N. colli	Gratuito kg.	a pagam. kg.	Importo pagato	Osservazioni
S. E. Pellegrini	Rom	Madrid				1	LM	552529	A.J					
Consz. Nazl. Klinger	"	"				1	"	552530	A.J					
Le Strage Brescha	"	"				1	"	552531	A.J	1	15	—	—	

Ein aus italienischer Sicht historisch bedeutender Beleg: Das Passagiermanifest des Ala Littoria-Sonderflugs nach Madrid zwecks Luftverkehrsverhandlungen mit Spanien.

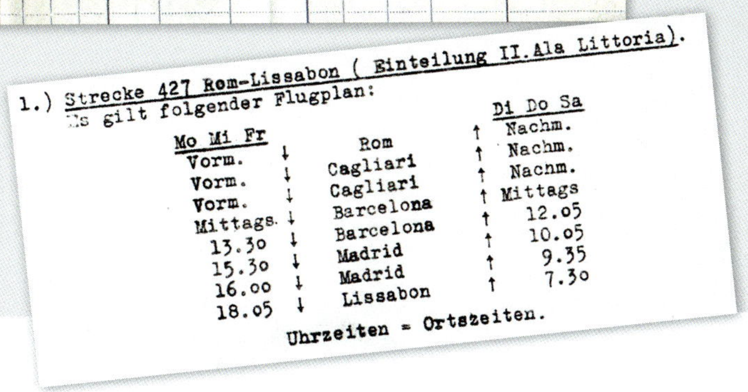

1.) Strecke 427 Rom-Lissabon (Einteilung II. Ala Littoria).
Es gilt folgender Flugplan:

Mo Mi Fr				Di Do Sa
Vorm.	↓	Rom	↑	Nachm.
Vorm.	↓	Cagliari	↑	Nachm.
Vorm.	↓	Cagliari	↑	Nachm.
Mittags.	↓	Barcelona	↑	Mittags
13.30	↓	Barcelona	↑	12.05
15.30	↓	Madrid	↑	10.05
16.00	↓	Madrid	↑	9.35
18.05	↓	Lissabon	↑	7.30

Uhrzeiten = Ortszeiten.

Erkennbares Ergebnis der italienisch-spanischen Verhandlungen – sichtlich auch unter Einbeziehung Portugals – ist dieser Ala Littoria-Flugplan für die neue Strecke 427 zwischen Rom und Lissabon.

DEUTSCHE LUFTHANSA. V.L. Passage, Mitteilung vom 14.Februar 1940.

Poststrecke 599. Italien-Südamerika

Linee Aeree Intercontinentali
Italiane S.A.,Rom (L.A.T.I.).

↓Do morgens		Rom		Di
Do	↓	Sevilla	↑	Di
Do	↓	Sevilla	↑	So
Do	↓	Lissabon	↑	So
Do	↓	Sevilla	↑	Mo
Do	↓	Villa Cisneros	↑	Mo
Fr	↓	Villa Cisneros	↑	So
Fr	↓	Kap Verdische Inseln	↑	So
Sa	↓	Kap Verdische Inseln (Insel Sal)	↑	Sa
↓		Natal	↑	Sa
↓		Natal	↑	Fr
Sa	↓	Recife *)	↑	Fr
So	↓	Recife *)	↑	Do
So	↓	Bahia	↑	Do
So	↓	Bahia	↑	Do
So	↓	Rio de Janeiro **)	↑	Do morgens↑

*) Anschluss von und nach Belem
**) " " " " Buenos Aires.

Da es sich hier offiziell nur um eine Poststrecke über den Südatlantik handelt, auf der Fluggäste lediglich ausnahmsweise befördert werden, gibt L.A.T.I. keine festen Start- und Landezeiten bekannt.

nur notdürftig eingerichteten Landflugzeugen der Baumuster Savoia-Marchetti SM 82 und SM 83. Einzelheiten über die Durchführung dieses Flugdienstes erhält Lufthansa im Wesentlichen über Immo von Görgey, den Lufthansa-Bevollmächtigten für Italien. Die detaillierte statistische Auswertung erfolgt durch Dr. Werner Hogrefe bei der Verkehrsleitung in Berlin. Eine „Flugbewegung Lati"-Liste erfasst alle auf der europäischen Seite, das heißt zwischen Rom und der Kapverdischen Insel Sal, vom 21. Dezember 1939 bis zum 30. August 1940 durchgeführten Flüge. Die Aufstellung enthält die Flugzeugkennzeichen, Start- und Landezeiten sowie -orte, teils auch Angaben über beförderte Fluggäste, Fracht und Post wie auch besondere Vorkommnisse. Die Gesamtstrecke Rom-Rio de Janeiro geht über 9776 km, nach der Einbeziehung von Buenos Aires im Juli 1941 über 12 181 km. Im Kalenderjahr 1940 werden als durchschnittliche Reisegeschwindigkeiten 250 km/h für die SM 82 errechnet, 315 km/h für die SM 83. Die Regelung für die deutsche Inanspruchnahme der Strecke in Richtung Südamerika erläutert Görgey der Lufthansa-Vertretung für Spanien: „Gemäß den in Berlin zwischen Lufthansa und den an dem Südatlantikdienst der Lati interessierten Ministerien und sonstigen amtlichen Stellen sowie den in Rom zwischen uns und der hiesigen Deutschen Botschaft bzw. der Lati getroffenen Vereinbarung ist es erforderlich, dass Platzbuchungen für deutsche Passagiere und deutsche Fracht bei Lati in Richtung Südamerika ausschließlich über unsere Hauptverwaltung (V.L. Personenverkehr und V.L. Frachtabteilung) vorgenommen werden. Dadurch soll erreicht werden, dass das deutsche Passage- und Frachtaufkommen für Südamerika einheitlich gesteuert und gemäß der in Berlin zu bestimmenden Reihenfolge abbefördert wird." Hintergrund ist die doch sehr beschränkte Nutzlast der Flüge. Sie beträgt auf der längsten Teilstrecke, dem Abschnitt Kapverden-Recife, bei der SM 82 etwa 1,3 to, bei der SM 83 sogar nur etwa 0,5 to. Im ersten Halbjahr 1941 summiert sich die beförderte deutsche Nutzlast in Richtung Südamerika auf 16,9 to, im zweiten Halbjahr auf 15,5 to. Fluggäste, deren Gewicht hierin bereits enthalten ist, waren es 24 beziehungsweise 23. Am

Flugbewegung Lati.

21.12.39.	Iarpa	dep o9o5	Lissabon	
		arr lo4o	Tablada	
		dep 13oo	"	
		arr 19oo	V.Cisneros	
	Iarem	dep o61o	Rom	
		arr 12oo	Tablada	
22.	Iarpa	dep o825	V.Cisneros	
		arr	Sal	
24.	Iarpa	dep o345	V.Cisneros.	Totalverlust suedl. Marrakesch durch unfreiw. Bodenberuehrung
28.	Iasta	dep o615	Rom	
		arr 113o	Tablada	
	Iarem	dep 1225	"	
		arr 18oo	V.Cisneros	
29.	Iarem	dep o83o	"	qub Sal
31.	"	dep 1115	Sal	
1.1.40	"	dep looo	V.Cisneros	
		arr 1545	Tablada	
3.	"	dep o945	"	
		arr 133o	Rom	
4.	Iande	dep loo5	Rom	
		arr 1345	Palma (wegen Wetter)	
5.	"	dep o8o5	"	
		arr lo35	Tablada	
	Iasta	dep llo5	"	
		arr 1645	V.Cisneros	
6.	Iande	dep o945	Tablada	
		arr 141o	Rom	
7.	Iasta	dep 1155	Sal	Pax 2 Post u. Fre 217 kg.
		arr 151o	V. Cisneros	
8.	Iasta	dep o9oo	"	Pax 2 Post 30.887 Fre 217
		arr 1430	Tablada	
11.	"	dep o755	"	
		arr 12oo	Rom	
	Iarem	dep o94o	Rom	
		arr 1515	Tablada	
12.	"	dep.lo35	"	
		arr 1640	V.Cisneros	
13.	"	dep o725	"	
16.	"	dep o8oo	"	
		arr 1419	Tablada	
17.	"	dep o74o	"	
		arr 13o5	Rom	
18.	Iamer	dep o715	Rom	Pax 3 Pos 285
		arr 125o	Tablada	
19.	"	dep o72o	"	
		arr 1255	V.Cisneros	
22.	"	dep o84o	"	Pax 1 pos 156,291 Fre 48,91o
		arr 143o	Tablada	
23.	"	dep o73o	"	
		arr 123o	Rom	

Genaue Zeiten der auf der Südatlantikteilstrecke zwischen Rom und der Kapverden-Insel Sal durchgeführten Flüge der L.A.T.I. hält Lufthansa in dieser bis zum 30. August 1940 geführten Zusammenstellung fest (Tablada ist der Flughafen von Sevilla).

Die folgende Aufstellung zeigt die im 2. Halbjahr 1941 und in der entsprechenden Zeit des Vorjahres auf den planmässigen Ozeanüberquerungen eingesetzten Flugzeuge:

Muster	Zulassung	Zahl der Ozeanüberquerungen im 2. Halbjahr 1941	1940
SM 82	I-BRAZ	5	5
"	I-BOLI	6	-
"	I-BENI	11	-
"	I-BATO	6	-
"	(I-BAYR)	-	2
"	(I-BAIA)	-	6
"	(I-TALO)	-	1
SM 83	I-ARIS	8	-
"	I-AZUR	6	11
"	I-ASSO	6	1
"	I-ARGE	2	-
"	(I-ANDE)	-	1
"	(I-AREM)	-	2
"	(I-ATOS)	-	14
	Insgesamt	50	43

Ausserdem wurden auf anderen Streckenteilen eingesetzt:
2 SM 82: I-CILE und I-BUEN
3 SM 83: I-BLAN, I-ANDE und I-ATOS.

In dieser Liste der von der L.A.T.I. über dem Südatlantik eingesetzten Flugzeuge fehlt die S.M. 83 *I-ARPA*, die bereits 1939 beim ersten Rückflug durch unfreiwillige Bodenberührung verloren ging.

C. P. E. ROMA N. 49058

ALITALIA

ALA LITTORIA

SOCIETÀ ANONIMA CON SEDE IN ROMA
CAPITALE SOCIALE L. 90.000.000 – INTERAMENTE VERSATO

MEMBRO DELLA I. A. T. A.
International Air Traffic Association

DIREZIONE GENERALE:
ROMA: VIA PAVIA, 20
TELEFONI: 490.341 - 490.541
TELEGR.: ALERECA
CODE: A. B. C. VI - IATA

1 n. 187
(DA CITARE NELLA RISPOSTA)

Barcelona, 31 Julio 1943

Resp.
LUFT-HANSA
Pº de Gracia, 45
Barcelona

Nach dem politischen Umsturz in Italien legt die Ala Littoria ihren auf den Faschismus bezogenen Namen ab und nennt sich zunächst um in Alitalia, kurz darauf dann in Ala Italiana.

Gesamtaufkommen der Zuladung betrug der deutsche Anteil im ersten Halbjahr 65 %, im zweiten 58 %. Mit der Kriegserklärung Deutschlands und Italiens an die USA endet im Dezember 1941 der L.A.T.I.-Flugdienst – nach insgesamt 200 Ozeanüberquerungen, davon 188 auf Planflügen. Eine beachtliche Leistung, die allerdings durch einige Verluste getrübt wird. Soweit bei Lufthansa bekannt, waren das die Flugzeuge *I-ARPA* durch unfreiwillige Bodenberührung südlich von Marrakesch am 24. Dezember 1939, *I-BAIA* durch Totalbruch am 21. Dezember 1940, *I-BAYR* nach Motorstörung am 15. Januar 1941 auf dem Atlantik verschollen sowie eine weitere, aber nicht näher beschriebene Maschine.

Der europäische und Mittelmeer-Luftverkehr Italiens findet erst 1943 mit dem politischen Umschwung nach der Entmachtung Benito Mussolinis ein Ende. Die betriebsgemeinschaftliche Strecke 9 Berlin-München-Venedig-Rom von Lufthansa und der bisherigen Ala Littoria – diese nennt sich von Ende Juli bis Mitte August 1943 Alitalia und danach dann Ala Italiana – wird nach dem 8. September vorübergehend eingestellt. Ab dem 24. September befliegt Lufthansa sie dann allein, wobei der italienische Endpunkt jetzt Mailand ist. Für ihre dort verkehrenden Junkers Ju 52 – auch Ala Littoria setzte dieses Flugzeugmuster auf der Strecke 9 ein – stellt die deutsche Fluggesellschaft die in Venedig stationierten und mit der Ju 52 vertrauten italienischen Flugmaschinisten Ugo Bascollo, Luigi Giacomello, Aldo Grillo und Francesco Naldi ein. Diese scheiden am 31. Juli 1944 auf eigenen Wunsch aus dem Lufthansa-Dienst aus, da dann Venedig auf der Strecke 9 auch nicht mehr angeflogen wird.

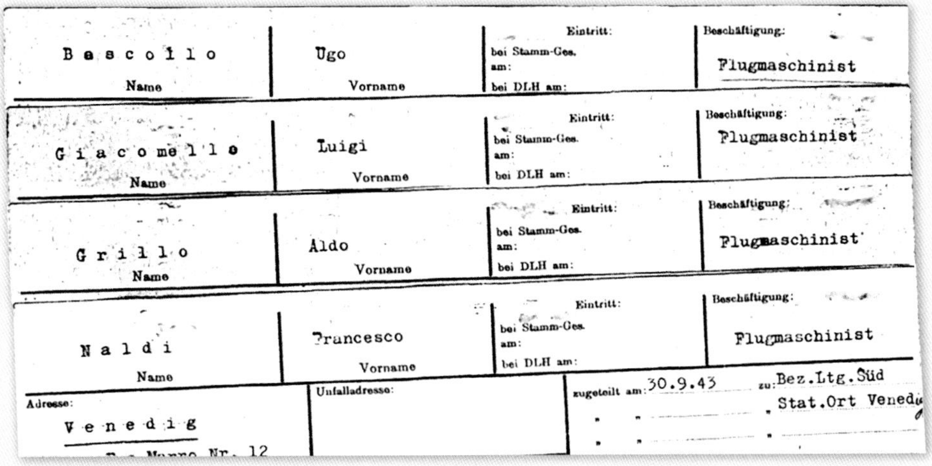

Name	Vorname	Eintritt	Beschäftigung
Bascollo	Ugo	bei Stamm-Ges. am: / bei DLH am:	Flugmaschinist
Giacomello	Luigi	bei Stamm-Ges. am: / bei DLH am:	Flugmaschinist
Grillo	Aldo	bei Stamm-Ges. am: / bei DLH am:	Flugmaschinist
Naldi	Francesco	bei Stamm-Ges. am: / bei DLH am:	Flugmaschinist

Adresse: Venedig

Unfalladresse:

zugeteilt am: 30.9.43 zu: Bez.Ltg.Süd Stat.Ort Venedig

Diesen Flugmaschinisten der vormaligen Ala Littoria bietet Lufthansa 1943/44 die Möglichkeit, wie früher auf den ihnen vertrauten Ju 52-Flugzeugen der Strecke 9 eingesetzt zu werden.

Bislang ein Flugziel auf der Strecke 9 war der etwa 5 km östlich von Venedig auf der Insel Lido gelegene Flughafen San Nicolo.

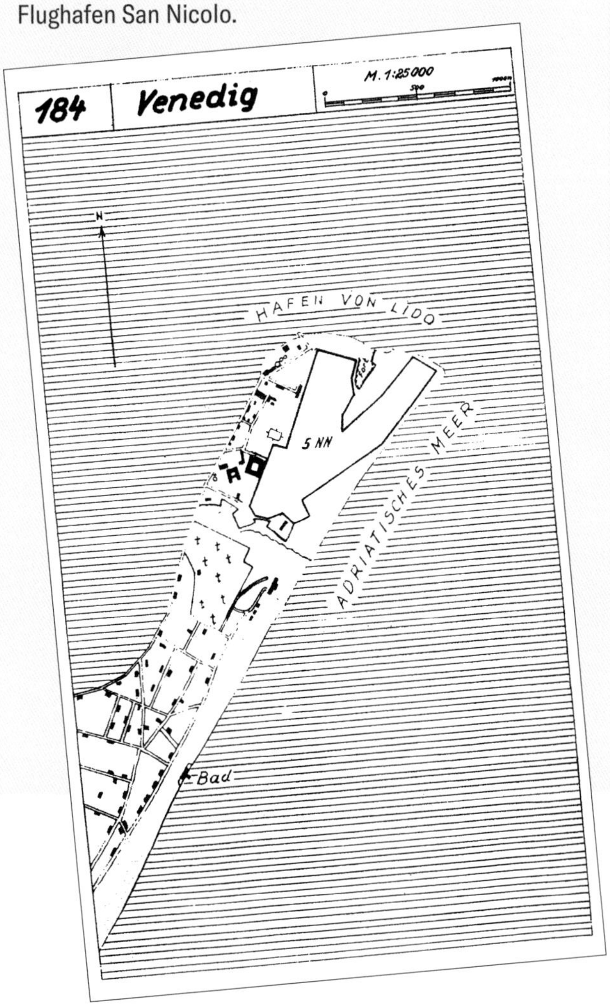

LOCARNO-ROM

Swissair — Strecke 1086 — Douglas DC 2

Werktäglich — ab 18. III. 1940

14.00	ab Bellinzona-Bahnhof (Offiz. Verkehrsbüro) an	11.55
14.10+	ab Locarno, Offiz. Verkehrsbüro „Pro Locarno" an	11.45+
14.40	ab **Locarno** Flugplatz Magadino an	**11.15**
17.10	an **Rom** Flugplatz Littorio ab	**8.45**
17.55	an Rom, CIT / Ala Littoria Piazza Esedra 64-66 ab	8.00

Flugverbindungen in Rom nach und von:
Balkanstaaten, Naher und Ferner Osten, Australien (auch via Neapel)
Aegypten, Ital. Ostafrika, Südafrika
Neapel, Sizilien, Tunis, Tripoli, Sardinien
Südamerika (nur Fracht und Post)

LOCARNO-BARCELONA

Swissair — Strecke 1087 — Douglas DC 3

Werktäglich — ab 1. IV. 1940

14.00	ab Bellinzona-Bahnhof (Offiz. Verkehrsbüro) an	13.55
14.05+	ab Locarno, Offiz. Verkehrsbüro „Pro Locarno" an	13.45+
14.35	ab **Locarno** Flugplatz Magadino an	**13.15**
18.00	an **Barcelona** • Flugplatz Muntadas ab	**9.45•**
19.15	an Barcelona, „Iberia", Paseo de Gracia 45 ab	8.30•

Flugverbindungen in Barcelona nach und von:
Palma de Mallorca, Valencia, Madrid, Sevilla, Span. Marokko
Lissabon (Anschluss an Transatlantik-Flugdienst nach New York)
Las Palmas (Kanarische Inseln)

+ Nur bei Bedarf

• Die Passagiere sind gebeten sich nicht direkt zum Flugplatz zu begeben, sondern das Zubringerauto ab Stadtbüro zu benützen, um Abfertigungsschwierigkeiten zu vermeiden.

Nur einige Monate lang kann Swissair 1940 diese Flugdienste nach Rom und Barcelona aufrecht erhalten. Die Verbindung Locarno-Rom gibt es dann noch einmal Anfang 1941, aber nur für wenige Tage.

In erhebliche Schwierigkeiten gerät mit dem Ausbruch des Kriegs die Swissair, zumal die geografische Lage der Schweiz inmitten des militärischen Geschehens um sie herum sowie die Neutralität des Landes der Fluggesellschaft kaum Entwicklungsmöglichkeiten lassen. Ende August 1939 muss Swissair alle ihre internationalen Verbindungen – darunter nach London, Paris, Amsterdam, Wien und Berlin – einstellen. Die Strecke 12 Zürich-Stuttgart-Halle/Leipzig-Berlin war bis dahin eine in Gemeinschaft und im Pool mit Lufthansa, von Letzterer nun aber auch nicht mehr betriebene Linie. Der vorläufigen „Nichtkriegführung" Italiens ist es zu verdanken, dass 1940 aber doch wiederum neue Verbindungen von der Schweiz ins Ausland eröffnet werden können, am 13. März Locarno-Rom und am 1. April Locarno-Barcelona. Dabei wird im Flugplan auf Flugpreisermäßigungen für die Strecke Locarno-Rom hingewiesen – jeweils 30 % für Hochzeitsreisen sowie für Studenten an schweizerischen Hochschulen. Doch schon wenige Monate später folgt dem nun erklärten Kriegseintritt Italiens das Ende auch dieser Flugdienste. Jetzt erscheint es der Swissair-Unternehmensleitung erst einmal vordringlich, „Verhaltensmaßnahmen im Falle eines kriegerischen Angriffes auf die Schweiz" allen ihren Dienststellen an die Hand zu geben. Einer allgemeinen Anweisung folgen besondere, jeweils für den Fall eines Angriffs seitens Deutschlands, seitens Frankreichs, seitens Deutschlands und Italiens oder seitens Italiens allein. Schließlich wird aber auch eine mögliche Eigeninitiative der Verantwortlichen angesprochen: „Die Leiter der Auslandsvertretungen sind nicht nur nach Eintreffen eines Ereignisses

Eine besondere Neutralitätsbemalung weisen ab 1940 die Flugzeuge der Swissair auf – hier eine in Locarno-Mogadino abgestellte Douglas DC 3.

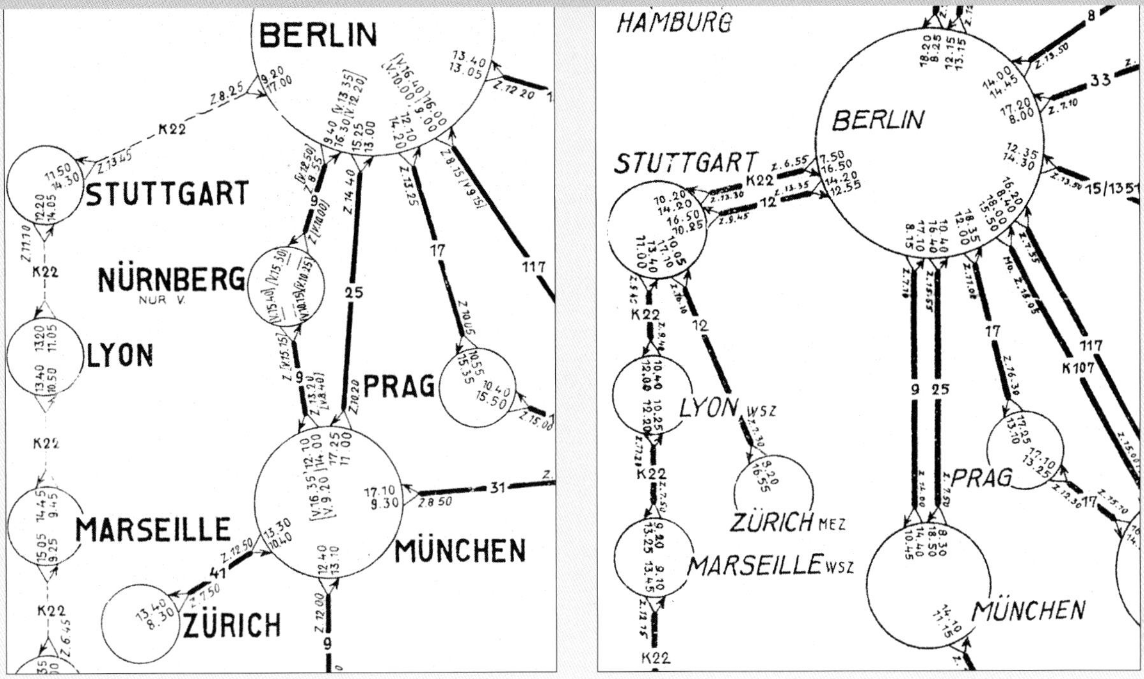

Die 1940 eingerichtete Swissair-Strecke 41 Zürich-München wird Ende 1941 durch die Strecke 12 Zürich-Stuttgart-Berlin ersetzt.

berechtigt, entsprechende Maßnahmen zu treffen, sondern sie haben die Pflicht in gewissen Fällen vorzubeugen. Bemerkt z. B. der Flugleiter in Rom gewisse Anzeichen, so kann er am Abend die Maschine von sich aus unter irgendeinem Vorwand nach Locarno zurückschicken. Erweist sich die Annahme als irrig, so ist außer einem Ausfall kein weiterer Schaden entstanden." Dem folgt noch der Hinweis: „Über die in Genf stationierten Maschinen verfügt vorläufig das Militär, sodass sich das Reisebüro Genf im derzeitigen Moment nicht um diese zwei Flugzeuge zu kümmern hat."

Eine Flugverbindung mit den Eidgenossen liegt vermutlich auch im besonderen Interesse des Deutschen Reichs. Sicher nicht zuletzt aus diesem Grund genehmigt es der Swissair die Aufnahme der Strecke 41 Zürich-München ab dem 30. September 1940, zu der Zeit für die Schweiz der einzige Anschluss an das europäische Luftverkehrsnetz. Die Situation verbessert sich dann beträchtlich – unter Fortfall der vorgenannten Verbindung allerdings – am 19. November 1941 mit der von Swissair jetzt gleichfalls allein begonnenen Wiederaufnahme der Strecke 12 Zürich-Stuttgart-Berlin, die den aus der Schweiz nach Deutschland ausreisenden Fluggästen europaweite Tagesanschlüsse bietet. Im selben Jahr beginnt eine völlig andere Geschäftsbeziehung zwischen der deutschen und der schweizerischen Fluggesellschaft. Auf dem Züricher Flughafen Dübendorf finden erst eine Großreparatur und danach vor allem technische Grundüberholungen von Douglas-Flugzeugen aus dem Betrieb der Lufthansa statt, später des Weiteren auch die Erneuerung beziehungsweise der Einbau bestimmter Flugzeugteile. Auf den Seiten 59, 70, 71 und 81 des ersten Bandes von „Lufthansa im Krieg – die Jahre 1939 – 1945" wird darauf bereits näher eingegangen. Für Lufthansa bedeutet das schlechterdings eine Erweiterung der für ihren Eigenbedarf zur Verfügung stehenden Werftkapazität, muss sie selbst doch in Deutschland im Auftrag des RLM vorwiegend für die Luftwaffe arbeiten. Die Swissair sieht durch die Übernahme dieser Arbeiten eine Möglichkeit zur Weiterbeschäftigung ihres Werftpersonals, was ansonsten aufgrund der kriegsbedingten Einstellung fast aller ihrer Flugrouten erhebliche Probleme bereitet hätte. Doch so ganz einfach gestaltet sich die Angelegenheit für Swissair nicht, zumal als sie die Absicht äußert, nach der aufwendigen Reparatur der 1941 in Oslo verunglückten DC3 *D-ATJG* – ursprünglich wohl nur ein Einzelauftrag – das Geschäft auf weitere Flugzeuge der Lufthansa auszuweiten. Dies ruft verschiedene Behörden auf den Plan, so das Eidgenössische Militärdepartement und dort vor allem die Kriegstechnische Abteilung mit ihrer Sektion für Ein- und Ausfuhr, das Eidgenössische Politische Departement – Abteilung für Auswärtiges –, das zum Eidgenössischen Post- und Eisenbahndepartement gehörige Luftamt, das Kommando der Flieger- und Fliegerabwehrtruppen der Schweizerischen Armee, die Eidgenössische Fremdenpolizei sowie die Handelsabteilung des Eidgenössischen Volkswirtschaftsdepartements. Eine umfangreiche, teils deutsche, teils französische Korrespondenz der Swissair mit diesen Stellen und Letzterer auch untereinander ist die unausbleibliche Folge. Es herrscht eben Krieg und da ist vieles zu beachten und zu bedenken.

Zuerst geht es um die Ein- und Ausfuhrfrage, denn „auf Grund der bundesrätlichen Verordnung über Herstellung, Beschaffung und Vertrieb, Einfuhr und Ausfuhr von Kriegsmaterial, vom 8. Juli 1938, sowie der bezüglichen Ergänzungen vom 3. Nov. 1939, 13. Februar 1940, 5. Juli 1940 und 27. September 1940, werden die Verkehrsflugzeuge unserer Gesellschaft einschließlich der dazugehörenden Flugmotoren und Ersatzteile als Kriegsmaterial betrachtet. Die Einfuhr kann also nur mit einer Bewilligung Ihrer Sektion für die Ein- und Ausfuhr erfolgen, wofür uns gemäß Art. 1 des Nachtrages vom 27. Sept. 1940 jeweils eine Gebühr in Höhe von 0,8 % des Warenwertes verrechnet wird", stellt die Swissair in einem Schreiben an das Militärdepartement fest. Und diese grundsätzlichen Fakten gelten auch im Zusammenhang mit der Reparatur der *D-ATJG*. Für den Import der Maschine wird allerdings nur symbolisch ein Schweizer Franken Gebühr erhoben, die Wiederausfuhr, bewilligt am 26. Juni 1942, kostet Swissair aber 1500.– Franken. Bemerkenswert ist, dass der Einfuhrwert des beschädigten Flugzeugs mit 120 000.– Franken und der Wert der für dessen Reparatur aus Deutschland angelieferten Teile mit 36 337,50 Franken angegeben werden. Für die Bestimmung der Flugzeugausfuhrgebühren, also nach erfolgter Wiederinstandsetzung der *D-ATJG*, werden aber 300 000,– Franken zugrunde gelegt. In dieser Summe sind vermutlich die Kosten des Arbeitsaufwands der Reparatur mit einbezogen.

Für die Überführungsflüge weiterer Lufthansa-Flugzeuge verfügt das Kommando der Flieger- und Fliegerabwehrtruppen im November 1942, dass schweizerisches Gebiet von den deutschen Besatzungen ausschließlich zwischen Eglisau an der Grenze und dem Züricher Flughafen Dübendorf überflogen werden darf. Fotografieren oder das Anfertigen von Skizzen

Die Anlieferung der in Oslo verunglückten DC 3 zu den Swissair-Werkstätten am Züricher Flughafen Dübendorf ist nur als Bodentransport der in ihre Hauptbauteile zerlegten Maschine möglich.

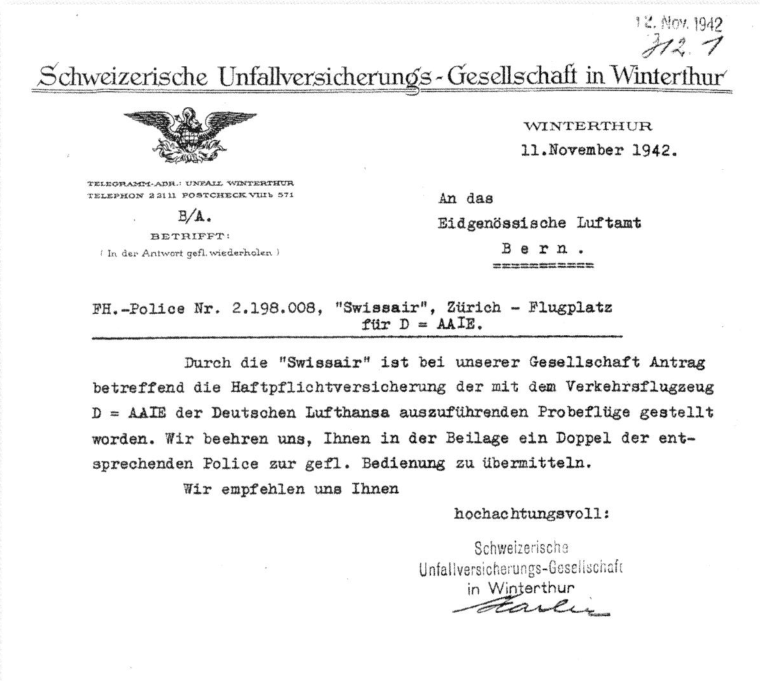

12. Nov. 1942
312. 7

Schweizerische Unfallversicherungs-Gesellschaft in Winterthur

WINTERTHUR
11.November 1942.

TELEGRAMM-ADR.: UNFALL WINTERTHUR
TELEPHON 2 31 11 POSTCHECK VIII b 571

B/A.

BETRIFFT:
(In der Antwort gefl. wiederholen)

An das
Eidgenössische Luftamt
Bern.

FH.-Police Nr. 2.198.008, "Swissair", Zürich - Flugplatz
für D = AAIE.

Durch die "Swissair" ist bei unserer Gesellschaft Antrag betreffend die Haftpflichtversicherung der mit dem Verkehrsflugzeug D = AAIE der Deutschen Lufthansa auszuführenden Probeflüge gestellt worden. Wir beehren uns, Ihnen in der Beilage ein Doppel der entsprechenden Police zur gefl. Bedienung zu übermitteln.

Wir empfehlen uns Ihnen

hochachtungsvoll:

Schweizerische
Unfallversicherungs-Gesellschaft
in Winterthur

Für die mit ihren Besatzungen durchgeführten Probeflüge der Lufthansa-Flugzeuge nach Abschluss der technischen Arbeiten sieht Swissair eine spezielle Haftpflichtversicherung als sinnvoll und notwendig an.

ist strikt verboten. Um die Einhaltung dieser Vorschriften zu gewährleisten, müssen die Flüge durch einen Swissair-Piloten an Bord begleitet werden. Dazu äußert Lufthansa allerdings absolutes Unverständnis, da es in umgekehrter Weise für die Swissair-Flüge über Stuttgart bis Berlin ja auch keine vergleichbare deutsche Vorschrift gibt. Erst im November 1943 – Swissair fliegt inzwischen nur noch Stuttgart, nicht mehr aber Berlin an – rückt das Schweizer Militär von seiner dahingehenden Vorschrift ab. Einzelne Überführungsflüge der Lufthansa-Maschinen – die Probeflüge nach erfolgter Instandsetzung ohnehin – werden bis dahin auch von Swissair-Besatzungen durchgeführt. Nicht unwichtig ist dabei die Bemalung der Flugzeuge. Zu Probeflügen mit einer DC3 informiert Swissair am 28. Mai 1943 das „Kommando der Flieger- & Flab.-Trp., Im Felde" dahingehend: „Besondere Merkmale: Der Rumpf und die Flügelmittelstücke sind grün und die Motorengondeln schwarz gestrichen. Um die Mitte des Rumpfes trägt das Flugzeug einen gelben Streifen von 60 cm Breite; ebenfalls sind die Flügelenden auf einer Länge von 3 m oben und unten gelb gestrichen. Auf der Ober- und Unterseite der Flügel, sowie beidseitig des Rumpfes trägt das Flugzeug die Buchstaben *D-AAIG* in schwarz. Die deutschen Hoheitsabzeichen sind überdeckt und dafür die schweizerischen Hoheitsabzeichen angebracht." Ein erschwerendes zollrechtliches Problem ergibt sich, als bestimmte Ersatzteile nicht mehr aus Deutschland angeliefert, sondern in der Schweiz produziert werden. Die Flügelanschlussprofile kommen jetzt von der Aluminium-Industrie A.-G. in Chippis. Der Einbau erfolgt deshalb im „sogenannten aktiven Reparaturverkehr", so das Volkswirtschaftsdepartement, und hat „im Umfange des Gegenwertes (…) zu Lasten des (…) Ausfuhrkontingentes der Position 914h des schweizerischen Zolltarifs (Flugzeuge und Bestandteile davon) zu gehen." Die Handelsabteilung stellt dazu im Dezember 1943 fest, dass „der Reparaturverkehr für Kriegsmaterial" ab 1. Januar 1944 „überhaupt nicht mehr zugelassen werden könne."

Ohnehin hält Swissair zum einen inzwischen selbst eine gewisse Zurückhaltung aus politischen Erwägungen heraus für notwendig, zum anderen sieht man vor allem aber auch Unsicherheiten beim zukünftigen deutsch-schweizerischen Verrechnungsverkehr. Am 3. Januar 1944 informiert die Fluggesellschaft das Luftamt: „Die Aufträge der Deutschen Lufthansa fallen demnach mit Wirkung ab 1. Januar 1944 gänzlich aus." Mit Hinweis auf laufende regierungsseitige Verhandlungen über die Verlängerung des Handelsabkommens wird Lufthansa allerdings zunächst hingehalten, selbst noch während eines Besuchs von Vorstand Walter Luz in Zürich. Und ein aus Lufthansa-Sicht für eine Fortsetzung der technischen Arbeiten in Zürich richtungsweisendes Fernschreiben ist „bei uns leider nicht eingegangen", bedauert Swissair am 3. März. Erst einen Monat nach diesem Datum setzt man Lufthansa schließlich in Kenntnis, dass „die Ausführung von Revisions- und Wiederinstandstellungsarbeiten an Douglasflugzeugen der DLH durch unsere Gesellschaft nicht mehr möglich" ist.

Das Lufthansa-Interesse für das Luftfahrtgeschehen anderer Staaten beschränkt sich natürlich nicht auf Air France, Ala Littoria beziehungsweise L.A.T.I. und Swissair. Genaue Beobachtung gilt beispielsweise auch dem durch die niederländische KLM als Charter für British Overseas Airways Corporation (B.O.A.C.) durchgeführten Flugdienst zwischen England und Portugal. Dazu kommen ab Oktober 1944 planmäßige B.O.A.C.-Linienflüge London-Madrid. Des Weiteren verfolgt Lufthansa Veränderungen des US-amerikanischen Flugstreckennetzes. Diesbezüglich stellt Dr. Hogrefe sogar noch am 16. Dezember 1944 mit Lufthansa vergleichende Zahlen zusammen. Weitere Länder, wie Bulgarien und Schweden, sind ebenso interessant. Bereits am 29. Juli 1944 legt die Verkehrsleitung der Lufthansa einen umfassenden „Bericht über die Entwicklung der Luftverkehrspolitik sowie über Flug-

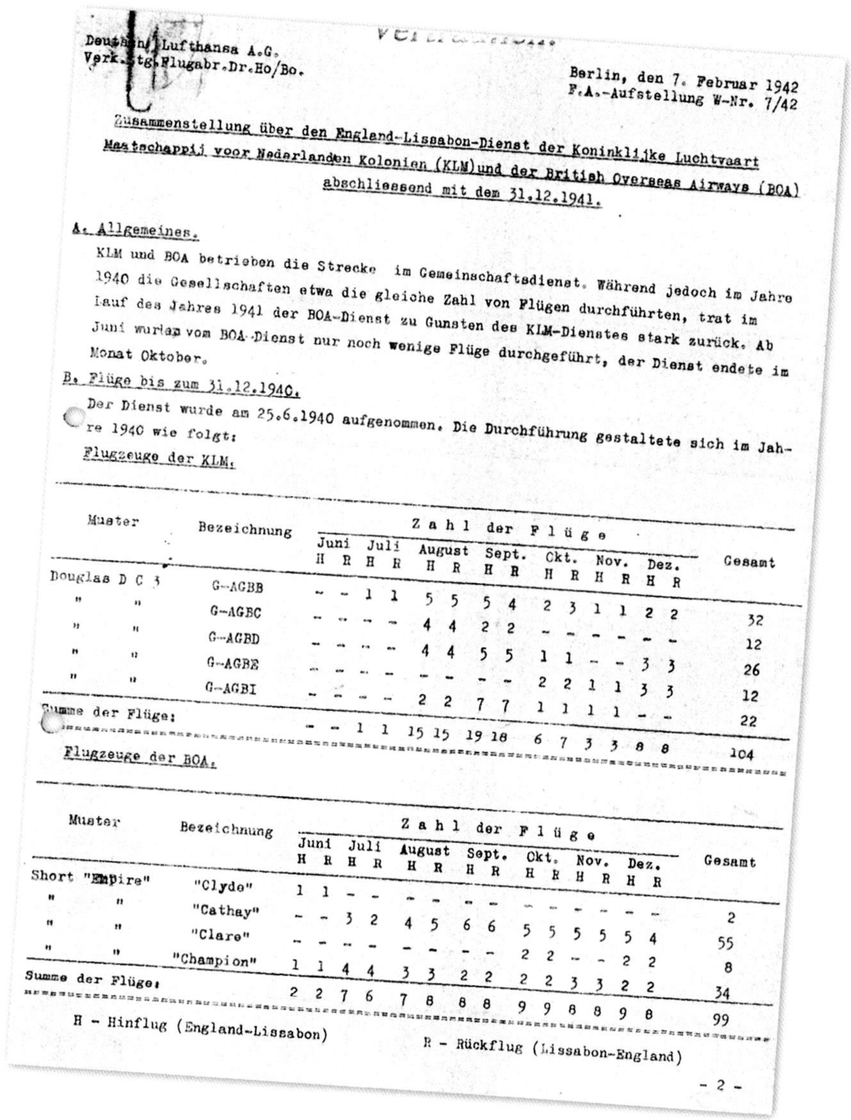

Deut[sch]e Lufthansa A.G.
Verk.[Ltg.] Flugabr.Dr.Ho/Bo.

Berlin, den 7. Februar 1942
F.A.-Aufstellung W-Nr. 7/42

Zusammenstellung über den England-Lissabon-Dienst der Koninklijke Luchtvaart Maatschappij voor Nederlanden Kolonien (KLM) und der British Overseas Airways (BOA) abschliessend mit dem 31.12.1941.

A. Allgemeines.

KLM und BOA betrieben die Strecke im Gemeinschaftsdienst. Während jedoch im Jahre 1940 die Gesellschaften etwa die gleiche Zahl von Flügen durchführten, trat im Lauf des Jahres 1941 der BOA-Dienst zu Gunsten des KLM-Dienstes stark zurück. Ab Juni wurden vom BOA-Dienst nur noch wenige Flüge durchgeführt, der Dienst endete im Monat Oktober.

B. Flüge bis zum 31.12.1940.

Der Dienst wurde am 25.6.1940 aufgenommen. Die Durchführung gestaltete sich im Jahre 1940 wie folgt:

Flugzeuge der KLM.

Muster	Bezeichnung	Zahl der Flüge														Gesamt
		Juni		Juli		August		Sept.		Okt.		Nov.		Dez.		
		H	R	H	R	H	R	H	R	H	R	H	R	H	R	
Douglas D C 3	G-AGBB	-	-	1	1	5	5	5	4	2	3	1	1	2	2	32
" "	G-AGBC	-	-	-	-	4	4	2	2	-	-	-	-	-	-	12
" "	G-AGBD	-	-	-	-	4	4	5	5	1	1	-	-	3	3	26
" "	G-AGBE	-	-	-	-	-	-	-	-	2	2	1	1	3	3	12
" "	G-AGBI	-	-	-	-	2	2	7	7	1	1	1	1	-	-	22
Summe der Flüge:		-	-	1	1	15	15	19	18	6	7	3	3	8	8	104

Flugzeuge der BOA.

Muster	Bezeichnung	Zahl der Flüge														Gesamt
		Juni		Juli		August		Sept.		Okt.		Nov.		Dez.		
		H	R	H	R	H	R	H	R	H	R	H	R	H	R	
Short "Empire"	"Clyde"	1	1	-	-	-	-	-	-	-	-	-	-	-	-	2
" "	"Cathay"	-	-	3	2	4	5	6	6	5	5	5	5	5	4	55
" "	"Clare"	-	-	-	-	-	-	-	-	2	2	-	-	2	2	8
" "	"Champion"	1	1	4	4	3	3	2	2	2	2	3	3	2	2	34
Summe der Flüge:		2	2	7	6	7	8	8	8	9	9	8	8	9	8	99

H - Hinflug (England-Lissabon) R - Rückflug (Lissabon-England)

- 2 -

Genau erfasst werden bei der Lufthansa-Verkehrsleitung die von KLM und B.O.A.C. zwischen England – als Startpunkt dort wird allgemein Bristol angegeben – und Lissabon durchgeführten Flugdienste.

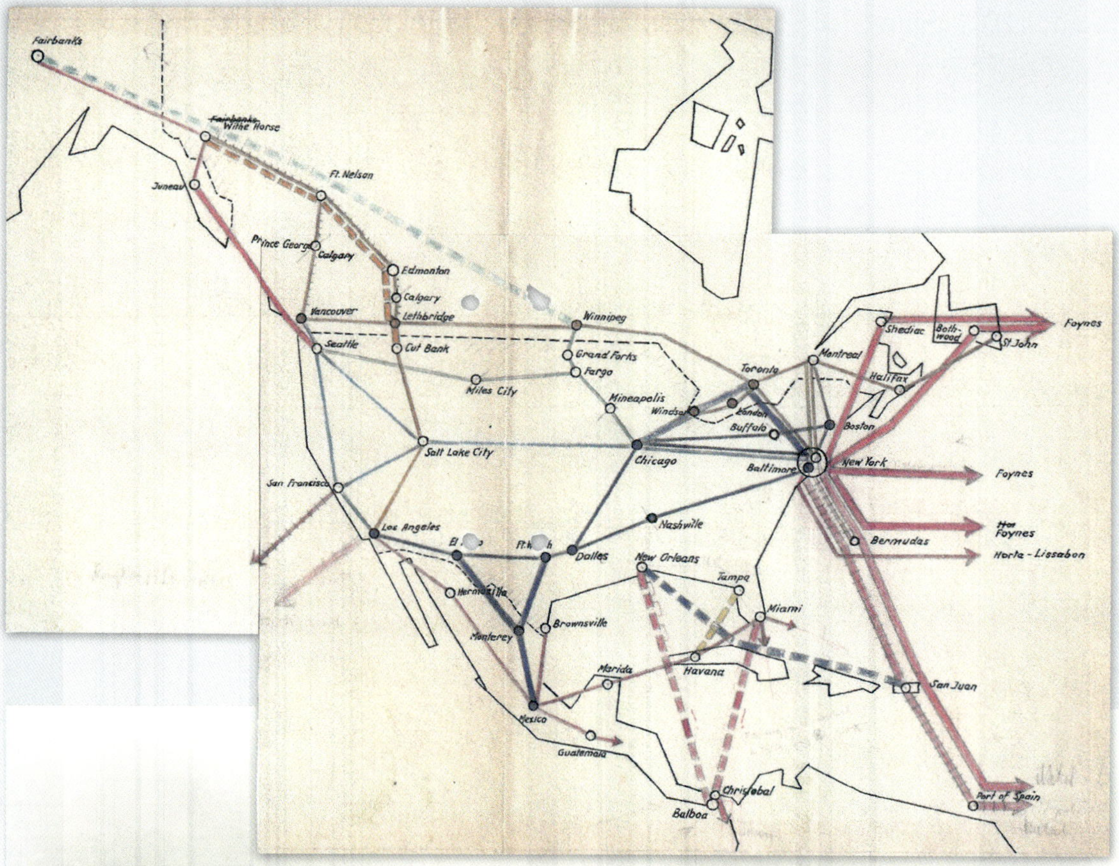

Eine Lufthansa-Skizze des US-amerikanischen Luftverkehrs um 1943. Nach Foynes in der Republik Irland – einem der wenigen neutralen Staaten in Europa – wird vorwiegend mit Boeing 314-Flugbooten geflogen.

Die Boeing 314 *NC18604* wird, obwohl 1942 an die US-Air Force verkauft, weiterhin von Pan American Airways als *„Atlantic Clipper“* auf Nordatlantikflügen nach Irland eingesetzt.

Eine bulgarische Fluggesellschaft gibt es nicht, doch ist Sofia wichtiges Flugziel. Zum normalen Luftfahrtgeschäft gehört deshalb, dass Hans M. Bongers (links) und Hans Karl von Winterfeld (rechts) 1941(?) einer Einladung anlässlich des Berlin-Besuchs des Befehlshabers der bulgarischen Luftwaffe folgen.

Auch eine Besonderheit der Kriegsumstände: 1944/45 kann die schwedische A.B.A. ihre aus DC 3 und Ju 52 bestehende Flotte auf ungewöhnliche Weise erweitern. Notgelandete US-Bomber vom Typ B-17 werden von der Fluggesellschaft für den zivilen Luftverkehr umgebaut.

und Beförderungsleistungen und sonstige bemerkenswerte Einzelheiten (…)" vor. In dem nach Erdteilen gegliederten Bericht bildet Europa natürlich den Schwerpunkt, wobei unterschieden wird in „Befreundete und neutrale Staaten" sowie „Feindstaaten". Abschließend ist auch die erwartete Nachkriegsentwicklung des Luftverkehrs ein Thema, wobei allerdings Deutschland oder Lufthansa keine Erwähnung finden.

Flugsicherung – unentbehrlicher Bestandteil des Luftverkehrs

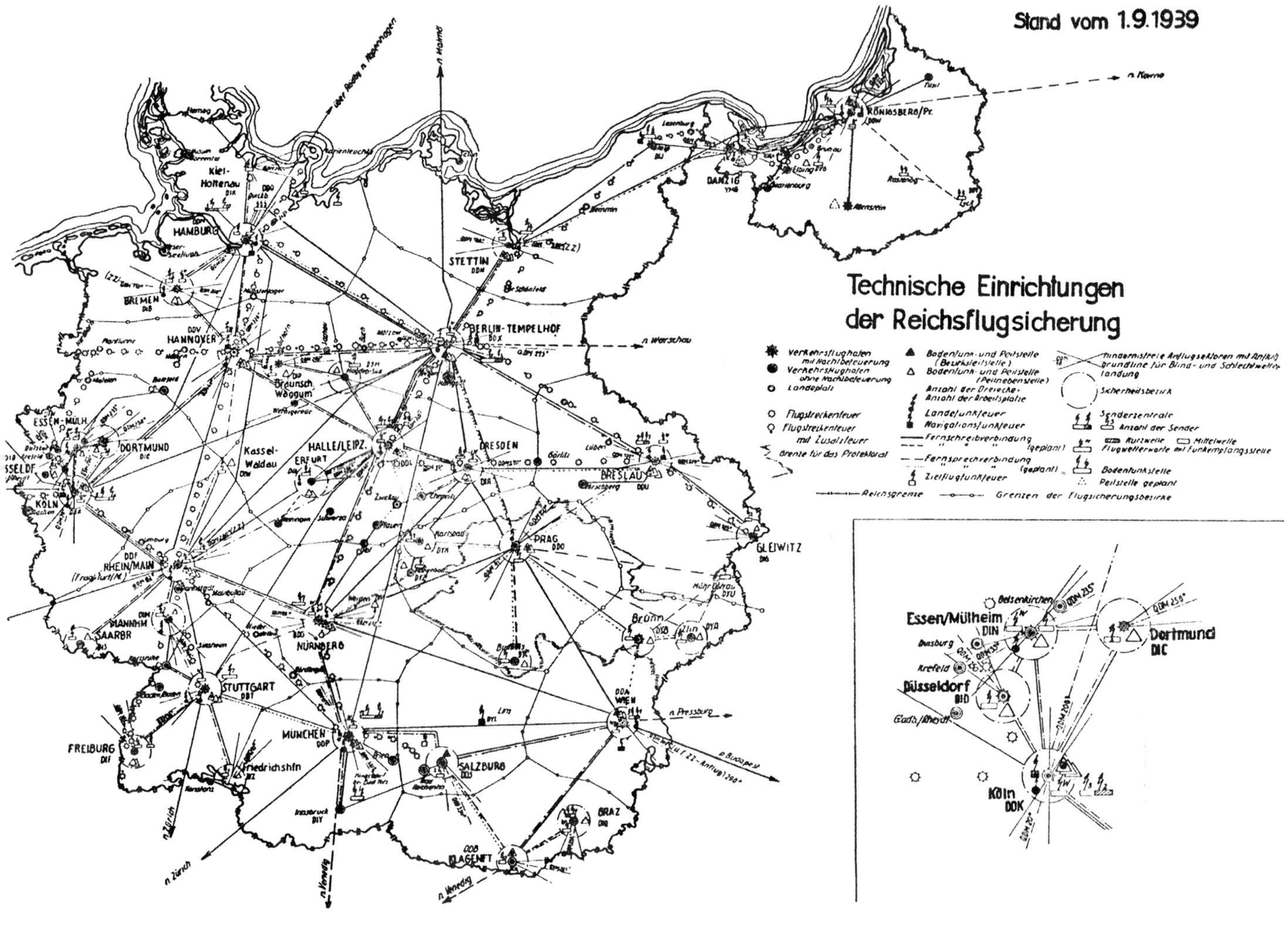

Mit der Erklärung des nach Verlust des Sudetenlands und Abtrennung der Slowakei verbliebenen tschechischen Kerngebiets zum „Protektorat Böhmen und Mähren“ erreicht die Organisation der Reichsflugsicherung den abgebildeten Stand.

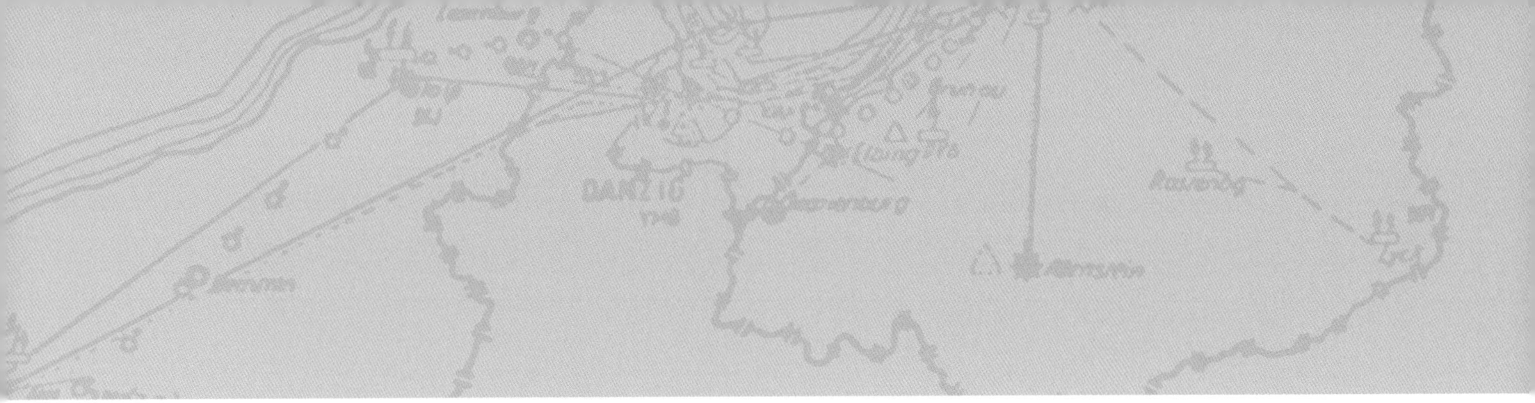

Mit der zunehmenden Ausweitung des Luftverkehrs während der vergangenen Jahre waren auch ein ständiger Ausbau sowie eine laufende Verbesserung der Flugsicherung unabdingbar. In seiner Ausgabe vom 1. Februar 1939 veröffentlicht der Berliner Lokal-Anzeiger ein Interview mit Lufthansa-Vorstand Walter Luz zum derzeitigen Stand und zu den weiteren Plänen des deutschen Flugverkehrs. Die abschließende Frage gilt dabei eher einem Blick zurück, nämlich worin Luz wohl „die stolzeste Errungenschaft" der Verkehrsluftfahrt sehe. „In der Sicherung des Luftverkehrs" und der damit gewährleisteten „Pünktlichkeit des zuverlässigsten Verkehrsmittels", stellt dieser dazu an erster Stelle fest.

Die hier angesprochene Flugsicherung beruht im Wesentlichen auf einem Zusammenwirken von Wetterbeobachtung, Fernmeldediensten und Navigation. Die Leitung eines deutschen Flugwetterdienstes wurde 1928 eingerichtet, nachdem angeblich bereits seit 1911 ein vermutlich einfacherer Luftfahrer-Nachrichtendienst organisiert war. Seit 1933 gehört der Flugwetterdienst zum Geschäftsbereich des Reichsministers der Luftfahrt. Für den Flugfunk- und Flugkabeldienst ist ab 1927 die „Zentralstelle für Flugsicherung" zuständig, von 1933 an vorübergehend das „Reichsamt für Flugsicherung". Ebenfalls ab 1927 sorgt die „Signaldienst für Luftverkehr G.m.b.H." für außerhalb der Flugplätze zu errichtende und zu betreibende Luftfahrt-Bodenkennzeichen. Aus dem „Reichsamt für Flugsicherung" wird 1934 das „Reichsamt für Wetterdienst", wobei bisherige Arbeitsbereiche wie Flugfunk- und Peildienst sowie die Nachtbefeuerung der Flugstrecken unmittelbare Aufgaben des RLM werden. Auf allen deutschen Verkehrsflughäfen sind die Peilflugleiter der Reichsflugsicherung aber Mitarbeiter der Lufthansa, die von dieser ausgebildet, geprüft und dem RLM zur Ernennung vorgeschlagen werden. Anstelle des RLM als ziviler Behörde übernimmt bei Kriegsbeginn die Luftwaffe die gesamte Flugsicherung und somit auch die Ausübung des Peilflugleiterdienstes. Lufthansa-Mitarbeiter, soweit nicht kriegsbedingt anderweitig verpflichtet, werden zwecks Sicherung des zivilen Fluglinienverkehrs als „beratende Peilflugleiter" den Luftwaffendienststellen beigeordnet. Einzig die für den Einflug nach Berlin/Rangsdorf – vorübergehender Ausweichflugplatz für Tempelhof – eingerichtete Bodenpeilstelle Märkisch Buchholz wird mit Alfred Bayer als hauptamtlichem Peilflugleiter der Lufthansa besetzt. Das zentrale Informationsblatt für alle an der zivilen Luftfahrt Beteiligten erscheint seit 1920 als „Nachrichten für Luftfahrer" (NfL). Alle nur erdenklichen Neuerungen oder Veränderungen von

Eindeutige und international verständliche Kommunikation ist unabdingbar für die Flugsicherung. Die FBO ist daher auch Betriebsordnung für den zwischenstaatlichen Flugfernmeldedienst.

Ob Langwellen- oder Kurzwellensender mit 20, 150, 170 Watt Leistung, Zielfunkpeilanlagen oder Blindlande-Empfangsanlagen, Lufthansa bezieht die Funkausrüstung für ihre Flugzeuge von den Firmen C. Lorenz und Telefunken.

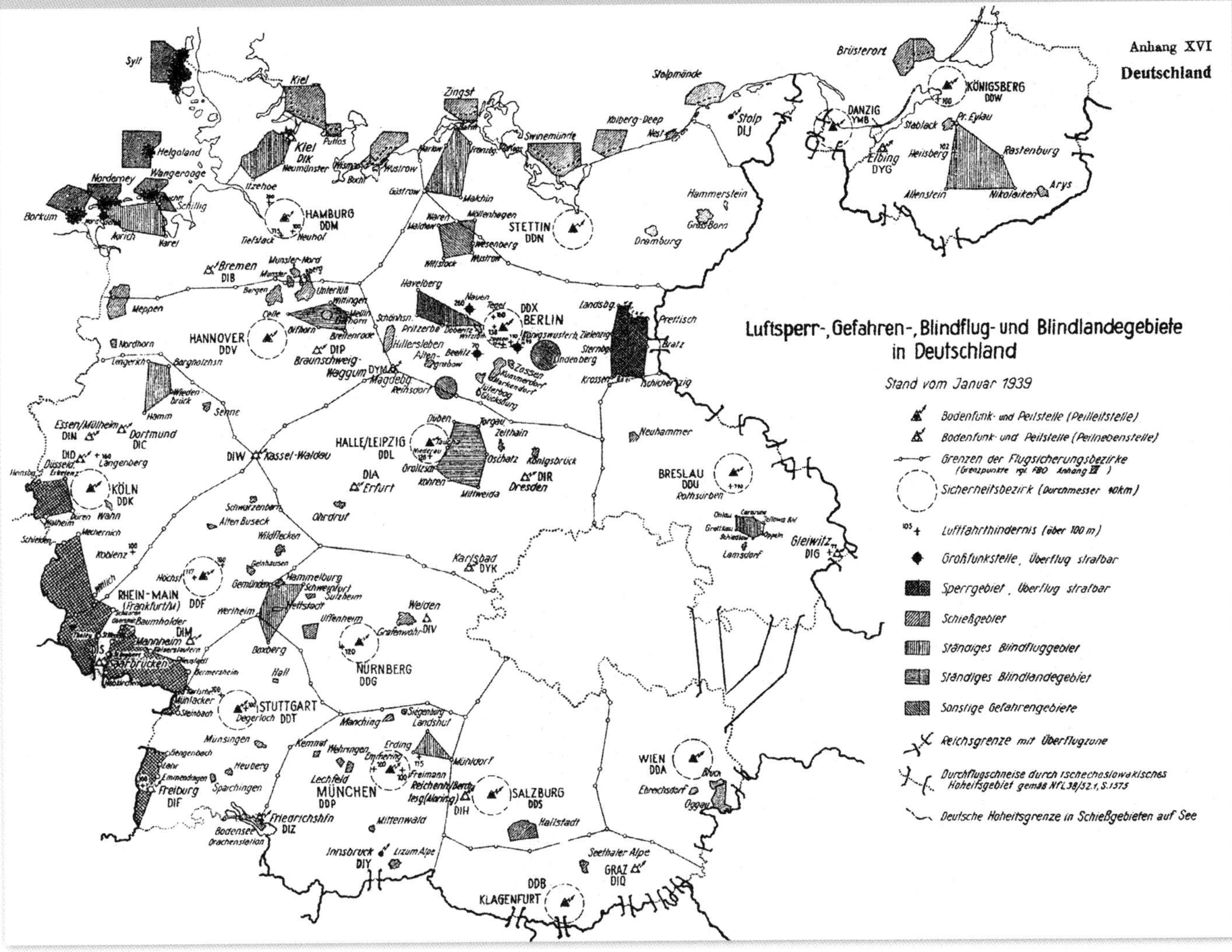

Bedeutung werden darin aufgeführt, beispielsweise auch Informationen über Sperrgebiete. Von einem solchen ist da 1939 wohl ganz besonders die Rede, denn die schweizerische „Interavia" schreibt über „die in den letzten Tagen in der Tagespresse stark beachtete deutsche Verfügung betreffend ein Überflugverbot des Sitzes des Führers und Reichskanzlers, Obersalzberg bei Berchtesgaden". Natürlich gibt es dann auch in Berlin ein Luftsperrgebiet rund um die Reichskanzlei, die laut Führungsstab am

Die zunehmenden politischen Spannungen führen zur Schaffung größerer Luftsperrgebiete. Die an der Grenze zu Belgien und Frankreich bestehen ab dem 20. September 1938.

Das 1939 verfügte Überflugverbot des Obersalzbergs dürfte gleichzeitig für die im Volks-Brockhaus als Zweigstelle der Reichskanzlei geführte „Dienststelle Berchtesgaden" in Bischofswiesen gelten.

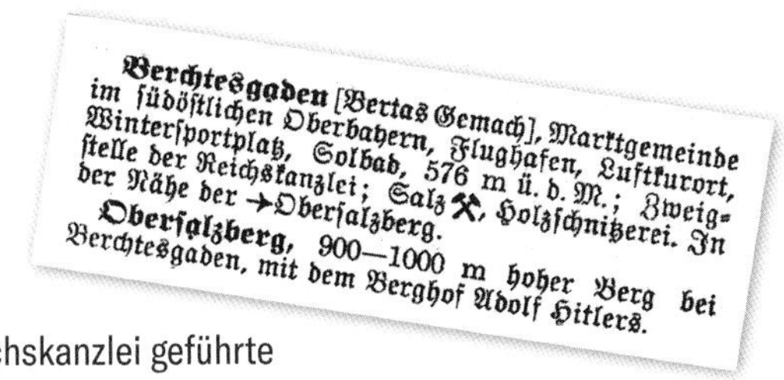
Berchtesgaden [Bertas Gemach], Marktgemeinde im südöstlichen Oberbayern, Flughafen, Luftkurort, Wintersportplatz, Solbad, 576 m ü. d. M.; Zweigstelle der Reichskanzlei; Salz ⚒, Holzschnitzerei. In der Nähe der →Obersalzberg.

Obersalzberg, 900—1000 m hoher Berg bei Berchtesgaden, mit dem Berghof Adolf Hitlers.

2. und 6. Dezember 1944 allerdings mehrfach von deutschen Flugzeugen überflogen wird. Dazu der Führungsstab weiter: „Der Führer hat Untersuchung und Bestrafung des Schuldigen angeordnet." Bereits zu Beginn desselben Jahres wurde Flugkapitän August Künstle vorgeworfen, mit der Focke-Wulf Fw 200 *D-AMHL* das Luftsperrgebiet Schorfheide verletzt und somit die Ruhe auf Reichsmarschall Hermann Görings Anwesen Karinhall gestört zu haben. Eher militärisch bedingt als solcherart personenbezogen sind 1939 die Luftsperrgebiete Aachen, Trier, Pfalz, Baden, Oder/Warthe und Nordseeinseln. Bei Kriegsbeginn wird schließlich das ganze Deutsche Reich zum „Reichsluftsperrgebiet" erklärt und dazu kommen später noch angrenzende besetzte Gebiete.

Eine allgemein überaus wichtige Arbeitsunterlage für den Luftverkehr ist die vom RLM herausgegebene „Fernmeldebetriebsordnung für die Verkehrsflugsicherung (FBO)", auf die im nachfolgenden Kapitel „Geheimnisvolle Codes des Luftverkehrs" weiter eingegangen wird. Auf diese Vorschrift bezieht sich die „Dienstanweisung der Deutsche Lufthansa A.G." in ihrem Kapitel „Flugbetrieb und Verkehr". Dort werden die Aufgaben des Flugleiters und des von ihm jeweils zu bestimmenden Peilflugleiters vom Dienst beschrieben: „Die wichtigste und verantwortungsvollste Tätigkeit des Flugleiters ist die ständige Überwachung aller unterwegs befindlichen Flugzeuge, soweit sie den Bereich seines Hafens berühren oder sich auf seinen Hafen zu bewegen. (...) Die Verantwortlichkeit des Flugleiters erstreckt sich dabei nicht nur auf Lufthansa-Flugzeuge, sondern sie umfasst vorbehaltlich einer späteren Neuregelung a l l e Flugzeuge, also auch die Flugzeuge anderer Flugzeughalter. (...) Zu dem Zwecke der Überwachung der Flüge werden die Flugleitungen von der Flugbetriebsleitung mit Zeittafel, Lineal und Avionaut-Gerät ausgerüstet. Die Flugleiter haben die unbedingte Pflicht, die rechnerische und zeichnerische Überwachung der Bewegungsvorgänge in den Monaten September bis April stets, d.h. ohne Rücksicht auf die Wetterlage auszuüben, oder von ihrem verantwortlichen Vertreter ausüben zu lassen. Auch in den Sommermonaten soll diese Überwachung der Bewegungsvorgänge in der Regel, unbedingt aber bei zweifelhafter Wetterlage, vorgenommen werden. Es ist dafür zu sorgen, dass die Flugleitung die hierzu erforderlichen Start- und Standortmeldungen erhält. Bei Startmeldungen ist die Zeit anzugeben, zu der das Flugzeug den Boden verlässt. Engste Fühlung mit der Fernmeldestelle und dem Peiler ist notwendig. Wenn mehrere Flugzeuge nach demselben Zielhafen abgelassen werden, so ist die unterschiedliche Geschwindigkeit der einzelnen Typen mit in Rechnung zu ziehen. Ergibt sich bei dieser Überwachung die Möglichkeit einer unter Umständen gefahrbringenden Annäherung mehrerer Flugzeuge aneinander, so hat der Flugleiter rechtzeitig durch entsprechende Anweisungen an diese Flugzeuge (über Flughöhe, Flugrichtung und Anflug des Hafens) einzugreifen. Die Bewegungsüberwachung hat sich nicht nur auf sich nähernde, sondern auch auf die abfliegenden Flugzeuge zu erstrecken."

Mehr ins Detail gehen die seit 1937 von der Lufthansa-Abteilung Streckensicherung verschickten „Nachrichten für Funk- und Bordgerätebetrieb", 1939 ergänzt durch „Merkblätter für Flugzeugführer und Peilflugleiter". Die „Nachrichten über Flugsicherung" ersetzen

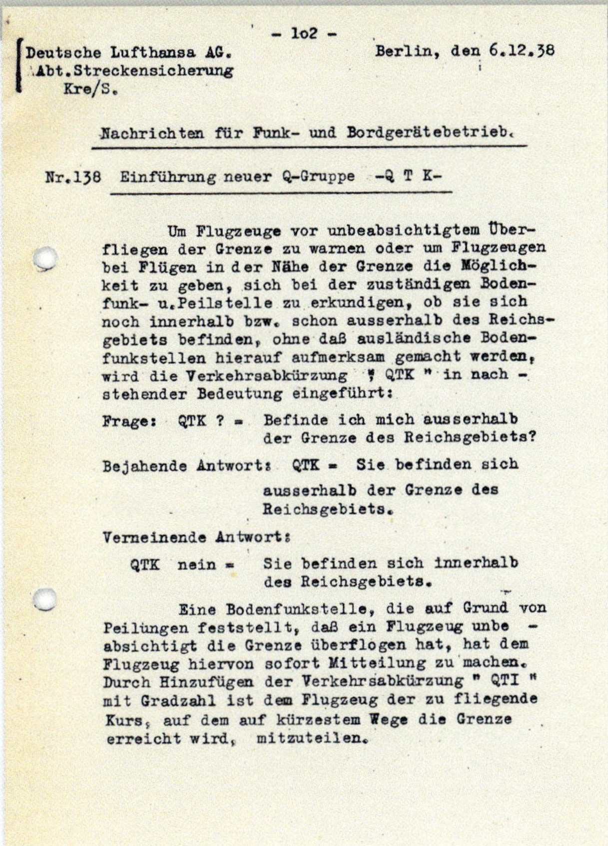

- lo2 -

Deutsche Lufthansa AG.
Abt.Streckensicherung
Kre/S.

Berlin, den 6.12.38

Nachrichten für Funk- und Bordgerätebetrieb.

Nr.138 Einführung neuer Q-Gruppe -Q T K-

Um Flugzeuge vor unbeabsichtigtem Überfliegen der Grenze zu warnen oder um Flugzeugen bei Flügen in der Nähe der Grenze die Möglichkeit zu geben, sich bei der zuständigen Bodenfunk- u.Peilstelle zu erkundigen, ob sie sich noch innerhalb bzw. schon ausserhalb des Reichsgebiets befinden, ohne daß ausländische Bodenfunkstellen hierauf aufmerksam gemacht werden, wird die Verkehrsabkürzung " QTK " in nachstehender Bedeutung eingeführt:

Frage: QTK ? = Befinde ich mich ausserhalb der Grenze des Reichsgebiets?

Bejahende Antwort: QTK = Sie befinden sich ausserhalb der Grenze des Reichsgebiets.

Verneinende Antwort:

QTK nein = Sie befinden sich innerhalb des Reichsgebiets.

Eine Bodenfunkstelle, die auf Grund von Peilungen feststellt, daß ein Flugzeug unbeabsichtigt die Grenze überflogen hat, hat dem Flugzeug hiervon sofort Mitteilung zu machen. Durch Hinzufügen der Verkehrsabkürzung " QTI " mit Gradzahl ist dem Flugzeug der zu fliegende Kurs, auf dem auf kürzestem Wege die Grenze erreicht wird, mitzuteilen.

Neuerungen im Funkverkehr werden in den späten 1930er Jahren über die „Nachrichten für Funk- und Bordgerätebetrieb“ den Flugzeugbesatzungen und Bodenfunkstellen mitgeteilt.

dann ab 1940 wiederum die beiden vorher genannten Informationsblätter. Dringende Mitteilungen an alle Bezirks-, Strecken- und Flugleitungen sowie Flugzeugführer, Flugzeugfunker und Funkermaschinisten werden durch separate Rundschreiben verbreitet, wie zum Beispiel am 3. März 1938 zum Thema „Höhenänderungen während des Fluges“. Hier heißt es unter anderem: „Die Aufgabe des Peilflugleiters, Zusammenstöße von Flugzeugen zu verhindern, beruht in erster Linie auf der Höhenregelung und Höhenkontrolle. Es ist daher außerordentlich wichtig, dass dem Peilflugleiter die geflogenen Höhen und die beabsichtigten Höhenänderungen bekannt sind. Es wird zunächst nochmals auf die Anwendung der Gruppen ASC (steigend) und DES (fallend) hingewiesen, die oft den Höhenangaben nicht hinzugefügt werden, obwohl bereits eine andere Höhe aufgesucht wird. Es muss also z.B. beim Abflug der Bodenfunkstelle gemeldet werden: ‚QBF 300 m ASC QBG bezw. 1000 m‘ (Fliegen in den Wolken 300 m steigend bis über die Wolken bezw. 1000 m). Die Anmeldung bei der Bezirksgrenze und somit Annähe-

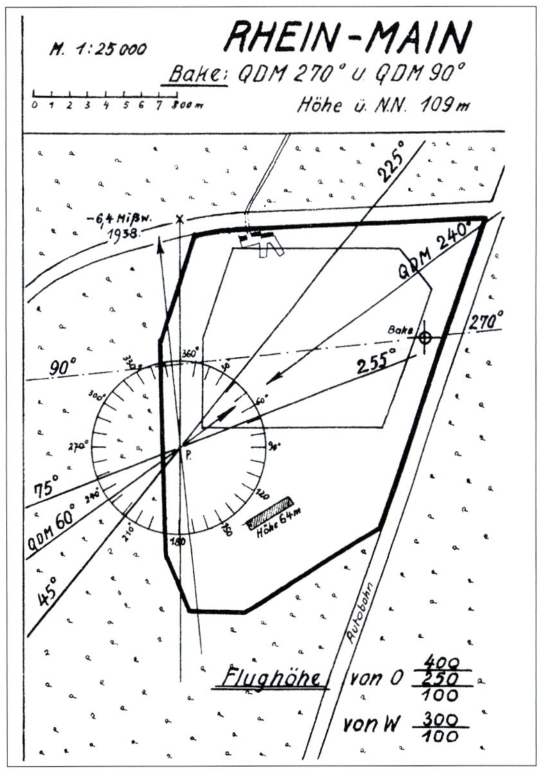

Für Anflüge auf Frankfurt Rhein-Main stehen 1938 ein Peiler (P.) sowie eine Bake zur Verfügung. Wichtig ist hier der Hinweis auf die dabei zu berücksichtigende Missweisung von – 6,4°.

Wichtigster Teil des Handbuchs für Flugzeugführer sind die Landeanflugkarten, auf denen in kleinen Kreisen angegeben ist, um wie viele Meter einzelne Hindernisse die Flugplatzhöhe überragen.

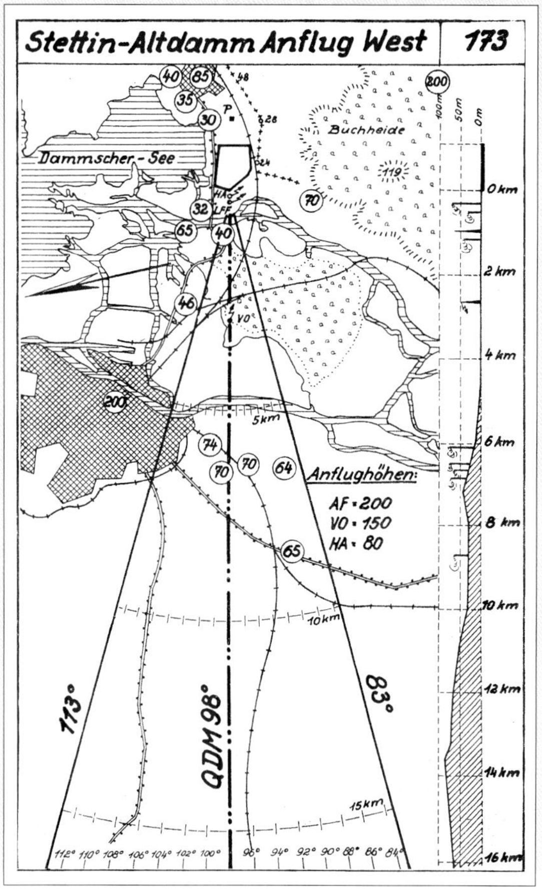

Betr.: Auswertung der Eigenpeilung.

In unserem Betrieb wird die Eigenpeilung stets so ausgewertet, dass dem Flugzeugführer zur Kursverbesserung oder Geschwindigkeitsbestimmung die rechtweisende Richtung vom Flugzeug zum gepeilten Sender zur Verfügung steht. Die so errechnete Richtung ist die " rechtweisende Peilung".

Wird diese Peilung in die Karte übertragen, so ist sie, um 180° versetzt, vom gepeilten Sender aus einzuzeichnen. Diese in die Karte eingezeichnete rechtweisende Richtung vom Sender am Boden zum Flugzeug ist die "Standlinie".

Zur Vermeidung von Missverständnissen sind künftig in unserem Betrieb die Begriffe "rechtweisende Peilung" und "Standlinie" nur in dem oben erläuterten Sinne anzuwenden.

Die vorhandenen Auswerteblocks für Eigenpeilung werden aufgebraucht. Bei einer Neuauflage wird der Begriff" Standlinie" im Sinne dieser Ausführungen durch den Ausdruck "rechtweisende Peilung" ersetzt werden.

Ausserdem werden folgende feststehenden Abkürzungen künftig einheitlich angewendet:

K.K.	=	Kompaßkurs
δ	=	Deviation des Kompasses
mw.K.	=	Mißweisender Kurs
O.M.	=	Ortsmißweisung
rw.K.	=	Rechtweisender Kurs
q	=	Rohe Funkseitenpeilung
f	=	Funkbeschickung
p	=	Beschickte Funkseitenpeilung
rw. P	=	rechtweisende Peilung.

Ma

Um mögliche Missverständnisse auszuschließen, sind bei der Flugsicherung eindeutige Begriffe und Zeichen festgelegt, so wie diese bereits 1939.

rung an den Zielhafen würde z.B. folgendermaßen lauten: ‚QBG 1000 m DES QBH bezw. 300 m' (Fliegen 1000 m über den Wolken, fallend bis unter die Wolken bezw. 300 m). Beabsichtigt ein Flugzeug die Höhe zu wechseln, so hat es vorher bei der Bodenfunk- und Peilstelle anzufragen und deren Zustimmung einzuholen. Der Peilflugleiter hat sofort dem Flugzeug mitzuteilen, ob es die Höhe ändern kann oder nicht."

Für die Flugzeugbesatzungen gibt es auch schon früh und in handlichem Format ein Navigationshandbuch, dem in kurz zusammengefasster Form übersichtliche Daten für Landeanflüge und auch Eigenpeilungen zu entnehmen sind. Ab 1940 – mit Nachträgen bis 1944 – steht mit genauen Strecken- und Flughafeninformationen das „Handbuch für Flugzeugführer" zur Verfügung.

Einen außerordentlichen Fortschritt für die sichere Flugdurchführung stellt die Funkeigenpeilung dar, die im Gegensatz zur herkömmlichen, durch Bodenfunkstellen erfolgenden Fremdpeilung dem Flugzeug eine selbstständigere Navigation erlaubt. In der Hauszeitung „Der Lufthanseat" vom April 1937 stellt der Leiter der Abteilung Streckensicherung Helmut

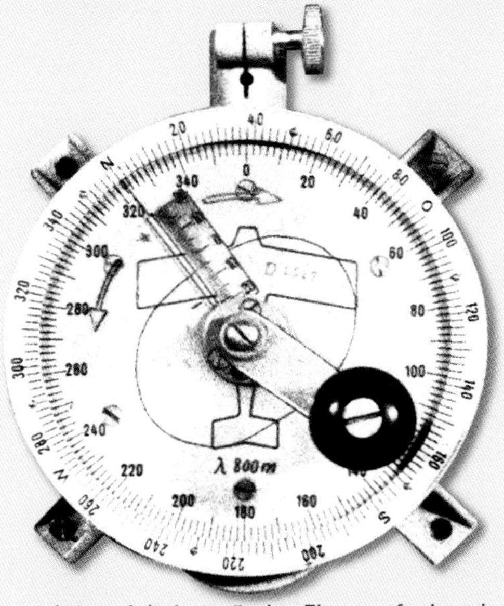

Ein wichtiges Arbeitsgerät des Flugzeugfunkers bei der Eigenpeilung ist der Antrieb der Rahmenantenne, hier der eines Telefunken-Zielfluggerätes.

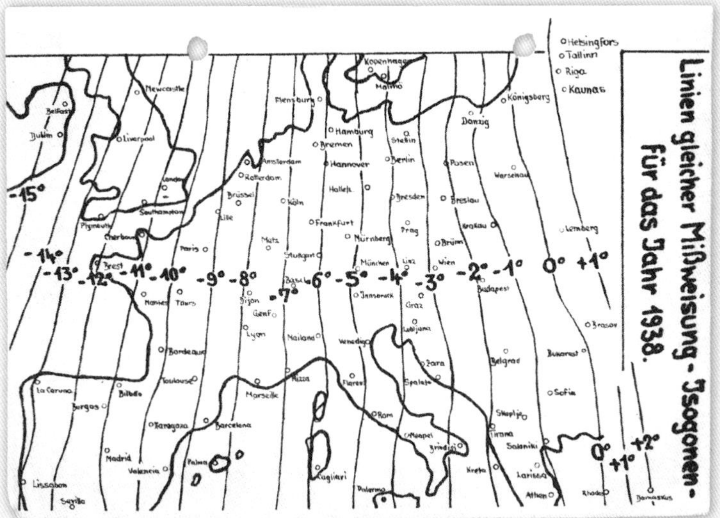

Da der magnetische Nordpol nicht mit dem geografischen übereinstimmt, muss der rechtweisende Kurs mit Hilfe der sich über die Jahre ständig geringfügig ändernden Isogonen aus dem missweisenden Kurs berechnet werden.

Funkpeilung, die Bestimmung des Standorts einer Funkstelle (Flugzeug, Schiff) mit Hilfe drahtloser Zeichen. Das Peilgerät ist eine drehbare Rahmenantenne. Sender, die senkrecht zur Rahmenfläche liegen, werden schwach oder gar nicht gehört, solche in der Rahmenebene dagegen sehr laut.

Die Funktionsweise des Peilrahmens, ob bei Bodenfunkstellen oder an Bord von Flugzeugen eingesetzt, erklärt der Volks-Brockhaus 1939 hier ganz kurz.

Maron den vom Flugzeugfunker erhebliches Können und Feingefühl abverlangenden Ablauf von Eigenpeilungen dar: „Die Anforderung der Peilung geht natürlich vom Flugzeugführer aus, der die Navigation durchführt und daher weiß, um welche Zeit und von welchem Sender er eine Peilung braucht. Der Funker stimmt daraufhin seinen Peilempfänger auf die Wellenlänge oder besser gesagt die Frequenz des verlangten Senders ab. Bei Rundfunksendern geht er mit der Rückkopplung so weit, dass er einen ununterbrochenen starken Pfeifton, die sogenannte Trägerwelle, hört. Dann betätigt er seinen Rahmenantrieb, dreht also den Rahmen. Dabei wird er sehr schnell ganz grob die Minimum- und die Maximumeinstellung herausfinden. Jetzt macht er durch Herausdrehen des Rahmens aus dem Minimum und Einschalten der Hilfsantenne die Seitenbestimmung, wozu große Sorgfalt und Können des Funkers gehört. Ist die Seite einwandfrei bestimmt, dreht der Funker den Rahmen wieder in die richtige Minimumstellung, schärft sein Minimum und meldet dem Flugzeugführer durch ein Zeichen oder ein rotes Lichtsignal, dass er zum Peilen klar ist. Der Flugzeugführer, der schon vor-

Die Schlechtwettervorschriften treten auf deutschen Flughäfen in Kraft, wenn die Landungen von Luftfahrzeugen nach Funkpeilverfahren, wie dem „Durchstoßverfahren“, oder Funkfeuerverfahren ausgeführt werden müssen.

1. Durchstoßverfahren.

Wenn die Höhe der unteren Wolkengrenze ein gefahrloses Durchstoßen der Wolkendecke zuläßt, so können die Luftfahrzeuge, die in einem Nahverkehrsbezirk zugelassen sind, mit Hilfe von Peilungen bis über den Flughafen geleitet werden.

Ist das Luftfahrzeug über dem Flughafen — oder in unmittelbarer Nähe des Flughafens — eingetroffen, wird es durch die Bodenfunkstelle aufgefordert, die Wolkendecke zu durchstoßen durch Benutzung der Abkürzung:

QFH*) = Durchstoßen Sie die Wolkendecke!

Sobald das Luftfahrzeug gute Sichtverhältnisse unter den Wolken erreicht hat, muß es der Bodenfunkstelle die Abkürzung:

QBH = Ich fliege unter den Wolken in einer Höhe von ...... m

übermitteln.

In der Junkers Ju 90 hat der Flugzeugfunker seinen nicht gerade geräumigen Arbeitsplatz unmittelbar hinter dem Führersitz.

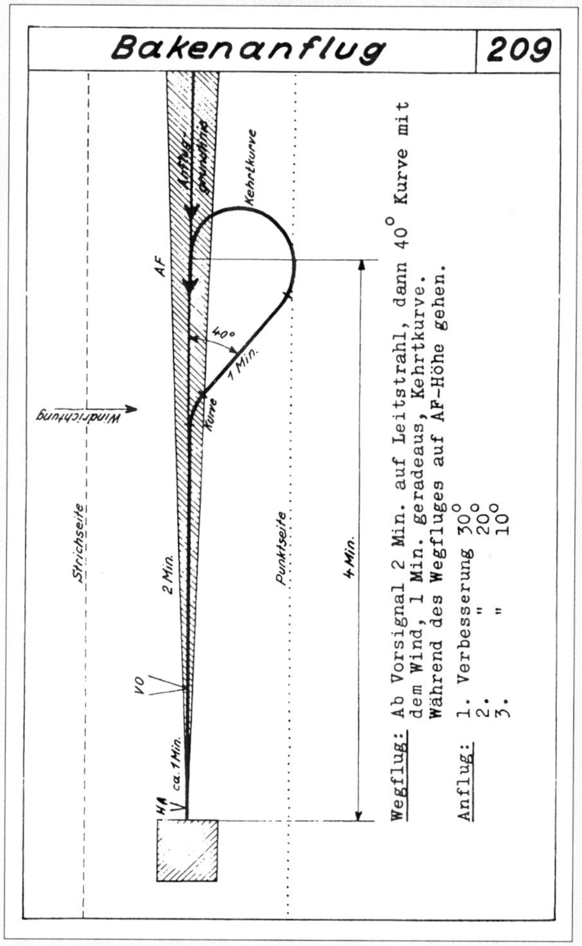

Den Bakenanflug mit Hilfe eines Landefunkfeuers stellt das Handbuch für Flugzeugführer schematisch dar.

Das „ZZ-Verfahren" ist neben dem „Durchstoßverfahren" das weitaus aufwendigere mittels Funkpeilung durchgeführte Schlechtwetter-Landeverfahren.

her bemüht war, sich möglichst gut auf Kurs zu halten, wird nunmehr ganz genau geradeaus fliegen und die Maschine in normaler Fluglage ohne die geringste Quer- oder Längsneigung halten. Nur dann hat die Peilung Aussicht auf Erfolg. Der Funker hat nun die feinste Arbeit zu leisten, die in dem weiteren Schärfen des Minimum und in dem möglichst genauen Eindrehen des Peilrahmens in die Minimumstellung besteht. Bei unruhiger Maschine muss er dauernd mitgehen. Wenn jetzt der Funker ein scharfes Minimum hat, müssen gleichzeitig der anliegende Kompasskurs und die rohe Funkseitenpeilung abgelesen werden. Die Kompassablesung kann je nach Ort und Güte des Kompasses vom Flugzeugführer oder vom Funker vorgenommen werden. Ist Letzteres der Fall, d.h. der Funker macht beide Ablesungen, so ist im Augenblick der Peilung das Auge auf den Kompass zu richten und dieser zuerst abzulesen, erst nachher die im Minimum blockierte Peilrahmenstellung. Wenn beide Werte einwandfrei bestimmt werden konnten, ist danach die Rechnung auf dem Vordruck schnell durchgeführt. Bei böigem Wetter ist sowohl die Kompassablesung als auch die Feststellung des Minimums sehr schwierig. Es empfiehlt sich dann, die Peilung mehrmals zu wiederholen und dann zu mitteln."

Ein Kapitel der FBO behandelt „Flugsicherungsverfahren für Luftfahrzeuge bei Schlechtwetterlagen". Landungen können demnach im Funkpeilverfahren oder im Funkfeuerverfahren durchgeführt werden. Die Entscheidung

2. ZZ-Verfahren.

Beschreibung des Verfahrens:

(1) Ragen die Luftfahrthindernisse in die Wolken hinein, so werden die Luftfahrzeuge aufgefordert, nach dem ZZ-Verfahren zu landen. Anflugsektor und Anfluggrundlinie werden gleichzeitig übermittelt.

(2) Bei Ausführung dieses Verfahrens fliegt das Luftfahrzeug, durch Funkpeilungen geleitet, über den Flughafen und erhält hier nach Hörbarwerden des Motorgeräusches folgende Abkürzung übermittelt:

QFG*) = Sie befinden sich über dem Flughafen.

(3) Das Luftfahrzeug entfernt sich darauf solange vom Flughafen in einer Richtung, daß es nach anschließender Kurve sich so nahe wie möglich an der Anfluggrundlinie befindet. Die Dauer des Wegfluges soll so gewählt werden, daß der folgende Anflug zum Flughafen 7 Minuten dauert. Ergänzende Einzelheiten sind für jeden Flughafen in Anhang XVI angegeben.

Das Luftfahrzeug kann im Verlauf dieses Verfahrens Peilungen durch folgende Abkürzungen verlangen:

QTE = Ich peile Sie rechtweisend ...... Grad
oder
QDR = Ich peile Sie mißweisend ...... Grad.

Das Luftfahrzeug gibt der Bodenfunkstelle den Augenblick an, in dem es seine Kurve beginnt, durch Übermittlung des Wortes „Kurve" (virage, turn).

(4) Nach Beendigung der Kurve übermittelt das Luftfahrzeug der Bodenfunkstelle seine Flughöhe und verlangt eine Funkpeilung wie folgt:

QDM = Welches ist der mißweisende Kurs, den ich bei Windstille einzuhalten hätte, um den Flughafen zu erreichen?

und sendet anschließend ohne Unterbrechung 20 Sekunden lang Peilzeichen aus.

Jedes Peilzeichen besteht aus einem Punkt, gefolgt von einem langen Strich.

Die Peilung wird unverzüglich durch die Bodenfunkstelle übermittelt und durch das Luftfahrzeug als Empfangsbestätigung wiederholt.

Anschließend werden weitere Peilungen laufend durch das Luftfahrzeug angefordert und durch Wiederholung bestätigt.

(5) Nach diesen Peilergebnissen verbessert der Führer des Luftfahrzeuges seinen Kurs, um sich der Anfluggrundlinie zu nähern, und verringert die Flughöhe soweit, daß er nach Erreichen der Flughafengrenze landen kann.

Die vorgeschriebenen Mindestanflughöhen sind für jeden Flughafen in Anhang XVI angegeben.

(6) Sobald das Motorgeräusch des Luftfahrzeuges hörbar wird, wird diesem je nach Anflugrichtung eines der folgenden Signale übermittelt:

MN = Motorgeräusch im Norden	**MS** = Motorgeräusch im Süden
ME = Motorgeräusch im Osten	**MW** = Motorgeräusch im Westen

Das Luftfahrzeug stellt alsdann endgültig das Senden ein und bleibt auf Empfang.

(7) Befindet sich das Luftfahrzeug nach den Feststellungen am Boden auf richtigem Landekurs, so daß eine ordnungsmäßige Landung zu erwarten ist, gibt die Bodenfunkstelle das Hauptsignal, bis auf Bodensicht herabzugehen, wie folgt:

Buchstabe Z
Letzter Buchstabe des Funkrufzeichens der Bodenfunkstelle oder einen anderen Buchstaben, wie er für jeden Flughafen im Anhang XVI festgelegt ist
Buchstabe Z

z. B. für Berlin-Tempelhof „ZXZ".

(8) Nach Empfang des Hauptsignals geht das Luftfahrzeug bis auf Bodensicht herab und landet.

(9) Ist nach den Feststellungen am Boden eine einwandfreie Landung nicht mit Sicherheit zu erwarten, so gibt die Bodenfunkstelle an Stelle des Hauptsignals zum Herabgehen ein Zeichen mit der Bedeutung:

Geben Sie Gas und entfernen Sie sich vom Flughafen.

Dieses Signal besteht aus drei Buchstaben:

Buchstabe J
Letzter Buchstabe des Funkrufzeichens der Bodenfunkstelle oder einen anderen Buchstaben, wie er für jeden Flughafen im Anhang XVI festgelegt ist
Buchstabe J

z. B. für Berlin-Tempelhof „JXJ".

(10) Der Flugzeugführer hat alsdann Gas zu geben und erhält weitere Anweisungen durch die Bodenfunkstelle.

§ 3. Landungen unter Benutzung des Landefunkfeuers.

1. Horizontalnavigation.

(1) Wenn ein Luftfahrzeug eine Schlechtwetterlandung unter Benutzung des Landefunkfeuers ausführen will, so bestimmt die Bodenfunkstelle den Zeitpunkt, zu dem das Luftfahrzeug in dieser Weise landen kann, ferner die Anflugrichtung, wenn Funkfeuer den Anflug von zwei oder mehreren Seiten aus gestatten*).

Die technischen Angaben für Landefunkfeuer befinden sich in Art. 33 und Anhang III a.

(2) Das Luftfahrzeug fliegt, gegebenenfalls mit Unterstützung der Bodenfunkstelle, bis es den Leitstrahl erreicht hat. Der Ausgangspunkt kann vorher durch Fremd- oder Eigenpeilung bestimmt sein. Der Anflug findet alsdann auf dem Leitstrahl statt. Wenn der Anfangspunkt des Anfluges nicht durch eines der angegebenen Verfahren bestimmt werden kann, ist es dem Luftfahrzeug gestattet, vorher den Flughafen wie beim ZZ-Verfahren zu überfliegen.

(3) Im Augenblick, wo der Leitstrahl erreicht ist, wird ein Dauerstrich empfangen.

(4) Markierungsfunkfeuer sind auf dem Leitstrahl, der für die Landung festgelegt ist, vorgesehen.

In der Anflugrichtung ist das erste Markierungsfunkfeuer, Voreinflugzeichen genannt, in einer Entfernung von wenigstens 3 km von der Grenze des Flughafens errichtet. Das zweite, Haupteinflugzeichen genannt, befindet sich grundsätzlich in einer Entfernung von 300 m von der Flughafengrenze. Örtliche geographische Verhältnisse können zu einer Änderung dieser Entfernung zwingen. Die Angaben zu dem Standort der Markierungsfunkfeuer befinden sich in Anhang XVI. Technische Angaben über die Markierungsfunkfeuer sind in Art. 33 und Anhang III a aufgeführt. Unter bestimmten Umständen kann auf das Haupteinflugzeichen verzichtet werden, wenn der Überflug über das Ansteuerungsfunkfeuer dem Luftfahrzeug eine hinreichende Angabe für seinen Standort gibt.

2. Flughöhe und Vertikalnavigation.

(1) Für den Überflug der Markierungsfunkfeuer sind Mindestflughöhen**) örtlich festgelegt.

Vor Erreichen des Voreinflugzeichens muß sich das Luftfahrzeug bemühen, bis auf die für den Überflug des Voreinflugzeichens festgelegte Flughöhe herabzugehen.

Nach Überfliegen des Voreinflugzeichens muß es bis zu der für den Überflug des Haupteinflugzeichens vorgesehenen Flughöhe herabgehen. Nach Erreichen des Haupteinflugzeichens kann das Luftfahrzeug zur Landung übergehen.

(2) Falls die Bodeneinrichtungen eine Gleitweglandung gestatten, wird das Herabgehen des Luftfahrzeuges vom Voreinflugzeichen bis zur Mindesthöhe für den Überflug des Haupteinflugzeichens durch Bordanzeige geregelt.

Auch Schlechtwetterlandungen nach Funkpeilverfahren erfordern eine abgestimmte Zusammenarbeit zwischen dem anfliegenden Flugzeug und der Bodenfunkstelle.

darüber trifft vorrangig die Bodenfunkstelle. Bei Funkpeilverfahren handelt es sich im Wesentlichen um das „Durchstoßverfahren“ und das „ZZ-Verfahren“. Mögliche Alternativen sind „Nichtabgabe des Zeichens ‚ZZ‘“, „Abgekürztes ZZ-Verfahren“ oder „Herabgehen bis zur Bodensicht durch Wegflug vom Flughafen“. Bei Landungen unter Benutzung des Landefunkfeuers (Bake) wird nach „Horizontalnavigation“ sowie „Flughöhe und Vertikalnavigation“ unterschieden.

Entwicklungen und Vorkommnisse unterschiedlichster Art ergeben sich im Lauf der Zeit auf den internationalen Flugrouten. Für eine angemessene Flugsicherung in Südosteuropa muss Lufthansa bereits 1938 zum Teil selbst sorgen. So wird gegen Ende des Jahres ein von der Fluggesellschaft errichtetes Navigationsfunkfeuer am Athener Flughafen Dekelia fertiggestellt und Anfang 1939 in Betrieb genommen. Bei Lufthansa dient es vorwiegend der Flugsicherung auf der Nahost-Strecke 71 über Beirut, Bagdad, Teheran und Herat bis Kabul. „Es stellt bei Schlechtwetterflügen eine außerordentliche Hilfe für die Navigation dar und wird auch von den übrigen ausländischen Luftfahrtgesellschaften regelmäßig benutzt“, so der Jahresbericht 1938 der Lufthansa-Flugbetriebsleitung. Allerdings bestehen bei der Flugsicherung entlang der Strecke 71 trotzdem noch erhebliche Lücken. Diese werden aber durch eine Dauerverbindung mit der Überseefunkstelle Quickborn zumindest teilweise überbrückt. Und bei Kriegsbeginn muss Lufthansa die Strecke 71 ohnehin einstellen.

Zum Ende des Jahres 1939 ist dann eine weitere Installation unumgänglich, worauf die Abteilung Streckensicherung in ihrem Jahres-

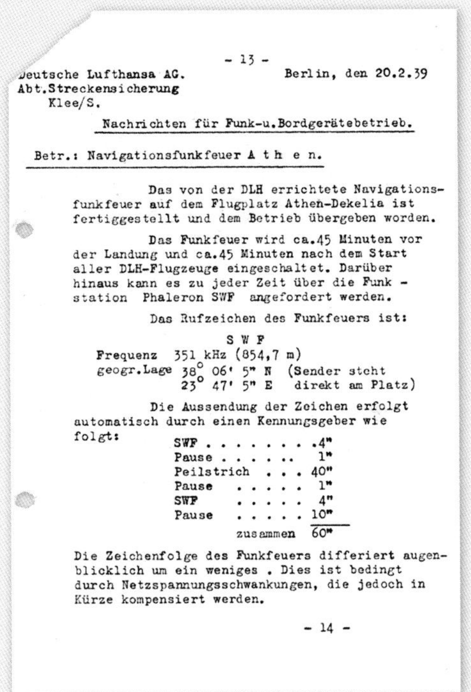
- 13 -

Deutsche Lufthansa AG. Berlin, den 20.2.39
Abt.Streckensicherung
Klee/S.

Nachrichten für Funk-u.Bordgerätebetrieb.

Betr.: Navigationsfunkfeuer A t h e n.

Das von der DLH errichtete Navigationsfunkfeuer auf dem Flugplatz Athen-Dekelia ist fertiggestellt und dem Betrieb übergeben worden.

Das Funkfeuer wird ca.45 Minuten vor der Landung und ca.45 Minuten nach dem Start aller DLH-Flugzeuge eingeschaltet. Darüber hinaus kann es zu jeder Zeit über die Funkstation Phaleron SWF angefordert werden.

Das Rufzeichen des Funkfeuers ist:

S W F

Frequenz 351 kHz (854,7 m)
geogr.Lage 38° 06' 5" N (Sender steht
23° 47' 5" E direkt am Platz)

Die Aussendung der Zeichen erfolgt automatisch durch einen Kennungsgeber wie folgt:

SWF	4"
Pause	1"
Peilstrich	40"
Pause	1"
SWF	4"
Pause	10"
zusammen	60"

Die Zeichenfolge des Funkfeuers differiert augenblicklich um ein weniges . Dies ist bedingt durch Netzspannungsschwankungen, die jedoch in Kürze kompensiert werden.

- 14 -

Das von Lufthansa errichtete Navigationsfunkfeuer Athen wird 45 Minuten vor der Landung und ebenso lang nach dem Start aller Lufthansa-Flugzeuge eingeschaltet. Vertreter der griechischen Luftfahrtbehörde besichtigen die Anlage anlässlich der Inbetriebnahme.

bericht hinweist: „Die Kriegsereignisse zwangen uns, in Sofia eine eigene Bodenfunk- und Peilstelle zu errichten. Bisher hatte die Station der Air France gegen Zahlung eines monatlichen Betrages von 7500 Franken die Flugsicherung für unsere Strecken 17 und 71 durchgeführt. Bemerkenswert ist, dass die Air France-Station noch bis zum 21.10.39 den Dienst für uns ausgeführt hat. An diesem Tage wurde die Station von dem französischen Militärattaché plombiert, da die schwebenden Kaufverhandlungen mit der bulgarischen Luftfahrtbehörde sich zerschlagen hatten. Wir waren daher gezwungen, möglichst schnell einen Ersatz zu schaffen. Die Aufstellung eines 300 W Langwellen-, 40 W Kurzwellensenders und eines vom RLM zur Verfügung gestellten Peilge-

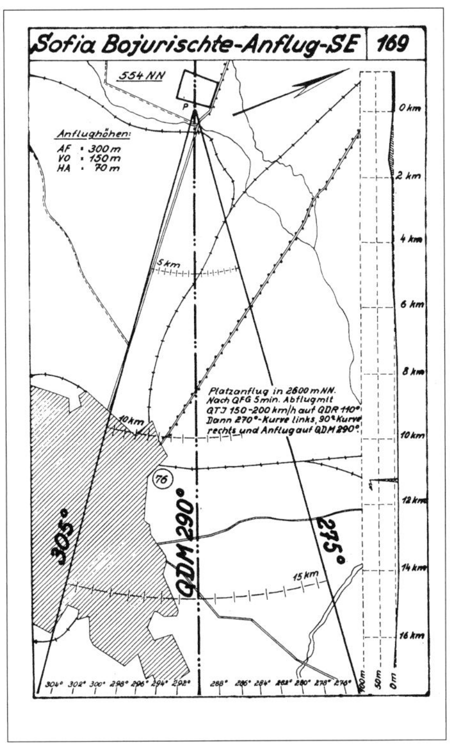

In Sofia steht noch bis Ende Oktober 1939 ein von Air France betriebenes Funkfeuer zur Verfügung. Danach muss Lufthansa selbst eine Bodenfunk- und Peilstelle einrichten.

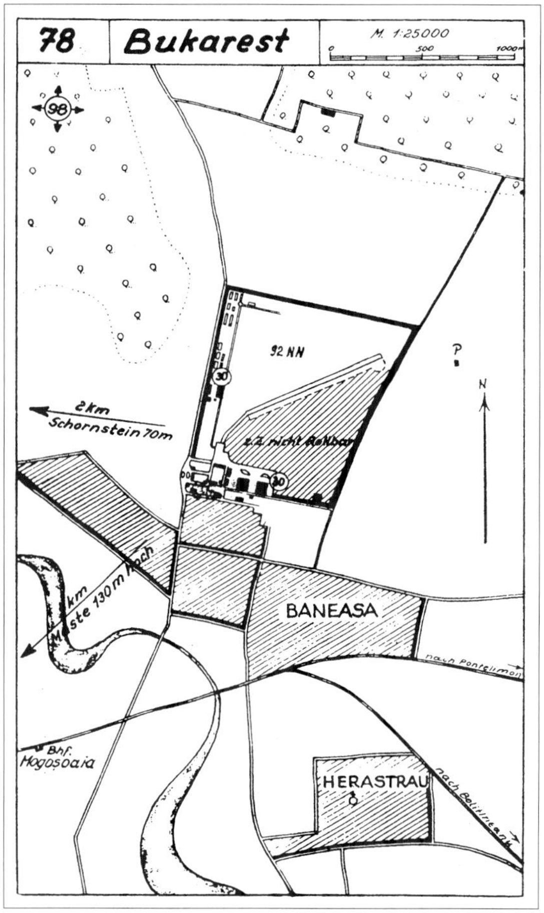

Im Handbuch für Flugzeugführer steht 1943 zum Schlechtwetteranflug in Bukarest: „Bake unklar. ZZ nicht möglich … (DLH-Flugleiter)". Letzterer kann Flugkapitän von Baumbach bei einem Anflug jedoch kaum unterstützen, da der rumänische Bodenfunker seine Anweisungen nicht durchgibt.

räts sowie der notwendigen Empfänger wurde sofort in die Wege geleitet. Die Zwischenzeit wurde durch ein leihweise von der Firma Lorenz überlassenes Gerät überbrückt, das sich zu Vorführungszwecken in Sofia befand. Der 300 W Langwellensender wurde am 23. November in Betrieb genommen." Auch in Burgas an der bulgarischen Schwarzmeerküste unterhält Lufthansa ab 1940 eine Bodenfunkstelle am Flughafen Sarafowo. Als Funkstellen- und Peilflugleiter ist bis 1944 Oberflugzeugfunker Hans Gidall dorthin versetzt.

1942 gibt es im Balkanverkehr dann funktechnische Probleme, da in den deutschbesetzten Gebieten – betroffen sind Belgrad, Saloniki und Athen – zwischen Flugzeugen und Bodenfunkstellen sende- und empfangsseitig nur noch die militärischen Funkfrequenzen 345 kHz und 348 kHz verwendet werden. „Da aber unsere Ju 52-Flugzeuge auf den betreffenden Strecken mit 170 Watt Sendern mit Fernbedienung ausgerüstet sind, die nur die Zivilfrequenzen 322, 327, 333, 375, 411 und 500 kHz gerastet haben, muss eine Möglichkeit geschaffen werden, die oben genannten Militärfrequenzen auch bedienen zu können", so die „Nachrichten über Flugsicherung", wo im Weiteren auch gleich ein Verfahren über mögliche Schaltungen zwecks Einstellung der erforderlichen Betriebsfrequenzen angeordnet wird, dies zunächst allerdings nur zur Erprobung.

Überhaupt nicht von Flugsicherung gesprochen werden kann bei dem, was Flugkapitän Horst von Baumbach 1943 anlässlich eines Schlechtwetteranflugs erleben muss. Er schreibt dazu: „Am Mittwoch, den 8. Dez. ds. J. wurde mir etwa eine halbe Stunde vor Erreichung des Flughafens Bukarest mitgeteilt, dass Nebeleinbruch stattgefunden hat. Ich stellte eine Reihe von Anfragen an den Peiler über noch vorhandene Sicht, Wolkenhöhe, Peilschneise und evtl. Ausweichhafen. Auf alle diese Fragen erhielt ich keinerlei Antwort. Der gesamte Flugverkehr, der sich weiterhin abspielte, war gänzlich ohne klare Linie. Auf Grund von qdm-Peilung gelangte ich schließlich in die Nähe des Platzes und sah die Platzgrenzen durch Zufall unter mir. Der Versuch, auf diese Weise schnell auf den Platz herunterzukommen, misslang und es musste ein neuer Anflug gemacht werden. Mir wurde gegeben: 100 m Wolkenhöhe und 1 km Sicht. Im Anflug erhielt ich plötzlich zz, doch war mir klar, dass ich noch nicht in der Nähe des Platzes sein konnte. Diesen erreichte ich dann auch später und stellte fest, dass die Wolkenhöhe etwa bei 50 m lag." Und der Grund für diese eindeutige Gefährdung des Luftverkehrs? Der rumänische Bodenfunker hielt es offenbar nicht für nötig, die Anweisungen des Lufthansa-Peilflugleiters Hugo Laspeyres an das Flugzeug durchzugeben. Nur etwa anderthalb Jahre besteht die Flugstrecke 3 zwischen Berlin und Moskau – eher ein Politikum als eine wirtschaftlich sinnvolle Verbindung. Martin Wronsky, der mit Aeroflot die Verhandlungen zur Einrichtung der Strecke geführt hat, sieht Anfang 1940 gewisse Schwierigkeiten: „Wie nun die Zusammenarbeit mit der Sowjetseite wird, muss die Zukunft lehren. Wir müssen uns sehr mit Geduld wappnen, und besonders unser Vertreter in Moskau darf sich trotz aller Schwächen auf der Gegenseite ja nicht irgendwie zur Kritik hinreißen lassen, denn man ist inzwischen sehr stolz geworden und braucht keine Hilfe mehr von außen. Im Übrigen ist Sowjetrussland noch immer so ge-

Auf der Strecke 3 zwischen Berlin und Moskau setzen sowohl Lufthansa als auch Aeroflot Douglas DC 3 ein. Auch diese Flugzeuge sind mit Peilrahmen ausgerüstet (ringförmige Antenne über dem Führersitz).

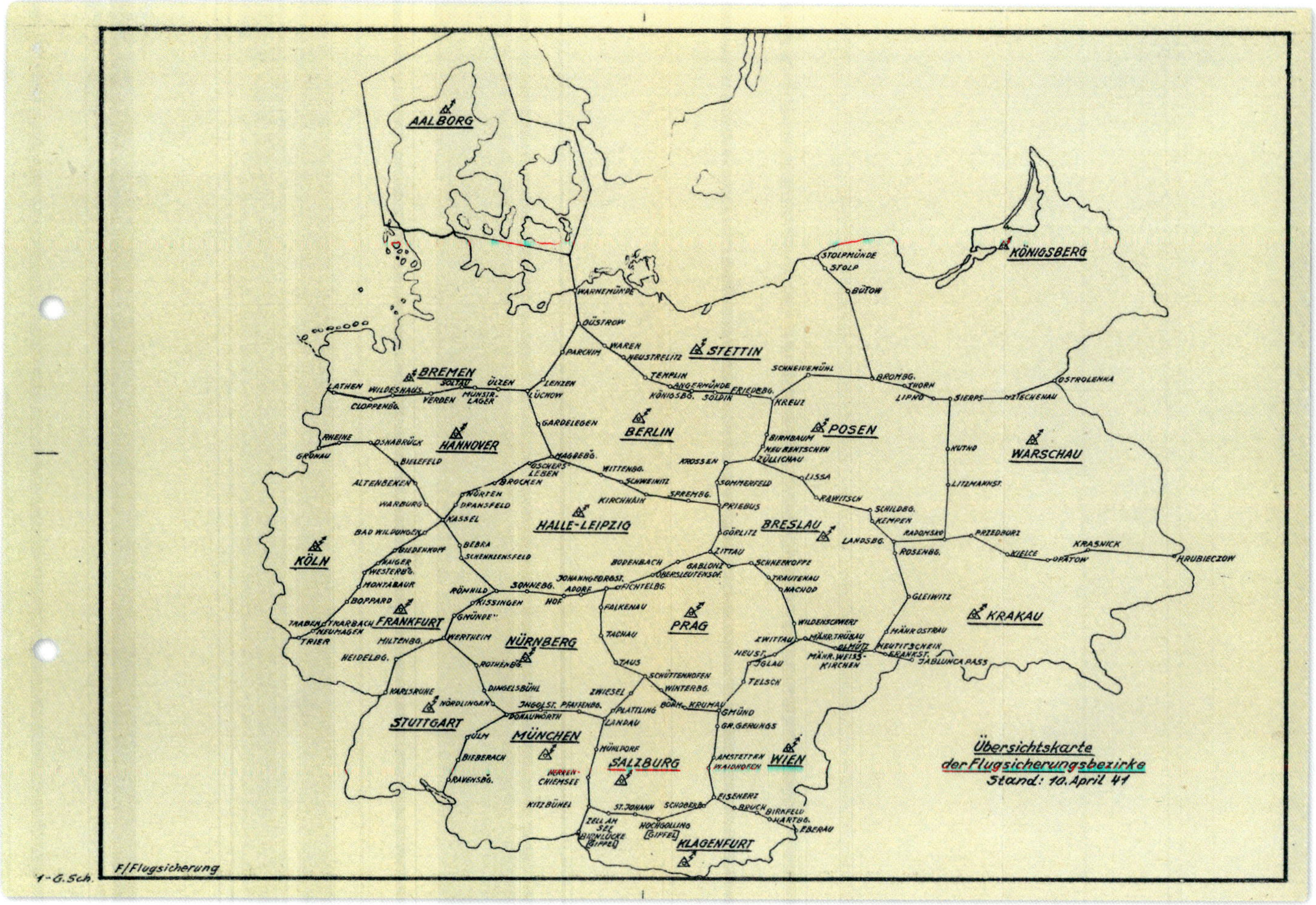

Seine größte Ausdehnung erreicht das „Reichsluftsperrgebiet“ mit der Einrichtung der Flugsicherungsbezirke Aalborg, Posen, Warschau und Krakau.

heimnisvoll wie früher. Man kann nichts erfahren, nicht einmal, welche Linien während des Winters geflogen werden. Wir hatten den Eindruck ‚gar keine‘. Dass nach dem fernen Osten nicht geflogen wird, haben sie selbst zugegeben.“ Doch hinsichtlich der Durchführung der Lufthansa-Flüge ergeben sich – abgesehen von Wetterproblemen – offenbar keine Behinderungen. Die Flugzeugführer und -funker sind angewiesen, die in den Flugleitungen Berlin/Tempelhof und Königsberg sowie in der mit Erwin Bockhacker besetzten Lufthansa-Vertretung in Moskau ausliegenden Instruktionen einzusehen. Grundsätzlich gilt, dass – beispielsweise bei einem Ost-West-Flug mit Bodensicht – beim Passieren der Orte Swenigorod, Mojaisk, Wjasma, Dorogobush, Smolensk, Orscha, Wolkowyssk und schließlich der Grenze Standort-

und Höhenangaben an die Bodenfunkstellen zu melden sind. Bei Blindflügen müssen Peilzeichen und Flughöhe mindestens alle 15 Flugminuten gesendet werden, beim Passieren der Grenzüberflugzone und beim Herannahen an den Flugplatz alle 5 Minuten. Im November 1940 gibt es eine geringfügige Änderung des Flugwegs, um ein Überfliegen des Militärflugplatzes von Orscha auszuschließen. Zwischen Minsk und Smolensk muss jetzt das gut 30 km südlich von Orscha gelegene Schklow angesteuert werden. Flugsicherungstechnisch sind lediglich Funkfrequenzumstellungen der für die Strecke 3 zuständigen Aeroflot-Bodenfunkstellen zwischen November 1940 und Januar 1941 von Bedeutung. Mit dem deutschen Überfall auf die Sowjetunion am 22. Juni 1941 findet die Flugverbindung Berlin-Moskau ein abruptes Ende. Immerhin, Erwin Bockhacker gelingt die Rückkehr und gut zwei Monate später kann er als Bevollmächtigter der Lufthansa für die Türkei die Flugleitung Istanbul übernehmen, wo er bis 1944 bleibt.

Im Skandinavienverkehr wird Dänemark nach der deutschen Besetzung zum Flugsicherungsbezirk Dänemark mit der Bezirksleitstelle Kopenhagen erklärt. In allen Angelegenheiten der Bewegungskontrolle ist aber die Flugsicherungshauptstelle Aalborg zuständig. Der Flugsicherungsbezirk Dänemark zählt nun außerdem als Teil des Reichsluftsperrgebiets. Für den Abschnitt Kopenhagen-Oslo der Strecke 7 ist als Flugweg vorgeschrieben: „Unter Vermeidung des Stadtgebietes und unter Vermeidung schwedischen Hoheitsgebietes auf direkten Kursen vom Flughafen Kastrup zum Flughafen Fornebu, Flughöhe 200 bis 500 m über Grund." Nach der Eröffnung der Strecke 5 Oslo-Stockholm ist die Flughöhe über schwedischem Gebiet beliebig, doch darf vom Kurs höchstens 10 km abgewichen werden. Sollte die Abweichung darüber hinaus gehen, muss das Flugzeug sofort den Grund dafür, seinen Standort und den nun voraussichtlichen Flug-

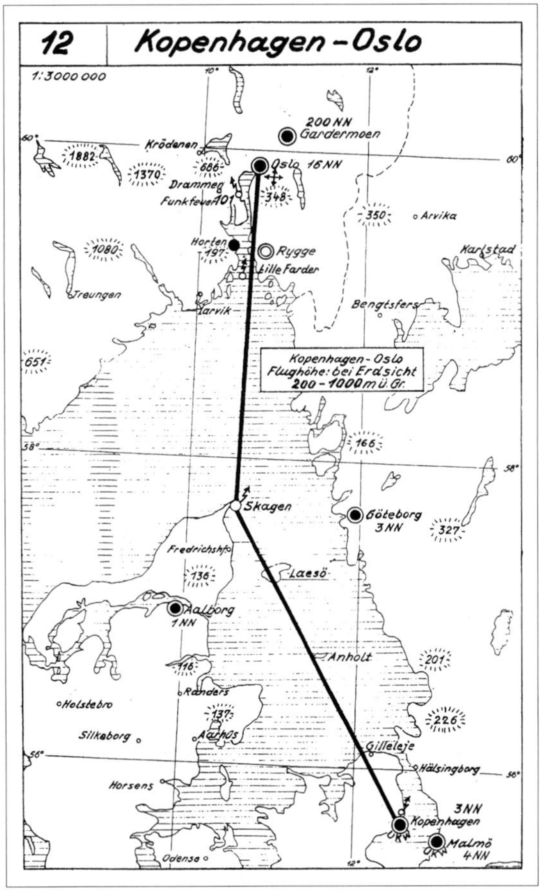

Auf der Karte erscheint die Flugstrecke Kopenhagen-Oslo problemlos, doch im Handbuch für Flugzeugführer heißt es dazu: „Achtung auf Gegenflugzeuge! (...) Keine Schiffe überfliegen! (...) Rahmenpeilungen im Oslo-Fjord zweifelhaft (...) Schlechtwetteranflug Oslo ist schwierig".

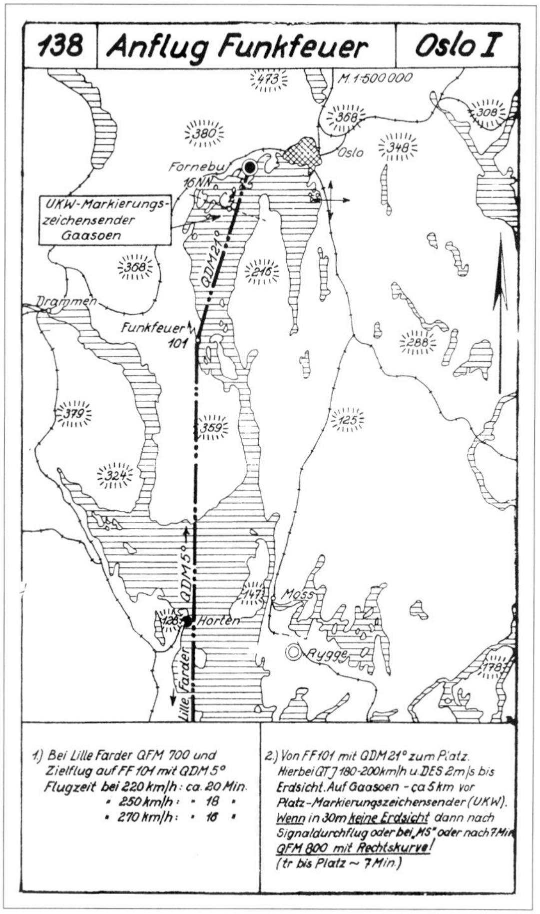

Der Schlechtwetteranflug auf Oslo-Fornebu ist nicht einfach. Insbesondere für den letzten Sektor ab dem Funkfeuer 101 gilt es, sich genau an die Anweisungen im Handbuch für Flugzeugführer zu halten.

weg an die Bodenfunkstelle Stockholm durchgeben. Zwischen Stockholm-Bromma und dem Bahnhof Bälgviken wird die Höchstabweichung bald auf 3 km herabgesetzt. Nach der Weiterführung der Strecke 5 bis nach Finnland gilt Gleiches zwischen Bromma und dem Valentuna-See, von dort bis Örskär dann 5 km. Weniger Fragen der Flugsicherung als der Flugsicherheit kommen 1944 auf. Dem Vortrag beim Amtschef des Allgemeinen Luftamts im RLM ist zu entnehmen: „Nach einer Mitteilung des Lw.Führ.St.Ic hat der Oberbefehlshaber der Schwedischen Wehrmacht verfügt, dass in Zukunft auf jedes Flugzeug ohne Rücksicht auf Abgabe von Notsignalen geschossen wird. Nur wenn das Flugzeug einen sichtbaren Schaden hat oder zur Landung ansetzt, wird nicht geschossen. Verfügung ist durch schwedischen Rundfunk bekanntgegeben. Unterrichtung der DLH nicht erforderlich, da Stockholm durch DLH z.Zt. nicht angeflogen wird." Das hat Folgen, wenn auch glücklicherweise ohne Schäden. Unmittelbar nachdem Lufthansa von der schwedischen A.B.A. die Strecke 8 Berlin-Malmö-Stockholm übernommen hat, erhalten zwei ihrer Flugzeuge an den folgenden beiden Tagen schwedischen Flakbeschuss, können aber sicher auf dem Flughafen Malmö-Bulltofta landen. Schweden entschuldigt sich und versichert, dass sich Derartiges nicht wiederholen wird. Monate später trifft es aber wohl ein amerikanisches Kurierflugzeug, das vom zugelassenen Flugweg abwich.

Im Südwesten Europas kommen sehr unterschiedliche Faktoren zum Tragen: die Südatlantikstrecke TO 191 der Lufthansa, planmäßig durchgeführte Probeflüge über den Nordatlantik 1936–1938, die Strecke 22 über Frankreich zur Iberischen Halbinsel, weiterhin die mit gecharterten und später übernommenen Lufthansa-Flugzeugen und lange Zeit vorwiegend deutschem Personal operierende Lufthansa-Tochter Iberia sowie, ein besonderes Problem, der 1936–1939 wütende Spanische Bürgerkrieg, an dem wiederum die deutsche Luftwaffe als Legion Condor beteiligt ist. Letztere übt

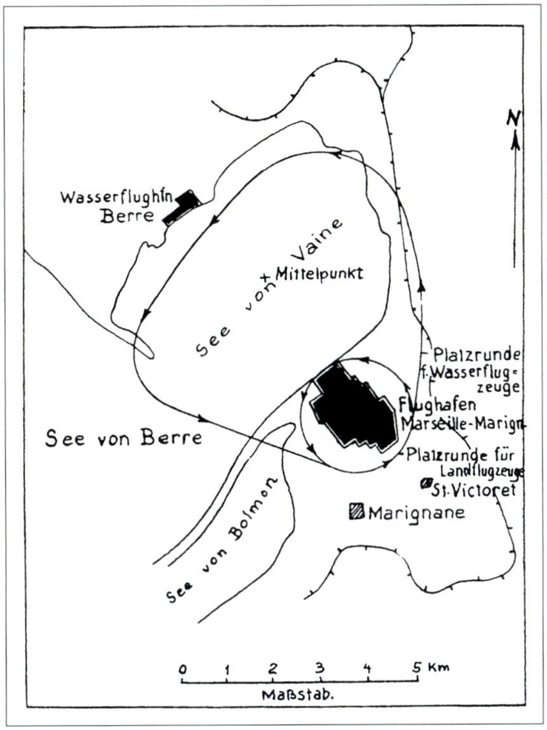

Seit Jahren schon ist Marseille Zwischenlandeplatz für Lufthansa-Flugzeuge. In den „NfL“ vom 4. Februar 1939 werden neue, für Land- und Wasserflugzeuge unterschiedliche Vorschriften für Platzrundflüge unter 500 Metern Höhe veröffentlicht.

in dieser Zeit auch im Wesentlichen die Flugsicherung auf nationalspanischem Gebiet aus, weil einerseits der Bürgerkrieg das Land spaltet und andererseits Iberia nach mehrjähriger Unterbrechung erst seit 1937 wieder Flugdienste anbietet. Am 30. Januar 1939 übergibt die Legion Condor in Sevilla ihre örtlichen Funkgeräte an Iberia. Wie deren Funkstellenleiter Joachim Regelien der Iberia-Leitung mit derzeitigem Sitz in Salamanca berichtet, handelt es sich um einen Peilwagen, zwei Sende-Empfangsstationen komplett Fu G II, einen Tornisterempfän-

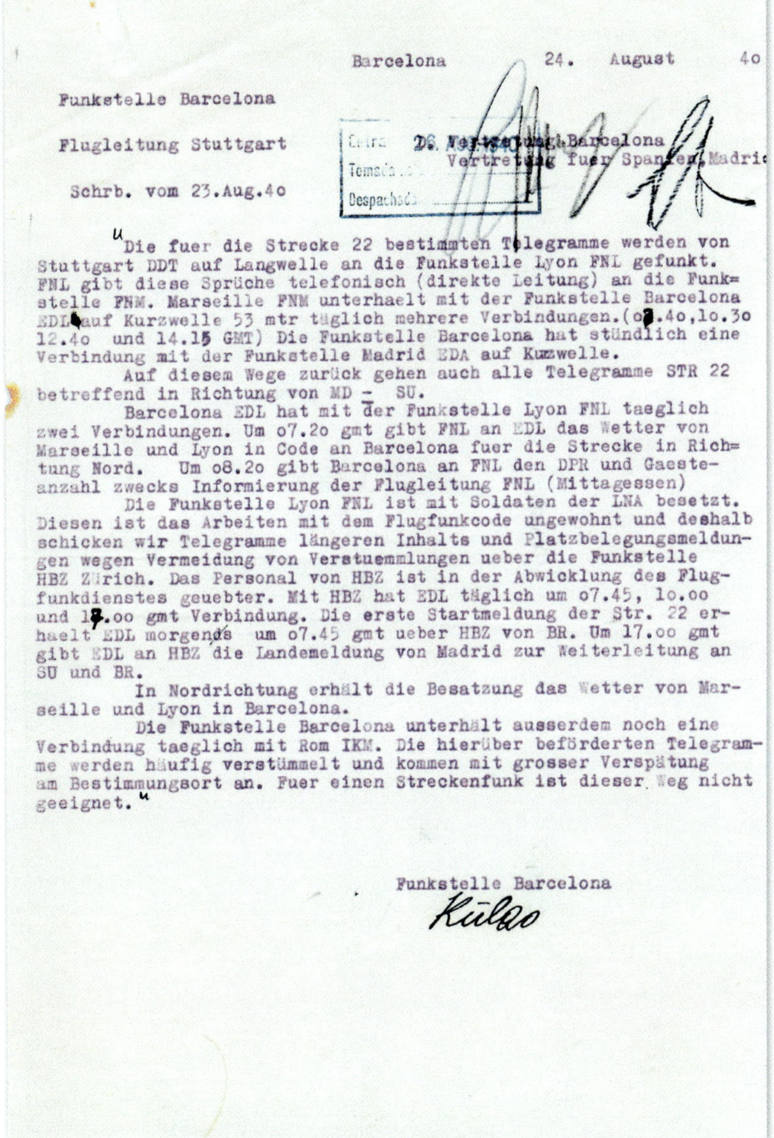

Barcelona 24. August 4o

Funkstelle Barcelona

Flugleitung Stuttgart

Schrb. vom 23.Aug.4o

Entrada 26. Vertretung Barcelona
Tomada Vertretung fuer Spanien, Madrid
Despachada

„Die fuer die Strecke 22 bestimmten Telegramme werden von Stuttgart DDT auf Langwelle an die Funkstelle Lyon FNL gefunkt. FNL gibt diese Sprüche telefonisch (direkte Leitung) an die Funkstelle FNM. Marseille FNM unterhaelt mit der Funkstelle Barcelona EDL auf Kurzwelle 53 mtr täglich mehrere Verbindungen.(o[illegible].4o,1o.3o 12.4o und 14.15 GMT) Die Funkstelle Barcelona hat stündlich eine Verbindung mit der Funkstelle Madrid EDA auf Kurzwelle.

Auf diesem Wege zurück gehen auch alle Telegramme STR 22 betreffend in Richtung von MD – SU.

Barcelona EDL hat mit der Funkstelle Lyon FNL taeglich zwei Verbindungen. Um o7.2o gmt gibt FNL an EDL das Wetter von Marseille und Lyon in Code an Barcelona fuer die Strecke in Richtung Nord. Um o8.2o gibt Barcelona an FNL den DPR und Gaesteanzahl zwecks Informierung der Flugleitung FNL (Mittagessen)

Die Funkstelle Lyon FNL ist mit Soldaten der LNA besetzt. Diesen ist das Arbeiten mit dem Flugfunkcode ungewohnt und deshalb schicken wir Telegramme längeren Inhalts und Platzbelegungsmeldungen wegen Vermeidung von Verstuemmlungen ueber die Funkstelle HBZ Zürich. Das Personal von HBZ ist in der Abwicklung des Flugfunkdienstes geuebter. Mit HBZ hat EDL täglich um o7.45, 1o.oo und 17.oo gmt Verbindung. Die erste Startmeldung der Str. 22 erhaelt EDL morgens um o7.45 gmt ueber HBZ von BR. Um 17.oo gmt gibt EDL an HBZ die Landemeldung von Madrid zur Weiterleitung an SU und BR.

In Nordrichtung erhält die Besatzung das Wetter von Marseille und Lyon in Barcelona.

Die Funkstelle Barcelona unterhält ausserdem noch eine Verbindung taeglich mit Rom IKM. Die hierüber beförderten Telegramme werden häufig verstümmelt und kommen mit grosser Verspätung am Bestimmungsort an. Fuer einen Streckenfunk ist dieser Weg nicht geeignet.“

Funkstelle Barcelona
Kulas

Nicht gerade einfach ist die Kommunikation schon allein zwischen den Bodenfunkstellen, wie dies Erich Kulas hier darstellt (FNL und FNM sind Funkstellen der Luftwaffen-Nachrichtenabteilung LNA, MD steht für Madrid, SU für Stuttgart und BR für Berlin, DPR ist die wahrscheinliche Startzeit).

Zur Bodenfunkstelle Lissabon erläutert die Abteilung Streckensicherung: „Beim Aufbau dieser Bodenfunkstelle ist von vornherein daran gedacht worden, etwas zu schaffen, was den Charakter einer vereinheitlichten Ausrüstung in Bezug auf Raum- und Geräteordnung trägt". Daher die Aufteilung in Senderaum (Querformatbild) und Empfängerraum (Hochformatbild).

ger, ein Benzinaggregat und Zubehör. Zwei Funker der Legion Condor helfen beim Aufbau der Funkstation. Durch Feldfernsprecher und FF-Kabel kann sogar eine Telefonverbindung hergestellt werden. Im Februar 1939 verfügt Iberia zusätzlich über Funkstellen in Salamanca und Vitoria. Laut Jahresbericht der Lufthansa-Abteilung Streckensicherung werden nach der am 1. April 1939 offiziell verkündeten Beendigung des Bürgerkriegs die Geräte der Legion Condor von der nationalspanischen Luftwaffe übernommen und stehen damit dem zivilen Luftverkehr der Iberia nicht mehr zur Verfügung. Da nicht zu erwarten ist, dass die spanische Luftfahrtbehörde schnell geeignete Flugsicherungseinrichtungen erstellt, springt Lufthansa ein und baut die notwendigen Bodenfunkstellen auf. Diese werden 1940 einschließlich der Funkmasten an Iberia verkauft. Bereits im Dezember 1939 erwirbt der portugiesische Staat für 94 185,– Reichsmark die von Lufthansa auch in Lissabon errichtete Bodenfunkstelle.

Während des Bürgerkriegs können weder Madrid noch Barcelona angeflogen werden. Die aus Deutschland und Marseille kommende Lufthansa-Strecke 22 führt deshalb über Salamanca und zeitweise auch Burgos nach Lissabon und ebenso die TO 191. Ab dem 20. März 1939 ist Barcelona wieder für die Strecke 22 freigegeben, Madrid ab dem 16. April. Wegen einer Parade der spanischen Luftwaffe auf dem Madrider Flughafen Barajas muss der zivile Flugbetrieb vom 9. bis 13. Mai zum Flugplatz Cuatro Vientos ausweichen, wo eine provisorische Funkstation eingesetzt wird. Neben Sevilla und Madrid gibt es für die Lufthansa-Flüge inzwischen auch Funkstationen in Palma de Mallorca und Barcelona.

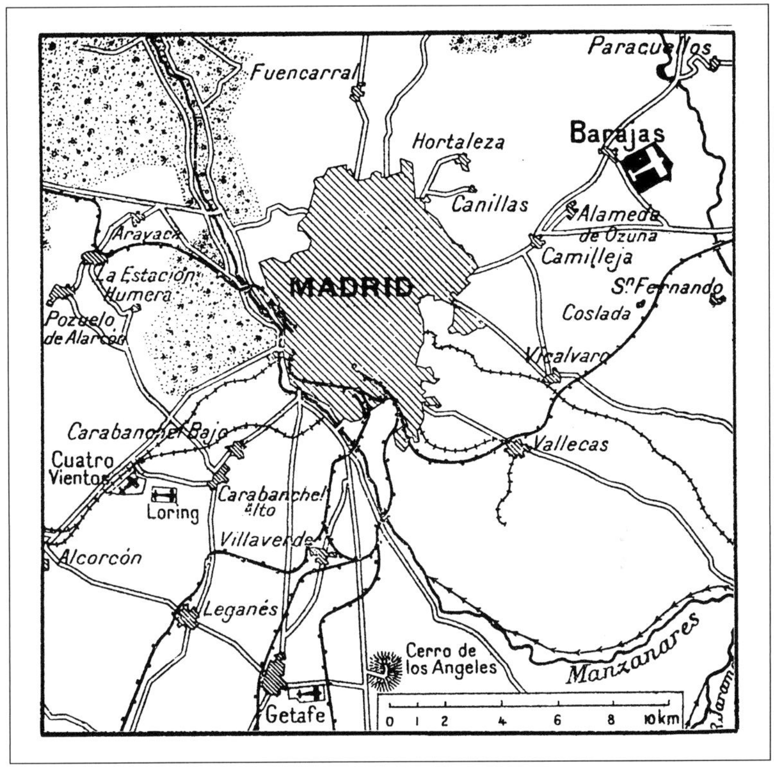

Der Madrider Flugbetrieb muss wegen nationalspanischer Feierlichkeiten vorübergehend vom nordöstlich gelegenen Flugplatz Barajas zum Flugplatz Cuatro Vientos südwestlich der Stadt verlegt werden.

Wenige Monate später führen die deutsch-französischen Spannungen zunächst zu Überflugverboten. Der dann folgende Beginn des Kriegs erzwingt die Einstellung der TO 191 und vorübergehend auch der Strecke 22. Einem zunächst von Wien über Italien und später von Stuttgart ausgehenden Frachtsonderdienst nach Barcelona folgt am 12. August 1940 die Wiederaufnahme der jetzt als K 22 bezeichneten Verbindung Berlin-Stuttgart-Lyon-Marseille-Barcelona-Madrid mit Verlängerung nach Lissabon am 7. Oktober. Doch die Flugsicherung

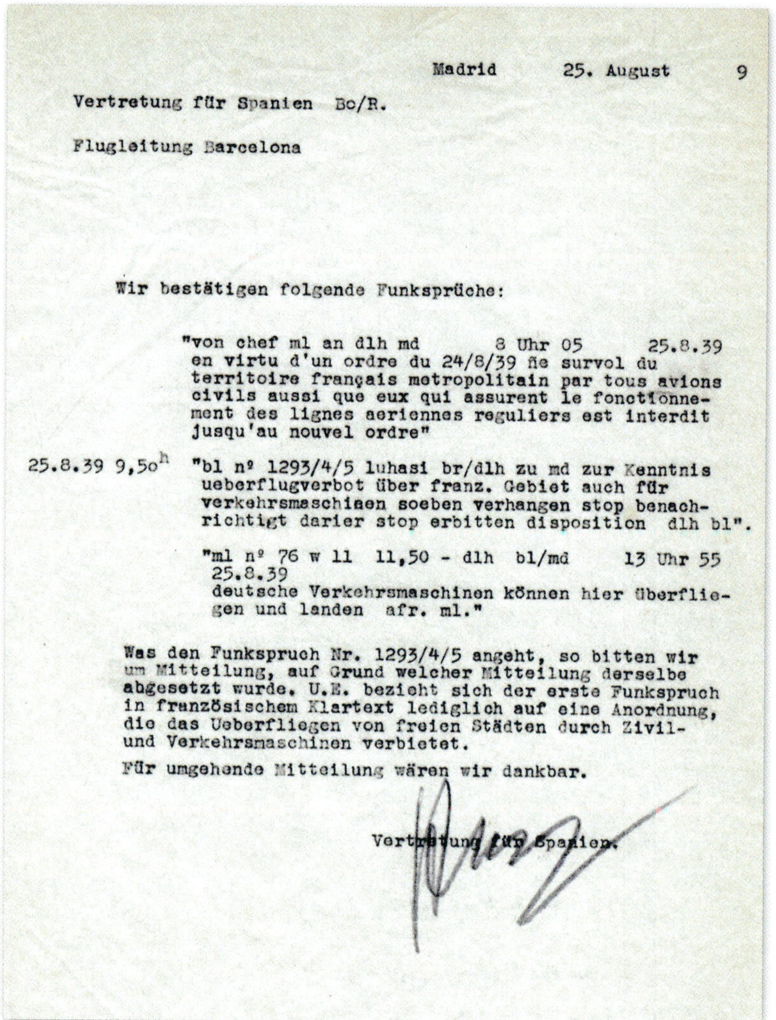

Madrid 25. August 9

Vertretung für Spanien Bo/R.

Flugleitung Barcelona

Wir bestätigen folgende Funksprüche:

"von chef ml an dlh md 8 Uhr 05 25.8.39
en virtu d'un ordre du 24/8/39 ñe survol du territoire français metropolitain par tous avions civils aussi que eux qui assurent le fonctionnement des lignes aeriennes reguliers est interdit jusqu'au nouvel ordre"

25.8.39 9,50h "bl nº 1293/4/5 luhasi br/dlh zu md zur Kenntnis ueberflugverbot über franz. Gebiet auch für verkehrsmaschiaen soeben verhangen stop benachrichtigt darier stop erbitten disposition dlh bl".

"ml nº 76 w 11 11,50 - dlh bl/md 13 Uhr 55
25.8.39
deutsche Verkehrsmaschinen können hier überfliegen und landen afr. ml."

Was den Funkspruch Nr. 1293/4/5 angeht, so bitten wir um Mitteilung, auf Grund welcher Mitteilung derselbe abgesetzt wurde. U.E. bezieht sich der erste Funkspruch in französischem Klartext lediglich auf eine Anordnung, die das Ueberfliegen von freien Städten durch Zivil- und Verkehrsmaschinen verbietet.

Für umgehende Mitteilung wären wir dankbar.

Vertretung für Spanien.

Im Sommer 1939 spitzt sich die politische Lage zu. Von mehreren europäischen Ländern werden – nicht immer in ganz eindeutiger Weise – Überflugverbote verhängt.

lässt sehr zu wünschen übrig. „Die bisherige Funkverbindung, d.h. den (...) Streckenfunk für K 22 sowohl Lande- als auch Startmeldungen usw. betreffend, kann nur als außerordentlich mangelhaft bezeichnet werden“, informiert der Lufthansa-Bevollmächtige für Spanien Gerhard Lindenberg die Flugleitung Stuttgart. Vielfach liegt es an zu geringen Lautstärken der Sender, veralteten Sende- und Antennenanlagen, Störungen durch fremde Sender und nicht zuletzt am „Einsatz unerfahrener Funker“, wie der Leiter der Madrider Funkstelle Gerhard Lübke feststellt und hinzufügt: „Der Funkverkehr zwischen den Funkstellen Stuttgart DDT und Madrid EDA spielt sich in der letzten Zeit in Formen ab, die keinerlei Gewähr für die reibungslose und pünktliche Übermittlung der vorliegenden Funksprüche bieten.“ Aber auch beim verstärkt eingesetzten Kurzwellenverkehr, für den Lufthansa vom RLM entsprechende Frequenzen zugeteilt bekommt, sind über größere Entfernungen und mit Funkstellen in ungünstiger geografischer Lage mehrere, den jeweiligen Erfordernissen angepasste Arbeitswellen zu verwenden. Selbst drei Jahre später scheitert die Kurzwellenverbindung Berlin-Barcelona noch an der geringen Lautstärke des Berliner Senders.

Durch Gesetz vom 24. Juli 1942 wird im spanischen Luftfahrtministerium die Generaldirektion für Flugsicherung ins Leben gerufen. Im selben Jahr gelingt es Lufthansa und Iberia durch Verhandlungen mit dem Ministerium, wesentliche Verbesserungen bei den spanischen Bodenfunkstellen zu erreichen. Oberflugzeugfunker Peter Most geht davon aus, dass dadurch „eine langsame Besserung der Qualität der spanischen Bodenfunkstellen herbeigeführt wird." In einem „Bericht über Zustand und Neuerungen der spanischen Funkstelle Madrid-Barajas" ist Oberfunker Otto Fischer noch nicht so optimistisch. Deshalb wird das Funktionieren des Funkfeuers Vallecas von ihm täglich mehrmalig kontrolliert. Über den inzwischen aufgestellten Hilfspeiler Calamocha ist bislang amtlicherseits nichts zu erfahren. „Nach Aussagen der Funker der Str. E und EK 22 sollen die Peilungen von Calamocha nicht einwandfrei sein. Man will Fehlpeilungen bis 10° festgestellt haben. Ich bitte, unsere Funker anzuweisen, auch weiterhin Übungspeilungen mit dieser Funkstelle zu machen und vor allen Dingen festzustellen, ob beim Vorbeiflug die Seitenbestimmung einwandfrei ist", äußert sich Fischer weiter. Und: „Auf der Strecke Madrid-Lissabon lässt die Flugsicherung gerade auf dem schwierigsten Streckenteil (Talavera-Cá-

Die meisten spanischen Bodenfunkstellen – hier die Aufnahme eines optimal eingerichteten derartigen Arbeitsplatzes in Deutschland – müssen in ihrer Ausstattung und Arbeitsweise noch erheblich verbessert werden.

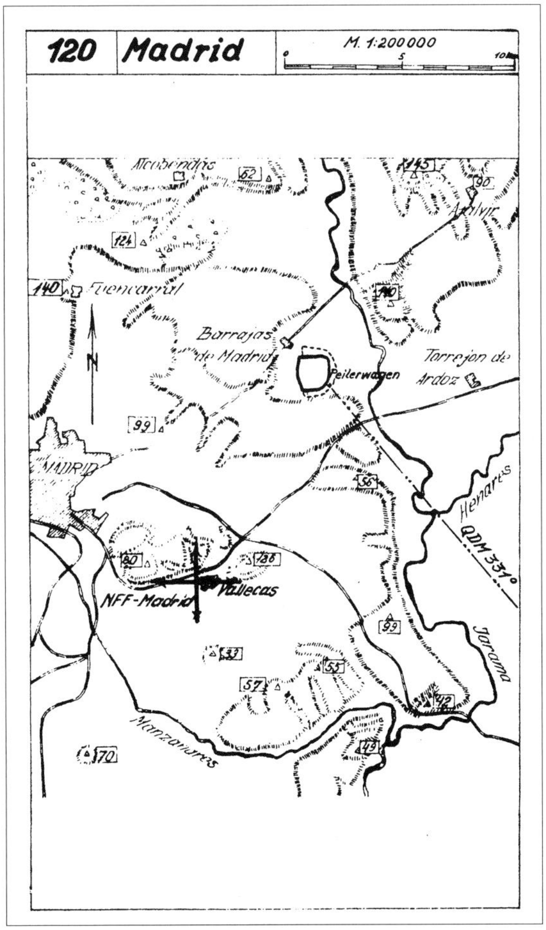

Das Funkfeuer Vallecas ist 1943 im Handbuch für Flugzeugführer zwar eingezeichnet, doch Oberfunker Otto Fischer ist von dessen Verlässlichkeit noch keineswegs überzeugt.

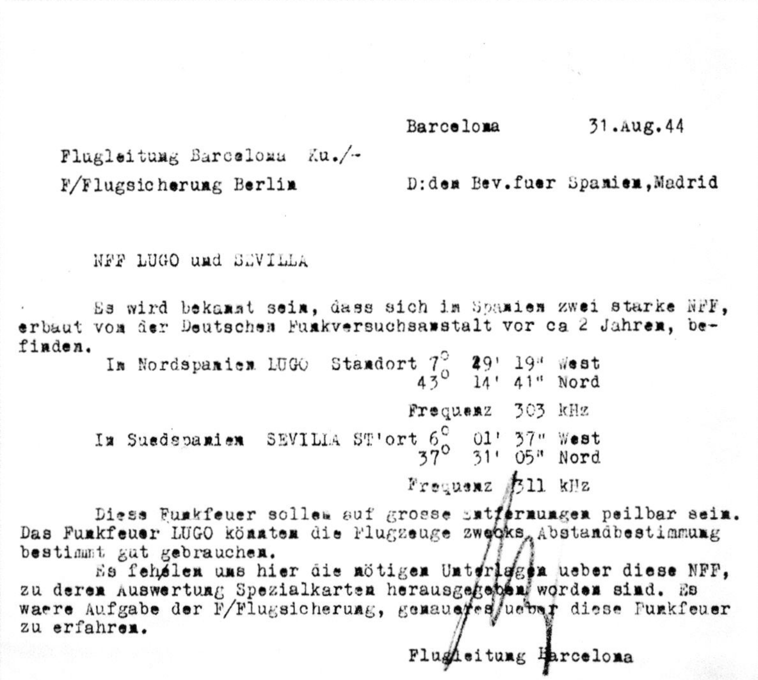

Barcelona 31.Aug.44

Flugleitung Barcelona Ku./-

F/Flugsicherung Berlin

D:dem Bev.fuer Spanien,Madrid

NFF LUGO und SEVILLA

Es wird bekannt sein, dass sich in Spanien zwei starke NFF, erbaut von der Deutschen Funkversuchsanstalt vor ca 2 Jahren, befinden.

Im Nordspanien LUGO Standort 7° 29' 19" West
43° 14' 41" Nord
Frequenz 303 kHz

Im Suedspanien SEVILLA ST'ort 6° 01' 37" West
37° 31' 05" Nord
Frequenz 311 kHz

Diese Funkfeuer sollen auf grosse Entfernungen peilbar sein. Das Funkfeuer LUGO könnten die Flugzeuge zwecks Abstandbestimmung bestimmt gut gebrauchen.

Es fehlen uns hier die nötigen Unterlagen ueber diese NFF, zu deren Auswertung Spezialkarten herausgegeben worden sind. Es waere Aufgabe der F/Flugsicherung, genaueres ueber diese Funkfeuer zu erfahren.

Flugleitung Barcelona

Erhebliche Vorteile für den Luftverkehr erhofft man sich von den auch als Sonnen bezeichneten Consol-Navigationsfunkfeuern, die von der Deutschen Funkversuchsanstalt in Spanien aufgebaut wurden.

ceres) noch viel zu wünschen übrig. Die Funkstelle Cáceres hat häufig Senderstörung, und zwar meistens dann, wenn sie dringend benötigt wird.“ In einem Schreiben an die Abteilung Flugsicherung in Berlin geht darauf am 4. Dezember 1943 auch die Flugleitung Madrid ein: „Auf Grund diverser Fehlpeilungen von den Bodenfunkstellen – Cáceres (ECC) sowie auch Madrid (EDA) – bitten wir Sie, die Besatzungen vor Antritt jeden Fluges darauf hinzuweisen, sich auf dem Streckenabschnitt BL/LB“ (Barcelona/Lissabon) „vornehmlich auf Eigenpeilung zu verlassen. Daneben sind Kontrollpeilungen mit den oben genannten Stationen unbedingt erforderlich und über deren Ergebnisse in Madrid zu berichten.“ Schließlich bleibt noch, die mangelhafte Ausstattung des Flughafens von Barcelona zu erwähnen. Unter der Rubrik „Schlechtwetteranflug“ vermerkt das Handbuch für Flugzeugführer in seiner Ausgabe vom August 1944 lediglich: „Kein Anflugverfahren! Bei ausreichender Wolkenhöhe Funkfeuer am Platz mit Eigenpeilung anfliegen und mit Südkurs über See durchstoßen.“

Ganz neue Navigationsmöglichkeiten über große Entfernungen bieten in Spanien ab Herbst 1944 zwei sogenannte Sonnen, die etwa zwei Jahre zuvor von der Deutschen Funkversuchsanstalt aufgestellt wurden, eine bei der nordwestspanischen Stadt Lugo und die andere nahe Sevilla. Bei diesen Funkanlagen handelt es sich um das bei der Firma C. Lorenz AG entwickelte Peilsystem Consol. Die auf der Strecke K 22 eingesetzten Flugzeugfunker erhalten notwendige Spezialnavigationskarten für die jeweils ab 20 Uhr für den Lufthansa-Flugdienst eingeschalteten Sonnen. Anlässlich der „Aussprachen mit dem fliegenden Personal“ am 5./6. Dezember 1944 in Tempelhof ist „Peilnavigation m. Sonne“ auch als Thema vorgesehen.

Längst beeinträchtigt das Kriegsgeschehen auch weitere Teile der Strecke K 22. Nachdem Marseille bereits seit Ende 1942 nicht mehr angeflogen wird, teilt Lyon-Flugleiter Alfred Stumm der Flugleitung Barcelona am 30. Mai 1944 mit: „Wie uns von der hiesigen Flugsicherungs-Hauptstelle heute mitgeteilt wird, soll die Flugsicherungs-Hauptstelle 41 Marseille ab 1.6.44 kurzfristig aufgelöst werden.“ Deshalb muss das Streckenwetter jetzt von Lyon aus an Barcelona durchgegeben werden, bei bekannter Weise häufiger auftretenden Senderstörungen ausweichend von Clermont-Ferrand oder

Perpignan aus. Nach einem schweren Luftangriff auf den Flughafen Lyon am 14. August ist dieser nicht mehr benutzbar. Auch kaum betriebsbereit ist der Stuttgarter Flughafen nach Nachtangriffen auf die Stadt am 25./26. Juli und einem Tagesangriff auf Echterdingen am 14. August. „Wir arbeiten in freier Luft und im Dreck", berichtet Flugleiter Max Fengler nach Madrid. Nachts ist der Flugplatz nur mehr bedingt anfliegbar und bei schlechtem Wetter kommt wegen etwa 50 Bombentrichtern auch nur noch das Durchstoßverfahren in Frage, weil der Flugzeugführer den Platz übersehen können muss. Am 25. August 1944 setzt Fengler die Flugbetriebsleitung in Berlin ins Bild: „Mit Lyon besteht, wie Ihnen fernmündlich mitgeteilt, seit 21.8.44 17.00 Uhr keine Verbindung mehr. Unsere wiederholten Versuche, durch LV-Leitungen die Fluko und Fluz Südfrankreichs zu erreichen sind fehlgeschlagen, die Flugzeuge überfliegen Südfrankreich demnach ohne jede Flugsicherung" (Fluko = Flugwachkommando, Fluz = Flugsicherungszentrale).

Nach einem schweren Bombenangriff fällt der Flughafen Lyon-Bron – hier eine frühe Aufnahme des Gebäudes – auf nicht absehbare Zeit aus. Die auf der Lufthansa-Strecke K 22 verkehrenden Lufthansa-Flugzeuge können dort nicht mehr zwischenlanden.

Geheimnisvolle Codes des Luftverkehrs

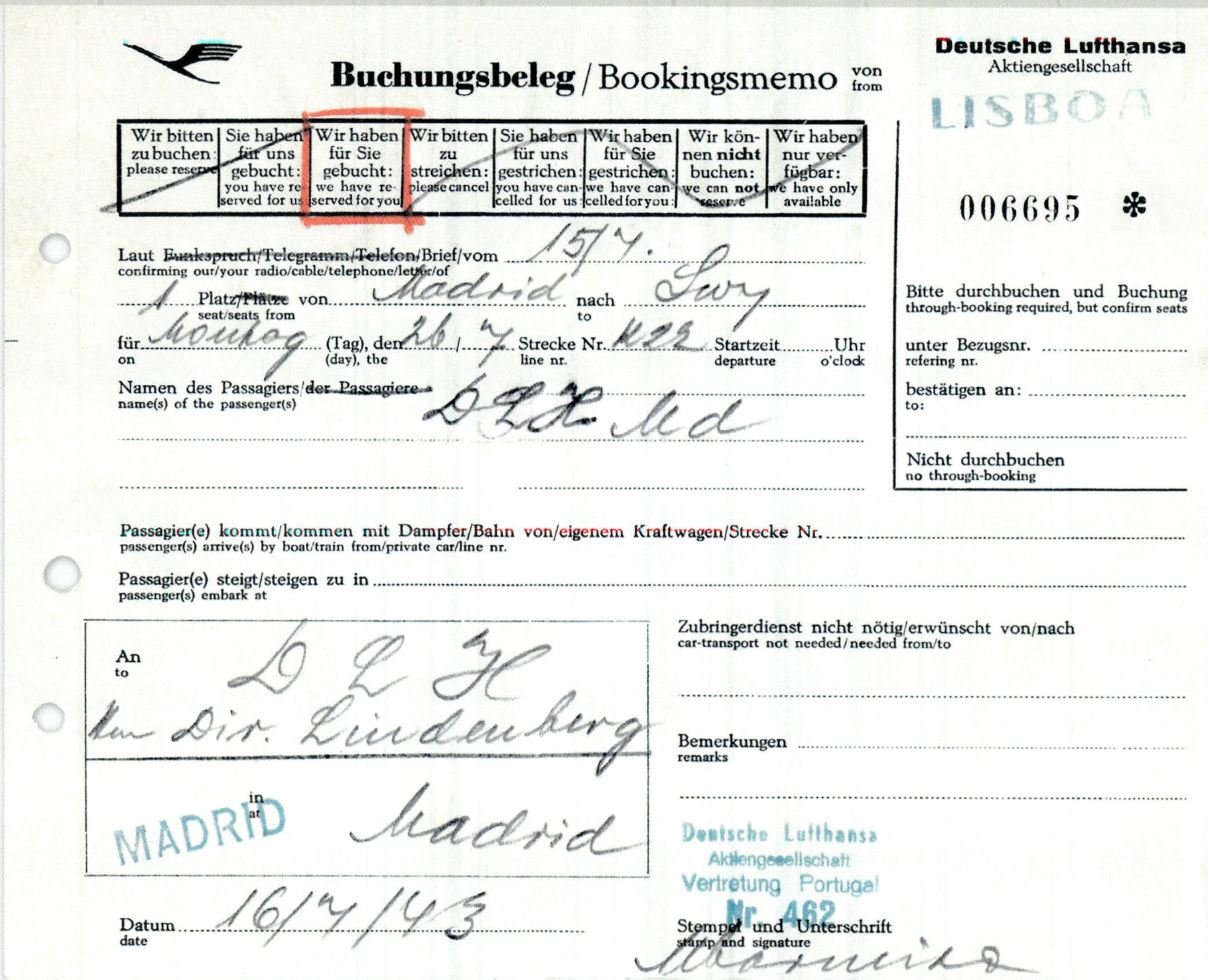

Buchungsbeleg / Bookingsmemo von / from

Deutsche Lufthansa
Aktiengesellschaft

LISBOA

Wir bitten zu buchen: please reserve	Sie haben für uns gebucht: you have reserved for us	Wir haben für Sie gebucht: we have reserved for you	Wir bitten zu streichen: please cancel	Sie haben für uns gestrichen: you have cancelled for us	Wir haben für Sie gestrichen: we have cancelled for you	Wir können nen **nicht** buchen: we can **not** reserve	Wir haben nur verfügbar: we have only available

006695 *

Laut ~~Funkspruch/Telegramm/Telefon~~/Brief/vom 15/7.
confirming our/your radio/cable/telephone/letter/of

1 Platz/~~Plätze~~ von Madrid nach Swy
seat/seats from to

für Montag (Tag), den 26/7 Strecke Nr. A22 Startzeit ...... Uhr
on (day), the line nr. departure o'clock

Namen des Passagiers/~~der Passagiere~~ DLH Md
name(s) of the passenger(s)

Bitte durchbuchen und Buchung
through-booking required, but confirm seats

unter Bezugsnr. ....
refering nr.

bestätigen an: ....
to:

Nicht durchbuchen
no through-booking

Passagier(e) kommt/kommen mit Dampfer/Bahn von/eigenem Kraftwagen/Strecke Nr. ....
passenger(s) arrive(s) by boat/train from/private car/line nr.

Passagier(e) steigt/steigen zu in ....
passenger(s) embark at

An DLH
to
Herrn Dir. Lindenberg

in Madrid
at
MADRID

Zubringerdienst nicht nötig/erwünscht von/nach
car-transport not needed/needed from/to

Bemerkungen ....
remarks

Datum 16/7/43
date

Deutsche Lufthansa
Aktiengesellschaft
Vertretung Portugal
Nr. 462

Stempel und Unterschrift
stamp and signature

Dieser Buchungsbeleg aus Lissabon birgt ein gewisses Rätsel. Für das Flugziel Stuttgart wurde hier überraschenderweise „Swy“ eingesetzt.

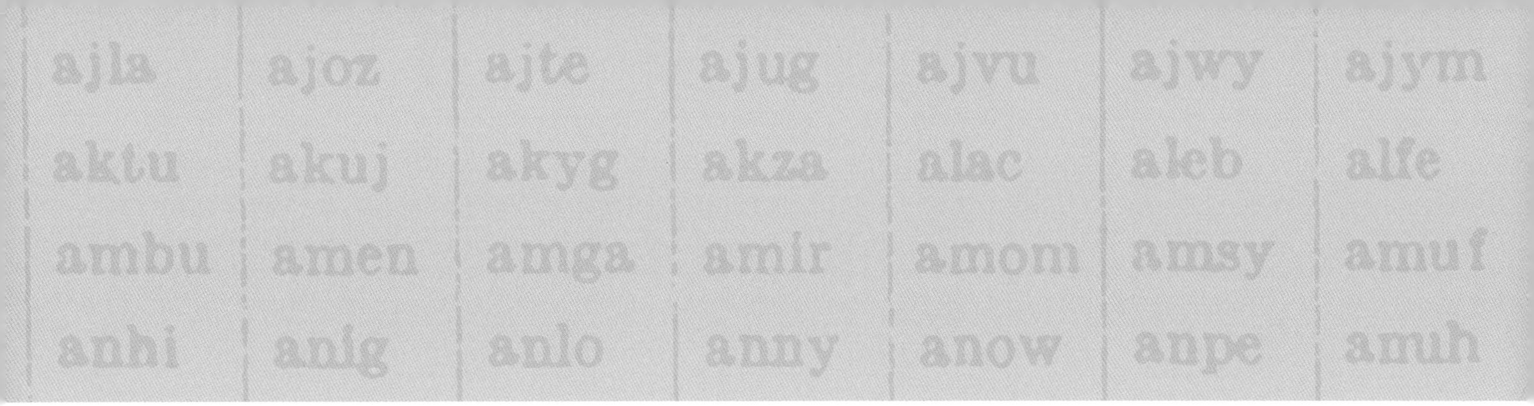

Ob Telegrafie, Funk oder Fernschreiber, ein wesentliches Merkmal des Flugverkehrs ist die Kommunikation. Sie muss einerseits kurz und knapp gefasst sein, zum anderen aber auch unmissverständlich. Beides wird im Wesentlichen durch die Verwendung festgelegter Codes oder Abkürzungen erreicht.

Eine schriftliche Buchungsbestätigung für einen bestimmten Flug wäre als Dokument eigentlich nicht besonders bemerkenswert. Der hier abgebildete Beleg von 1943 stellt aber auf seine Art etwas Außergewöhnliches dar. Hier wird „1 Platz von Madrid nach Swy“ bestätigt. Madrid ist dabei keine Frage, aber „Swy“? Tatsächlich ist die Antwort darauf jedoch recht einfach. Die 1919 von einigen europäischen Fluggesellschaften ins Leben gerufene Dachorganisation International Air Traffic Associa-

Aus Anlass des zehnjährigen Bestehens der IATA kommen Repräsentanten der beteiligten Fluggesellschaften 1929 im niederländischen Den Haag zusammen.

Anhang XIII
Tafel B

Nr. des Schlüssels	Schlüssel-wort	Besondere Schreibweise der Städtenamen	Name der Stadt in der Sprache des Landes
1	2	3	4
G. 21	GTI		Germiston
G. 22	GUB		Galati
G. 23	GUL		Gaya
G. 24	GUO		Goulburn
G. 25	GYR		Gao (Franz.-Westafrika)
G. 26	GYS		Gibuti (Franz.-Westafrika)
G. 27	GYU		Gorrahei
G. 28	ZON		Geneina
G. 29	ZUV		Glasgow
G. 30	ZKE		Gladstone
G. 31	ZLU		Groot Eylandt
G. 32	ZMO		Gwalior
G. 33	ZOA		Gimma
G. 34	ZYW		Gondar
G. 35			
H. 1	HAL		Halle
H. 2	HAV		Hamadan
H. 3	HAY		Hamburg
H. 4	HBO		Hamm
H. 5	HCE		Hannover
H. 6	HED		Heidelberg
H. 7	HEK	Helsingfors	Helsinki
H. 8	HEW		Hiddensee
H. 9	HHA		Hildesheim
H. 10	HIB		Hof
H. 11	HIL		Helgoland
H. 12	HIO		Hai-Phong
H. 13	HKU		Hanoi
H. 14	HLY		Hongkong
H. 15	HOD		Haifa
H. 16	HOG		Halmstad
H. 17	HPA		Heraklion
H. 18	HRE		Hyderabad
H. 19	HTO		Hami
H. 20	HUE		Hankau
H. 21	HUX		Hua Hin
H. 22	HUZ		Haamstede
H. 23	HWI	Königgrätz	Hradec Kárlové
H. 24	HXU		Hull
H. 25	HYF		Hammerfest

XIII 23

tion (IATA) führte im Lauf der Zeit dreibuchstabige Codes für alle diejenigen Städte der Erde ein, die im Luftverkehr zu erreichen sind. Nicht nur Weltmetropolen wie New York (NMY), Bombay (XTU) oder London (LIF) findet man da, auch Orte wie Wiipuri (WIY), Mpika (NVY) oder Toowoomba (UZJ). Und SWY steht dabei einfach als Code für Stuttgart. Was den in Rede stehenden Buchungsbeleg außergewöhnlich erscheinen lässt ist, dass diese IATA-Schlüssel zu der Zeit eigentlich einzig und allein für Platzbelegungsmeldungen im telegrafischen Austausch zwischen luftfahrtinternen Buchungsstellen verwendet werden, nicht aber in sonstigen Schriftwechseln.

Natürlich ist es aus diesem Grund auch wichtig, dass alle zuständigen Lufthansa-Dienststellen hinsichtlich der aktuell zu benutzenden IATA-Codes ständig auf dem neuesten Stand bleiben. So informiert beispielsweise die Verkehrsleitung 1941 mit entsprechendem Nachtrag im Hinblick auf die Codes einiger finnischer Städte. Hintergrund für dieses Tun ist aber nicht zuletzt, dass die Fluggesellschaft ab Mitte 1941, wenn auch in eingeschränktem Umfang, die Aufgabe übernommen hat, von Berlin aus die Geschäfte der IATA weiterzuführen. Denn deren Zentralbüro im niederländischen Den Haag wurde Anfang Juni durch die deutschen Besatzungsbehörden geschlossen. Was man bei Lufthansa aber sicher nicht ahnt ist,

Unter „IATA-Schlüssel" findet man im Anhang XIII der FBO die Dreibuchstaben-Städtecodes (hier „Schlüsselwort"). Merkwürdigerweise sind diese nach Schlüsselnummern – von A1 – A60 bis Z1 – Z12 – aufgeteilt, die weder einer durchgehenden Reihenfolge der Codes noch der Städtenamen selbst folgen.

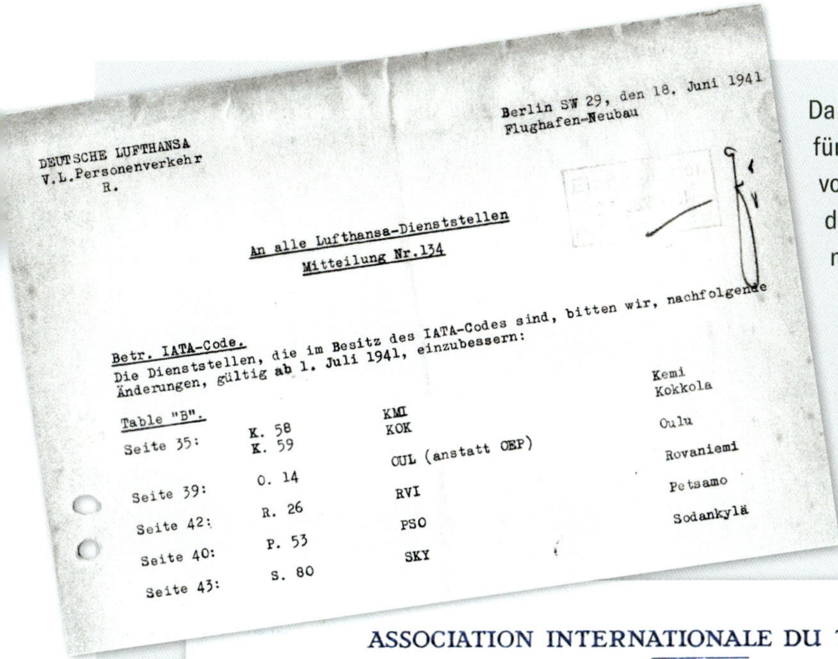
DEUTSCHE LUFTHANSA
V.L.Personenverkehr
R.

Berlin SW 29, den 18. Juni 1941
Flughafen-Neubau

An alle Lufthansa-Dienststellen
Mitteilung Nr.134

Betr. IATA-Code.
Die Dienststellen, die im Besitz des IATA-Codes sind, bitten wir, nachfolgende Änderungen, gültig ab 1. Juli 1941, einzubessern:

Table "B".

Seite 35:	K. 58	KMI	Kemi
	K. 59	KOK	Kokkola
		OUL (anstatt OEP)	Oulu
Seite 39:	O. 14	RVI	Rovaniemi
Seite 42:	R. 26	PSO	Petsamo
Seite 40:	P. 53	SKY	Sodankylä
Seite 43:	S. 80		

Da die Verwendung der IATA-Städtecodes für luftfahrtinterne Buchungsanfragen vorgeschrieben ist, wird die entsprechende Liste von der Lufthansa stets auf dem neuesten Stand gehalten.

Die IATA wurde 1919 von europäischen Fluggesellschaften gegründet. Die Beitritte von Misr Airwork (Ägypten), Tata Sons Ltd. (Indien) und Syndicato Condor Ltda. (Brasilien) – laut Hans M. Bongers auch Pan American Airways – in den 1930er Jahren unterstreicht ihre weltweit zunehmende Bedeutung.

ASSOCIATION INTERNATIONALE DU TRAFIC AÉRIEN
INTERNATIONAL AIR TRAFFIC ASSOCIATION
(I.A.T.A.)

BUREAU CENTRAL
CENTRAL OFFICE
392761
"IATA" LAHAYE
"IATA" THEHAGUE

DEN HAAG, den 27. Januar, 1940.
~~3 ANNA PAULOWNAPLEIN 3~~
Koninginnegracht 6

Rappelez s v p en repondant
In reply please quote
No. 53/'40 G/CB

Sujet
Subjectmatter } KENNZEICHEN.

Entrada

dass nur wenige Tage nach dem Versenden des Nachtrags deutsche Truppen die Sowjetunion angreifen und kurz danach auch Finnland seinem östlichen Nachbarn den Krieg erklärt. Diese neue Situation könnte möglicherweise ja sogar dem deutsch-finnischen Luftverkehr einen besonderen Anstoß geben.

Während Platzbelegungsmeldungen mit externen Reiseagenturen stets als offener Text ausgetauscht werden, gibt es luftfahrtintern dafür zusätzlich noch weitere IATA-Schlüssel. Unter „Art der Anfragen und Zahl der Plätze" sind in der „Fernmeldebetriebsordnung für die Verkehrsflugsicherung (FBO)" vierbuchstabige Codes für jeweils einen oder auch mehrere – bis zu 15 – Fluggäste aufgelistet. Die Buchungsanfrage für zwei männliche Fluggäste ist dann „abdo", für beispielsweise drei Damen wäre es „acyt", gar überhaupt für ein Sonderflugzeug – je nach Passagierzahl – „avid", „aw-

Die vierbuchstabigen IATA-Buchungscodes sind in der FBO veröffentlicht, 45 verschiedene für Fluggastzahlen zwischen einer und 15 zu buchenden Personen und weitere 55 für Frachtbelegungsmeldungen über Zuladungen ab 25 kg bis zu 700 kg.

Art der Anfragen und Zahl der Plätze **Schlüssel der Platzbelegungsmeldungen**

Lfd. Nr.	Art der Anfragen	Zahl der Fluggäste														
		1	2	3	4	5	6	7	8	9	10	11	12	13	14	15
1	2	3														
1	Bitte bucht sofort fest (Herr)	abaz	abdo	abef	abih	abma	aboj	abvi	abzy	acej	acho	acix	acju	acky	acni	acoc
2	Bitte bucht sofort fest (Dame)	acur	acvo	acyt	adal	adew	adha	adod	adre	adux	adwi	adzu	afar	affo	afis	aflu
3	Bitte bucht sofort (anzuwenden, wenn es nicht nötig ist, zwischen Herr und Dame zu unterscheiden)	afyw	afze	agcy	aget	agge	agim	agso	agta	agul	agyr	ahav	ahek	ahil	ahly	ahog
4	Wir haben für Sie fest belegt ...	ahpa	ahri	ahto	ahxu	ahyf	ajan	ajco	ajex	ajla	ajoz	ajte	ajug	ajvu	ajwy	ajym
5	Wir können leider für Sie nicht buchen	akak	akde	akem	akfy	akiw	akki	akno	akos	aktu	akuj	akyg	akza	alac	aleb	alfe
6	In Ergänzung zu den bereits gebuchten Plätzen buchen Sie bitte fest ... Plätze	algo	alif	alij	alol	alty	alwu	alyp	amad	ambu	amen	amga	amir	amom	amsy	amuf
7	Wir haben folgenden Platz (Plätze) ... von unseren Festplätzen gestrichen	amvo	amxe	amyk	amzi	anab	anda	aner	angu	anhi	anig	anlo	anny	anow	anpe	anuh
8	Bitte streichen Sie unsere feste Buchung	anyl	apap	apel	apij	apja	apme	appu	apsi	apun	apyh	apzo	arax	arcu	arev	arfa
9	Wir haben Ihre Platzbelegung wunschgemäß gestrichen	argy	arip	armi	arne	arof	arus	arxo	aryz	asas	asba	asin	asjo	asot	asry	asti
10	Ihr Telegramm ist unklar; bestätigen Sie bitte, daß Sie endgültig buchen	asub	asyu	atat	atec	atiz	atle	atna	atop	atsu	atuw	atwo	atxy	avag	aves	avhe

XIII 7

Anhang XIII
Tafel A

Die Buchungsanfrage im IATA-Code bedeutet:
ABAZ: Bitte bucht sofort fest einen Herrn
BOFALY: Flugstrecke Berlin (BOF)-Bukarest (ALY)
EFADA LABVA: Abflugtag (EF = 23), -monat (AD = 02), -stunde (AL = 08), -minute (AB = 00) sowie Kontrollzahl (VA = 15)
Herr ... / Dame ...: Namensbeispiele mit Berufsangaben
K10 – K54: mögliche Kennziffern für Reiseanlass (unmittelbare Kriegswichtigkeit)
FUSA/FOFA (+ Ortscode): gegebenenfalls Information über Eintreffen des Fluggastes zum Abflug

<u>Beispiele im offenen Text (Agenturen) und im IATA-Code (Dienststellen):</u>

Buchet (einmal) Mittwoch 23/2 (Strecke 17) Berlin-Wien Dame Ärztin Dr.Berger K12 K31;
buchet zweimal Montag 27/2 Strecke beliebig Berlin-Kopenhagen Herr Referent Reichsstelle Getreide Schröder K13 Herr Stabsintendant Willmers K40 fliegen auch getrennt.

ABAZ BOFALY EFADA LABVA
(Herr Monteur Fürstenberg K26
(Herr Universitätsprof.Häberle K30 K52 +
(Herr Bergassessor Gerber K21
(Herr Legationsrat Kastner K53 K54 + FUSA/FOFA
(Dame Staatsschauspielerin Wegener K42
(Herr Reichsamtsleiter Benicke K11 K33 K53 +
(Herr Einkäufer Lederwaren Grossnef K23 K54 +

+ Zur möglichst eindeutigen Charakterisierung des Reiseanlasses wurden hier Kennummern gekoppelt.

by", „awse" oder andere. Um eine Streichung von – wiederum als Beispiel – zehn bereits festen Platzbuchungen wird mit „apyh" gebeten.

Die erst 1944 im deutschen Luftverkehr eingeführten Kennziffern für unmittelbar kriegswichtige Reisen – sie erscheinen in den Buchungsanfragen hinter der Berufsangabe und dem Namen des zu buchenden Fluggastes – wurden selbstverständlich nicht von der IATA festgelegt, sondern sind Folge staatlicher Anordnungen im Hinblick auf die kriegsbedingt verschärfte Steuerung des Personenverkehrs.

Parallel zu dem dreibuchstabigen IATA-Schlüssel für Städte gibt es weltweit für alle Zoll- und Verkehrsflughäfen aber auch Zweibuchstabencodes, beginnend mit AA für Aachen und endend mit ZW für Zwickau, zufällig also mit zwei deutschen Städten. Laut FBO, die 1938 in diesem Punkt an die dahingehende Regelung der Commission Internationale de Navigation Aérienne (CINA) angeglichen wird, sind diese eigentlich nur für die Abfassung von Telegrammen des Flugfernmeldedienstes vorgesehen. Tatsächlich werden die Codes aber praktisch in allen Bereichen des Flugbetriebs verwendet. Stuttgart wäre im Fall der eingangs angesprochenen Buchungsbestätigung dann „SU" gewesen. Der Gebrauch der Zweibuchstabencodes wird aber allmählich problematisch. Der durch das System selbst beschränkten Anzahl möglicher Buchstabenkombinationen stehen weit mehr Städte gegenüber, die zu erfassen sind. Deshalb einigt man sich darauf, den einen oder anderen Code zweifach, verschiedentlich sogar dreifach zu vergeben. Sicherheitshalber berücksichtigt wird dabei, dass die Städte mit demselben Code möglichst weit voneinander entfernt liegen. So steht „CG" zum

Anhang XII

Abkürzung	**Flughafen**	**Land**
1	2	3
AR	Arad	Rumänien
AS	Allenstein/Deuthen	Deutschland
	Alice Springs	Australien
AT	Alicante	Spanien
AU	Aracaju	Brasilien
	Assuan	Ägypten
AV	Alverca	Portugal
AW	Antwerpen (Anvers) (Deurne)	Belgien
AX	Alexandria	Ägypten
AY	Assiut	Ägypten
	Alderney	Großbritannien
AZ	Almaza (Cairo)	Ägypten
B		
BA	Barberton	Südafr. Union
	Basel (Birsfelden)	Schweiz
BB	Baden-Baden	Deutschland
	Barahona	Dominik. Republik
BC	Bahia Blanca	Argentinien
	Benghasi (Berca)	Libyen (Ital.)
BD	Bordeaux (Teynac)	Frankreich
	Brunette-Downs	Australien
BE	Belgrad (Beograd)	Jugoslavien
	Benalla	Australien
BF	Bagdad	Irak
	Bluefields	Nicaragua
BG	Braunschweig/Waggum	Deutschland
	Bega	Australien
BH	Bern (Belpmoos)	Schweiz
	Broken Hill	Australien
BI	Biel	Schweiz
	Buenos Aires	Argentinien
BJ	Barnstaple	Großbritannien
	Bushire	Iran
BK	Bourke	Australien
BL	Ballarat	Australien
	Barcelona	Spanien
BM	Basra	Irak
	Berck-sur-Mer	Frankreich
BN	Bremen	Deutschland
	Brisbane (Archerfield)	Australien
BO	Bône	Algerien (Frankr.)
	Bowen	Australien
BP	Budapest (Budaörs)	Ungarn
	Burutu	Nigeria (Brit.)
BQ	Barranquilla	Kolumbien
BR	Berlin-Tempelhof	Deutschland
	Broome	Australien

XII 26

Die Zweibuchstabencodes für alle Zoll- und Verkehrsflughäfen weltweit sind in der FBO als Anhang XII „Telegrammschlüssel" als Ver- und Entschlüsselung aufgelistet.

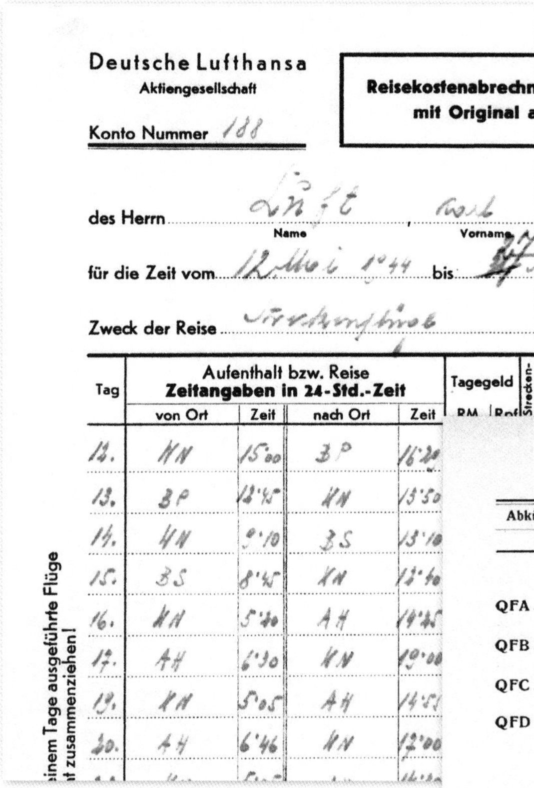

Deutsche Lufthansa
Aktiengesellschaft

Konto Nummer 188

Reisekostenabrechn…
mit Original a…

des Herrn Luft, Karl
Name Vorname

für die Zeit vom 12. Mai 1944 bis …

Zweck der Reise …

Tag	Aufenthalt bzw. Reise Zeitangaben in 24-Std.-Zeit				Tagegeld	
	von Ort	Zeit	nach Ort	Zeit	RM	Rpf
12.	WN	15:00	BP	16:2[illegible]		
13.	BP	12:45	WN	13:50		
14.	WN	9:10	BS	13:10		
15.	BS	8:45	WN	13:40		
16.	WN	5:20	AH	14:25		
17.	AH	6:30	WN	19:00		
19.	WN	5:05	AH	14:5[illegible]		
20.	AH	6:46	WN	12:00		

…inem Tage ausgeführte Flüge …t zusammenziehen!

Beispiel für das französische Cannes, für Chicago und für Colombo auf der Insel Ceylon. Ein gewisses Rätsel bleibt auch in dieser Hinsicht aber, warum der Lufthansa-Mitarbeiter bei der Buchungsbestätigung den IATA-Schlüssel „SWY" anstelle von „SU" für Stuttgart verwendete, so wie er zwei Zeilen darunter „Md" für Madrid einsetzte. Und eine Verwechslung mit Salamaua auf Neu Guinea – ebenfalls „SU" – wäre wohl kaum zu befürchten gewesen.

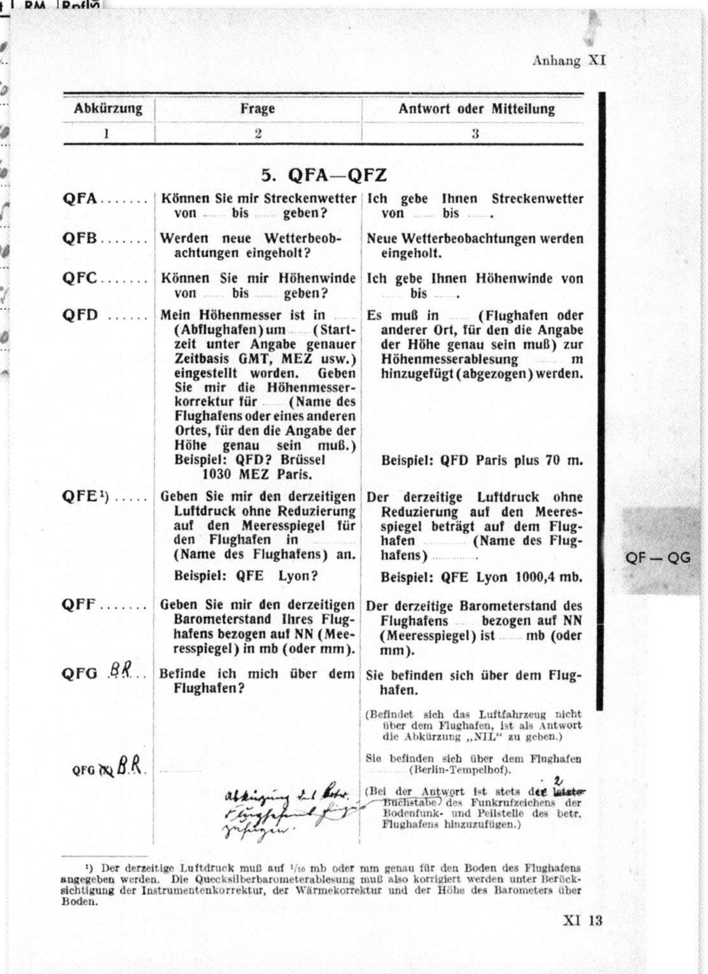

Anhang XI

Abkürzung	Frage	Antwort oder Mitteilung
1	2	3

5. QFA—QFZ

Abkürzung	Frage	Antwort oder Mitteilung
QFA	Können Sie mir Streckenwetter von ..... bis ..... geben?	Ich gebe Ihnen Streckenwetter von ..... bis ..... .
QFB	Werden neue Wetterbeobachtungen eingeholt?	Neue Wetterbeobachtungen werden eingeholt.
QFC	Können Sie mir Höhenwinde von ..... bis ..... geben?	Ich gebe Ihnen Höhenwinde von ..... bis ..... .
QFD	Mein Höhenmesser ist in ..... (Abflughafen) um ..... (Startzeit unter Angabe genauer Zeitbasis GMT, MEZ usw.) eingestellt worden. Geben Sie mir die Höhenmesserkorrektur für ..... (Name des Flughafens oder eines anderen Ortes, für den die Angabe der Höhe genau sein muß.) Beispiel: QFD? Brüssel 1030 MEZ Paris.	Es muß in ..... (Flughafen oder anderer Ort, für den die Angabe der Höhe genau sein muß) zur Höhenmesserablesung ..... m hinzugefügt (abgezogen) werden. Beispiel: QFD Paris plus 70 m.
QFE[1])	Geben Sie mir den derzeitigen Luftdruck ohne Reduzierung auf den Meeresspiegel für den Flughafen in ..... (Name des Flughafens) an. Beispiel: QFE Lyon?	Der derzeitige Luftdruck ohne Reduzierung auf den Meeresspiegel beträgt auf dem Flughafen ..... (Name des Flughafens) ..... . Beispiel: QFE Lyon 1000,4 mb.
QFF	Geben Sie mir den derzeitigen Barometerstand Ihres Flughafens bezogen auf NN (Meeresspiegel) in mb (oder mm).	Der derzeitige Barometerstand des Flughafens ..... bezogen auf NN (Meeresspiegel) ist ..... mb (oder mm).
QFG BR...	Befinde ich mich über dem Flughafen?	Sie befinden sich über dem Flughafen. (Befindet sich das Luftfahrzeug nicht über dem Flughafen, ist als Antwort die Abkürzung „NIL" zu geben.)
QFG BR.	.....	Sie befinden sich über dem Flughafen ..... (Berlin-Tempelhof). (Bei der Antwort ist stets der letzte Buchstabe des Funkrufzeichens der Bodenfunk- und Peilstelle des betr. Flughafens hinzuzufügen.)

[1]) Der derzeitige Luftdruck muß auf 1/10 mb oder mm genau für den Boden des Flughafens angegeben werden. Die Quecksilberbarometerablesung muß also korrigiert werden unter Berücksichtigung der Instrumentenkorrektur, der Wärmekorrektur und der Höhe des Barometers über Boden.

XI 13

QF — QG

Obwohl eigentlich nur „für die Abfassung von Telegrammen des Fernmeldedienstes" vorgesehen, werden die Zweibuchstabencodes ganz allgemein benutzt, wie von Flugkapitän Karl Luft auf seiner Reisekostenabrechnung (WN: Wien, BP: Budapest, BS: Bukarest, AH: Athen).

Mit Hilfe der Q-Schlüssel, also immer mit dem Morsezeichen – – · – beginnend, können im internationalen Funkverkehr Informationen oder Anfragen in kurzer und unmissverständlicher Form übermittelt werden.

Der zu Beginn des Kapitels beschriebene IATA-Schlüssel für Städte steht als Dreibuchstabencode nicht allein da. Den wohl wichtigsten aus drei Buchstaben bestehenden bilden in der Funktelegrafie die sogenannten Q-Gruppen. Diese Dreiercodes beginnen jeweils mit einem Q, dem zwei andere Buchstaben folgen – dies natürlich alles in Form von Morsezeichen per Funk übertragen. Die ersten etwa 50 dieser Q-Codes legte man 1912 anlässlich der Londoner Funkkonferenz fest, vermutlich nicht zuletzt auch unter dem Eindruck der „Titanic"-Katastrophe, bei der ja der noch in der Entwicklung befindliche Funkverkehr nicht gerade eine rühmliche Rolle spielte. In der FBO-Ausgabe von 1938 sind etwa 170 Q-Gruppen veröffentlicht, einmal in alphabetischer Reihenfolge und danach noch einmal aufgegliedert nach den Betriebsbereichen:

1. gegenseitige Erkennung der Funkstellen,
2. Funkbetrieb,
3. Fernmeldeverkehr,
4. Funkpeilung,
5. Wetterdienst,
6. Notverkehr,
7. Ortsveränderung der Luftfahrzeuge,
8. Befeuerung,
9. Landeverfahren.

Die Q-Codes können sowohl als Anfrage wie auch als Antwort oder Mitteilung gebraucht werden. So fragt ein Flugzeug beispielsweise mit QGH an: „Kann ich nach dem Durchstoßverfahren landen?" Die Erlaubnis durch die Bodenfunkstelle „Sie können nach dem Durchstoßverfahren landen" lautet dann ebenfalls QGH. Eine Verweigerung durch die Bodenstation wäre in dem Fall QGI, also „Sie dürfen nicht nach dem Durchstoßverfahren landen." Eine gewisse

Wien – Aspern

48° 13,5' N 16° 30,7' E 157 m über NN.
Mißweisung 1944: 2,5° W QMP 1200 m.

Lage:

10 km ENE von Stadtmitte Wien.

Hindernisse:

Hallen und Gebäude am Platz 15 m.
NE 1,6 km 5 Maste 11 m.

In 6,8 km	QTE 17°	Bohrturm	48 m über Pl.
in 4,2 km	QTE 120°	Kirche	56 m über Pl.
in 7,4 km	QTE 190°	Lagerhaus	60 m über Pl.
in 7,3 km	QTE 235°	Gaswerk	84 m über Pl.
in 10 km	QTE 260°	Stephansdom	137 m über Pl.
in 10,3 km	QTE 280°	Gaswerk	56 m über Pl.
in 13,2 km	QTE 297°	Leopoldsberg	267 m über Pl.
in 13,7 km	QTE 317°	Rundfunksender Bisamberg	286 m über Pl.
in 8,2 km	QTE 323°	Gaswerk Leopoldsau	110 m über Pl.

Rollfeld:

Startbahnen: SE – NW = 1200 x 75 m
E – W = 800 x 52 m
S – N = 700 x 52 m.

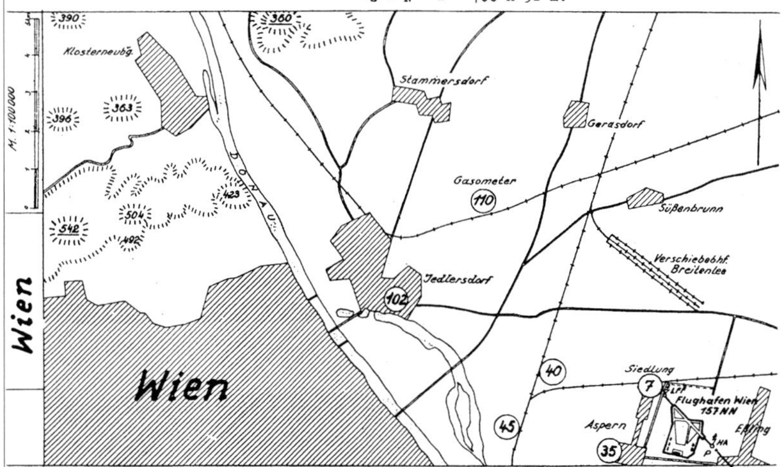

QMP ist – in Metern über NN (Normalnull) – die Sicherheitshöhe, die bei Schlechtwetter bis zum Erreichen des Flugplatzes einzuhalten ist. QTE zeigt hier rechtweisend die Richtungen vom Flughafen zu Hindernissen an. Auch interessant: ENE steht für Ost-Nord-Ost.

Ausnahme ist die Frage QAH „Wie ist Ihre Höhe?". Diese muss gegebenenfalls mit anderen Q-Gruppen beantwortet werden, je nachdem ob unter, zwischen, über oder in den Wolken geflogen wird.

Die Q-Codes sind international gültig und bedeuten überall präzise dasselbe, sollte man

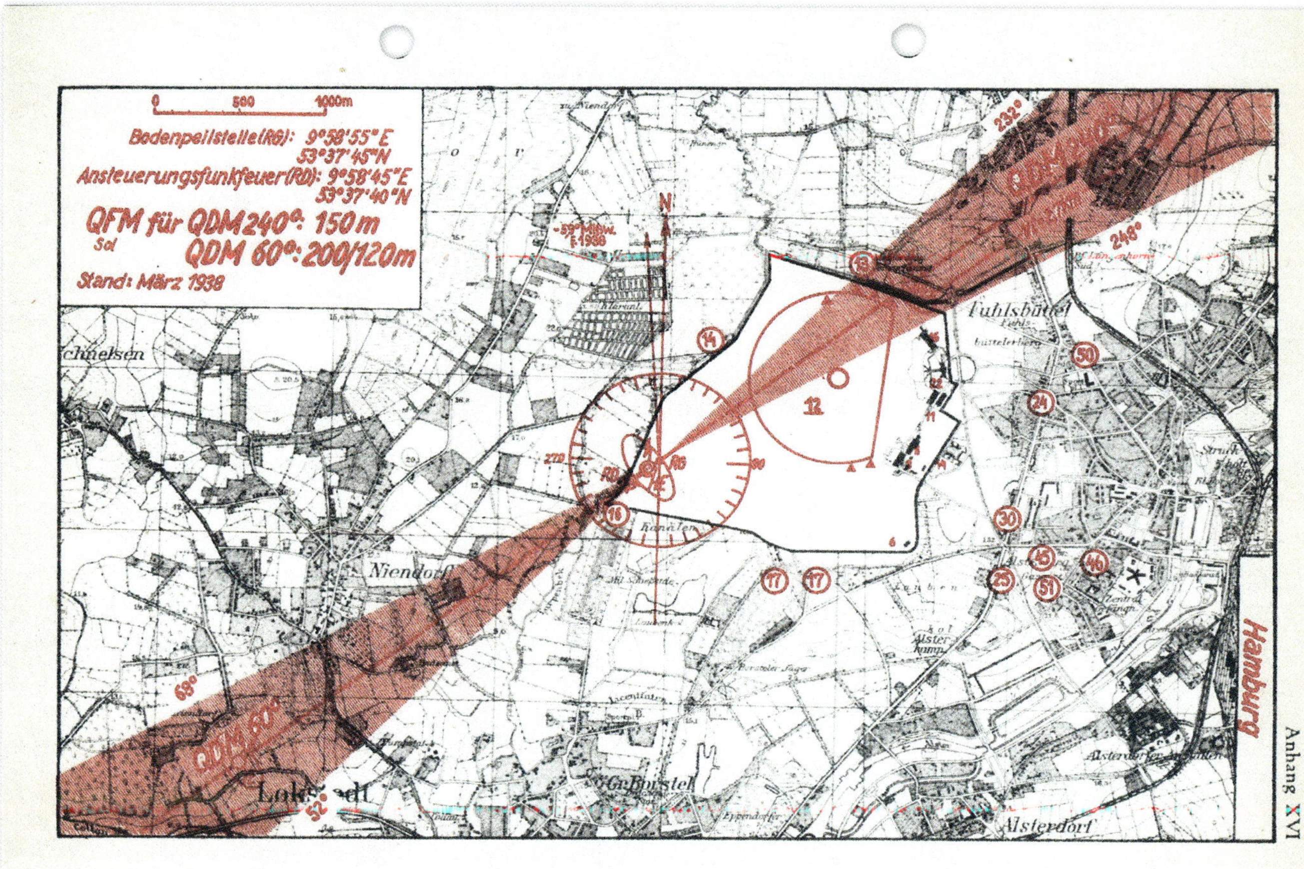

Bei Anflugsektorkarten für Schlechtwetterlandungen werden die einzuhaltende Flughöhe – QFM – wie auch der missweisende Kurs – QDM – der Einfachheit halber jeweils mit Q-Schlüssel angegeben.

annehmen. Doch Spanien geht da zuweilen andere Wege, wie die Lufthansa-Funkstelle Barcelona in ihrem Monatsbericht für Februar 1941 beklagt. Als Beispiel wird da die Gruppe QFU angeführt, die laut FBO – also nach internationaler Festlegung – als Frage bedeutet „Können Sie mir die einzuhaltende missweisende Landerichtung geben?" oder als Antwort beziehungsweise Mitteilung „Die Landerichtung ist …° missweisend (z. B. QFU 95)". Wenn ein Flugzeug aber in Spanien QFU anfragt, erhält es überraschenderweise eine Antwort wie „QFU ca 3000 mtr", was hier bedeutet „Sie haben Vereisung in Höhe von 3000 mtr". Und „das ist nicht die einzige Gruppe, die den internationalen nicht entspricht", so die Funkstelle Barcelona.

In Kriegszeiten können die Q-Schlüssel, da im Grundsatz ja in allen Ländern gebräuchlich, aber auch verräterisch sein. Der Feind hört schließlich mit. So fallen aus Sicherheitsgründen ab Mitte 1943 auf dem Abschnitt Barcelona-Lyon der Lufthansa-Strecke K 22 und natür-

Flugzeuge werden in der FBO als „Luftfunkstellen“ geführt. Das offizielle Zulassungskennzeichen gilt dabei als der Name und gleichzeitig auch als Rufzeichen.

Außer den Zweibuchstabencodes für Städte umfasst der „Telegrammschlüssel“ auch noch dreibuchstabige Abkürzungen mit unmittelbarem Bezug zum Flugbetrieb und – gegebenenfalls – auch einem plötzlichen Flugende, wenn es beispielsweise heißt: FAA (Notlandung), FAV Überschlag, FAW (Kopfstand) oder FAX (Absturz).

lich auch umgekehrt im Funkverkehr Angaben fort über Startzeit (QAD), Flugziel (QAB), Flughöhe (QAH) und andere, je nach Wolkenhöhe, voraussichtliche Landezeit (QAA) und beabsichtigter Landeort (QAL).

Mit weiteren Dreibuchstabencodes sind in der FBO die Strecken- und Bodenfunkstellen sowie Peilleit- und Peilnebenstellen aufgeführt. So hat zum Beispiel Königsberg DDW im zwischenstaatlichen Dienst Gegenfunkstellen wie Warschau SRN oder Helsinki OGC. Auch wird aufgezählt, welche Funkstellen für die Inbetriebsetzung der Navigations- und Landefunkfeuer verantwortlich sind. Nachrichten für Luftfahrer werden zu feststehenden Zeiten von Berlin DDX, Paris-Le Bourget FNB, Algier FOA und dem italienischen (Rom-)Centocelle IMB ausgestrahlt. Keine Dreibuchstabencodes sind für die Luftfunkstellen, also die Flugzeuge, vorgesehen. Hier gilt das amtliche Kennzeichen, beispielsweise DASHC, als Name der Funkstelle und auch als deren Rufzeichen.

Ergänzend gibt es im Funk- und Fernschreibverkehr noch verschiedene Abkürzungen infor-

Anhang XII

Abkürzung	Bedeutung	Abkürzung	Bedeutung
1	2	1	2
ADR	Kein Start heute wegen Mangel an Flugzeugen	KGS	Kilogramm*)
ADT	Kein Start heute wegen Wetter	LBS	Pfund**)
ARR	Ankunft	MOT	Triebwerk
AVI	Lebende Tiere	NEA	Weder Fracht noch Fluggäste für ....
AVO	Zelle	PAD	Nicht bevorzugt zu befördernde Fluggäste
AVQ	Lebende Tiere, die der Quarantäne unterworfen sind	PAG	Nicht zahlende Fluggäste
BAG	Gepäck	PAI	Bevorzugt zu befördernde Fluggäste
BUL	Wertvolle Fracht (Gold usw.)	PAP	Zahlende Fluggäste
CHG	Zuladung	PAS	Dienstfluggäste
COP	Postpakete	PAX	Fluggast
DDR	Letzter Start	POS	Post
DEP	Abflug	POT	Post für alle Flughäfen
DPR	Start wahrscheinlich um .... (Uhr)	REA	Zurückgekehrt wegen Zellenschaden
DRA	Verspätung wegen Zellenschaden	REM	Zurückgekehrt wegen Triebwerkschaden
DRC	Verspätung wegen Abwartens des Anschlusses	REP	Wieder gestartet
DRM	Verspätung wegen Triebwerkschaden	RET	Zurückgekehrt wegen Wetter
DRP	Verspätung wegen Wartens auf Fluggäste	REV	Zurückgekehrt
DRR	Verspätung wegen Mangel an Flugzeugen	RTD	Verspätung
DRT	Verspätung wegen Wetter	RTF	Funktelephonie
FRC	Verderbliche Fracht	RTG	Funktelegraphie
FRD	Zollpflichtige Fracht	RTH***) ...	Zielflugpeilgerät
FRE	Fracht	RTN	Kein Funkgerät an Bord
FRG	Dienstfracht	RTU	Funkgerät für den Empfang der Zeichen von Ultrakurzwellen-Landefunkfeuern an Bord
GMT	Mittlere Greenwicher Zeit*)	RTX***) ...	Kurzwellengerät

*) Angabe nur erforderlich, wenn Irrtümer entstehen können.
**) Falls Gewicht nicht in Kilogramm angegeben.
***) Vorerst nur für den Reichflugsicherungsdienst.

XII 48a

Der Code NIL für „ich habe für Sie nichts vorliegen“ wird nicht nur im Funk- und Fernschreibverkehr verwendet, wie diese Passagierliste eines Fluges ohne zusteigende Fluggäste zeigt.

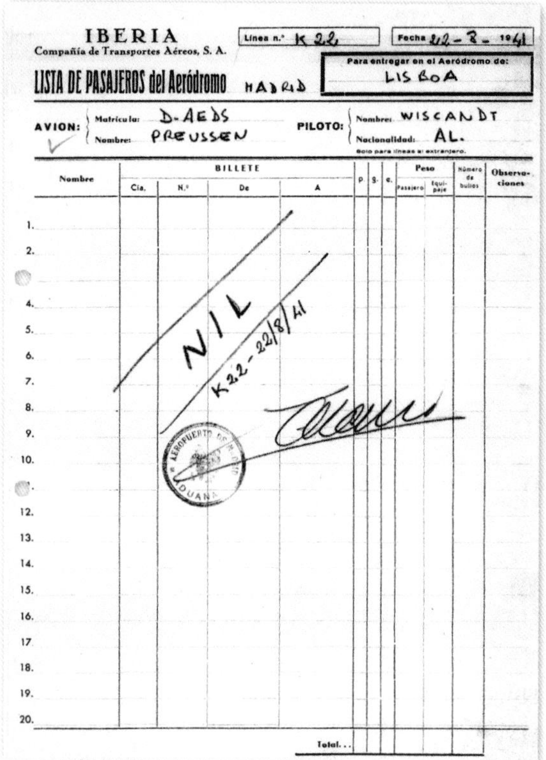
IBERIA
Compañía de Transportes Aéreos, S. A.

Línea n.º K 22 — Fecha 22-8-1941

LISTA DE PASAJEROS del Aeródromo MADRID

Para entregar en el Aeródromo de: LISBOA

AVION: Matrícula: D-AEDS — Nombre: PREUSSEN

PILOTO: Nombre: WISCANDT — Nacionalidad: AL.

Solo para líneas al extranjero.

Nombre	BILLETE Cía.	N.º	De	A	P	S	C	Peso Pasajero	Equipaje	Número de bultos	Observaciones
1.											
2.											
3.											
4.											
5.											
6.											
7.											
8.											
9.											
10.											
11.											
12.											
13.											
14.											
15.											
16.											
17.											
18.											
19.											
20.											
				Total...							

NIL
K22-22/8/41

meller Art, vielfach aus der Seefahrt kommend und vom Englischen abgeleitet. „AM“ und „PM“ bei Tageszeitangaben sind heute noch geläufig. „CFM“ bedeutet in den 1930er Jahren schon „bestätigen Sie“, „NIL“ wird bereits für „ich habe für Sie nichts vorliegen“ verwendet und „RPT“ für „wiederholen Sie“. „DEP“ und „ARR“ sind damals schon übliche Dienstvermerke für Startbeziehungsweise Landemeldungen. Hier ist vielleicht zudem bemerkenswert, dass in dem „Nur für den Dienstgebrauch“ vorgesehenen „Handbuch für Flugzeugführer“ der Deutschen Lufthansa die Himmelsrichtung „Osten“ grundsätzlich als „E“, also vom englischen „East“ abgeleitet, angegeben wird. Der älteste und wohl auch wichtigste Dreibuchstabencode sei hier schließlich auch noch erwähnt. Er wurde im Berliner Funkentelegraphenvertrag von 1906 für den internationalen Funkverkehr festgeschrieben und 1908 offiziell eingeführt. Dieser Code ist das Notfunksignal „SOS“.

Das Notfunksignal SOS – hier als Morsezeichen in den Schlussdokumenten des Berliner Funkentelegraphenvertrags von 1906 – wurde bereits ab 1904 in der deutschen Seefahrt angewandt, zunächst militärisch, ab 1905 auch im öffentlichen Funkverkehr.

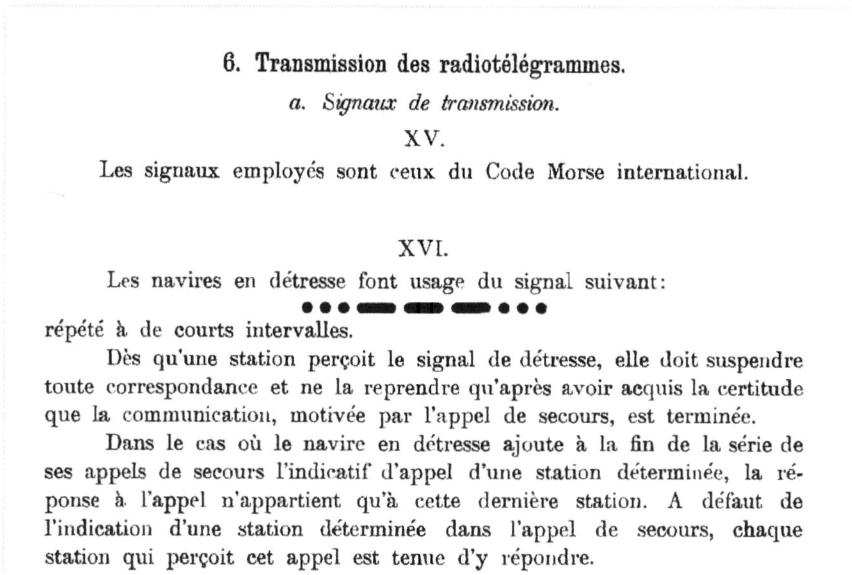
6. Transmission des radiotélégrammes.

a. Signaux de transmission.

XV.

Les signaux employés sont ceux du Code Morse international.

XVI.

Les navires en détresse font usage du signal suivant:

● ● ● ▬ ▬ ▬ ● ● ●

répété à de courts intervalles.

Dès qu'une station perçoit le signal de détresse, elle doit suspendre toute correspondance et ne la reprendre qu'après avoir acquis la certitude que la communication, motivée par l'appel de secours, est terminée.

Dans le cas où le navire en détresse ajoute à la fin de la série de ses appels de secours l'indicatif d'appel d'une station déterminée, la réponse à l'appel n'appartient qu'à cette dernière station. A défaut de l'indication d'une station déterminée dans l'appel de secours, chaque station qui perçoit cet appel est tenue d'y répondre.

Auch einige besondere Flugbetriebscodes sollen hier nicht vergessen werden, die – 1940 umständehalber verwendet – letztlich aber nur über wenige Monate in Gebrauch sind. Zur Situation: Seit Kriegsbeginn kann Lufthansa ihre bis dahin wohl bedeutendste innereuropäische Flugverbindung über Frankreich – jetzt also Feindgebiet – nach Spanien und Portugal nicht mehr betreiben. Da man auf diese Strecke 22 aber ganz besonderen Wert legt, wird eine südlichere Abwicklung über Rom ins Auge gefasst. Nun ist Italien zwar Bündnispartner des Deutschen Reichs, doch an dessen gerade angezetteltem Krieg beteiligt sich das Land zunächst noch nicht. Und darin liegt vermutlich auch einer der Gründe, weshalb das italienische Luftfahrtministerium dem Plan ablehnend gegenübersteht. Man fürchtet dort nämlich Komplikationen beim italienisch-spanischen Luftverkehr der nationalen Fluggesellschaft Ala Littoria, so die Vermutung bei Lufthansa: „Wenn der Fall eintreten könnte, dass eine unserer“ (also Lufthansa-) „Maschinen in Frankreich zur Landung gezwungen würde, wird seitens des italienischen Ministeriums befürchtet, dass auch gegen ital. Flugzeuge gleiche Maßnahmen angewandt werden könnten.“ In seinem Schreiben vom 10. Februar 1940 vermerkt Hans von Ubisch, Abteilungsleiter Europa der Verkehrspolitischen Leitung, jedoch weiter: „Inzwischen wird das RLM noch weitere Schritte in der Angelegenheit unternehmen und evtl. Überfliegung des ital. Gebietes ohne Landung in Vorschlag bringen, so dass die Flüge ab München bis Barcelona direkt ausgeführt würden.“

Da über dem westlichen Mittelmeer grundsätzlich und jederzeit mit feindlichen Angriffen gerechnet werden muss, sind vorbeugende

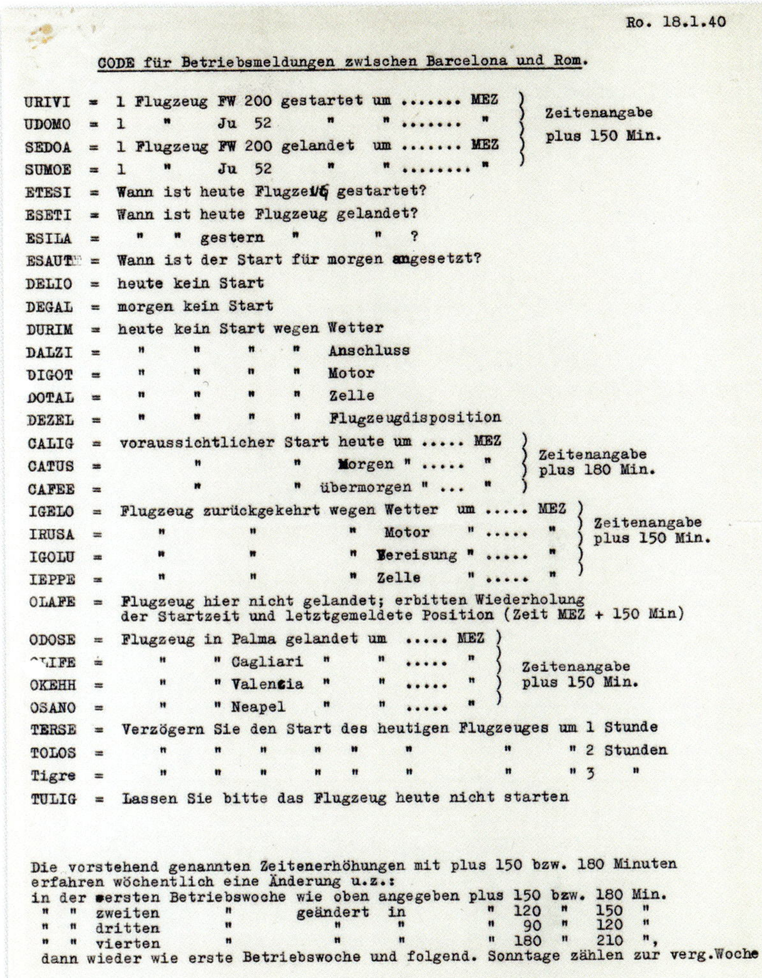

Ro. 18.1.40

CODE für Betriebsmeldungen zwischen Barcelona und Rom.

URIVI = 1 Flugzeug FW 200 gestartet um .... MEZ
UDOMO = 1 " Ju 52 " " .... "
SEDOA = 1 Flugzeug FW 200 gelandet um .... MEZ
SUMOE = 1 " Ju 52 " " .... "
(Zeitenangabe plus 150 Min.)
ETESI = Wann ist heute Flugzeug gestartet?
ESETI = Wann ist heute Flugzeug gelandet?
ESILA = " " gestern " " ?
ESAUT = Wann ist der Start für morgen angesetzt?
DELIO = heute kein Start
DEGAL = morgen kein Start
DURIM = heute kein Start wegen Wetter
DALZI = " " " " Anschluss
DIGOT = " " " " Motor
DOTAL = " " " " Zelle
DEZEL = " " " " Flugzeugdisposition
CALIG = voraussichtlicher Start heute um ..... MEZ
CATUS = " " Morgen " ..... "
CAFEE = " " übermorgen " ... "
(Zeitenangabe plus 180 Min.)
IGELO = Flugzeug zurückgekehrt wegen Wetter um ..... MEZ
IRUSA = " " " Motor " ..... "
IGOLU = " " " Vereisung " ..... "
IEPPE = " " " Zelle " ..... "
(Zeitenangabe plus 150 Min.)
OLAFE = Flugzeug hier nicht gelandet; erbitten Wiederholung der Startzeit und letztgemeldete Position (Zeit MEZ + 150 Min)
ODOSE = Flugzeug in Palma gelandet um ..... MEZ
[illegible]LIFE = " " Cagliari " " ..... "
OKEHH = " " Valencia " " ..... "
OSANO = " " Neapel " " ..... "
(Zeitenangabe plus 150 Min.)
TERSE = Verzögern Sie den Start des heutigen Flugzeuges um 1 Stunde
TOLOS = " " " " " " " " 2 Stunden
Tigre = " " " " " " " " 3 "
TULIG = Lassen Sie bitte das Flugzeug heute nicht starten

Die vorstehend genannten Zeitenerhöhungen mit plus 150 bzw. 180 Minuten erfahren wöchentlich eine Änderung u.z.:
in der ersten Betriebswoche wie oben angegeben plus 150 bzw. 180 Min.
" " zweiten " geändert in " 120 " 150 "
" " dritten " " " " 90 " 120 "
" " vierten " " " " 180 " 210 ",
dann wieder wie erste Betriebswoche und folgend. Sonntage zählen zur verg.Woche

Dieser Geheimcode ist ursprünglich für eine geplante Durchführung der Lufthansa-Strecke 22 über Italien vorgesehen, gilt dann aber in gleicher Weise für den stattdessen vorübergehend betriebenen Frachtsonderdienst.

Sicherheitsmaßnahmen jedoch unumgänglich. So sollen zum einen die Flüge in dieser Region nachts stattfinden und zum anderen wird für den Funkverkehr der Strecke ein besonderer, fünfbuchstabiger Code entwickelt (z. B. „ETESI = Wann ist heute Flugzeug gestartet?“ oder „OKEHH = Flugzeug in Valencia gelandet um … MEZ"). Wesentliches Merkmal bei den mit diesem Code übermittelten Betriebsmeldungen ist, dass auf die Start- und Landezeiten stets zwischen eineinhalb und dreieinhalb Stunden aufgeschlagen werden, um so die tatsächlichen Flugbewegungszeiten zu verschleiern.

Zwischenzeitlich entwickeln sich die deutschen Überlegungen in eine etwas andere Richtung. Anstelle des Lufthansa-Liniendienstes soll nun im Auftrag des Reichswirtschaftsministeriums ein Frachtsonderdienst (FSD), und zwar mit reichseigenen Junkers Ju 90-Flugzeugen, eingerichtet werden. Diesem Plan gegenüber ist Italien wesentlich aufgeschlossener, behält sich selbstverständlich aber auch jetzt ein Mitspracherecht hinsichtlich der Durchführung über seinem Hoheitsgebiet vor. Als Zwischenlandeort der dann aus Wien beziehungsweise Barcelona kommenden Flüge des FSD wird das nördlich Roms gelegene Viterbo festgelegt. Für das italienische Luftfahrtministerium ist es besonders wichtig, dass die Flugzeuge im Funkverkehr nicht ihre deutschen Zivilkennzeichen verwenden. Deshalb stellt es zu diesem Zweck die Rufzeichen BV 21 bis BV 26 zur Verfügung, wie sie in ähnlicher Form von italienischen Militärflugzeugen benutzt werden. Den aus Wien anfliegenden Maschinen obliegt es damit, sich nach Überquerung der Alpen bei Kontaktaufnahme mit italienischen Funk- und Peilstellen ausschließlich unter diesen Rufzeichen zu melden. Für das Überfliegen des westlichen Mittelmeers werden wöchentlich wechselnde Funkfrequenzen festgelegt. Sollte man in Funkgesprächen darauf Bezug nehmen, sind dafür ebenfalls entsprechende Codes zu verwenden, noch zusätzlich unterschieden nach Tag- oder Nachtflügen. Im Text der Funksprüche sind hier außerdem – in gleicher Weise Woche für Woche geändert – besondere Flughafenkürzel zu verwenden. Für Viterbo ist das beispielsweise in den ersten sieben Tagen F, gefolgt von GN in der zweiten Woche und RO in der dritten. Barcelona ist während dieser Zeitabschnitte G, RM und D. Auch andere Flugplätze, die für die Durchführung des FSD gegebenenfalls wichtig sind, erhalten vergleich-

Rufzeichen und Frequenzen.

Nachts:	1.) (Woche vom 7.4. - 14.4.)	2.)	3.)
Station	A) Frequenz khz 5060 (59,2 m)	B) Frequenz khz 5520 (54,3 m)	C) Frequenz khz 5440 (55,1 m)
Viterbo	L 21	3 V 3	R H
Barcelona	T P S	2 U	S S 8
Tags:			
	7) khz 8620 (m 34,8)	8) khz 9970 (30,09 m)	9) khz 10.925 (27,46 m)
Viterbo	89 H	V W	4 L
Barcelona	P 30	71 Q	1 H

Vereinbarte Flughafenbezeichnung für den Text der Funksprüche.

Viterbo	F	Gn	RO
Barcelona	G	Rm	D
Ciampino	D	ST	IM
Tarquinia	IM	UL	ZK
Neapel	Z	AN	VT
Lido di Roma	N	M	ES
Cagliari	EM	D	NA

NB. Die Rufzeichen, Frequenzen und Flughafenbezeichnungen jeder Reihe senkrecht gelten 1 Woche. Sonntags 12.00 Uhr werden sie ungültig und durch die nächste Reihe ersetzt.
Solange diese vorliegende Tabelle nicht durch eine andere ersetzt wird, wird nach der dritten Reihe wieder die erste benutzt usw.
Die Frequenzen können, um Störungen zu vermeiden, auf Verlangen einer der in Verkehr stehenden Stationen ausgeglichen werden.
Die Frequenzen und zugehörigen Rufzeichen des Tages dienen ausschlies slich für den Verkehr am Tag. Die für die Nacht dagegen für die Dauer des Fluges.
In den Funksprüchen sind die Orte mit den angegebenen Flughafenbezeichnungen anzugeben, die Frequenzen mit den seitlich oben eingetragenen Buchstaben (A, B, C,) oder Nummern (7, 8, 9,)

Im Rahmen der FSD-Flüge über das Mittelmeer werden diese Verschlüsselungen rund drei Monate lang verwendet, allerdings mit Änderungen: Später steht RY für Viterbo und LA für Barcelona.

bare Codes. Auf dem Mittelmeerabschnitt gilt außerdem, dass die Flugzeuge, solange sie sich in der Luft befinden, das Rufzeichen des Abgangsflughafens verwenden sollen. Bereits ab dem zweiten durchgeführten Flug wird diesem Flughafencode zusätzlich noch der Anfangsbuchstabe des Namens des Flugkapitäns angehängt. Zu der Zeit ist es „G" für Albert Gerstenkorn. Der Frachtsonderdienst Wien-Viterbo-Barcelona v.v. besteht vom 15. April bis zum 13. Juli 1940. Mit dem deutsch-französischen Waffenstillstand eröffnet sich im Anschluss daran die Möglichkeit, die Ju 90-Flüge von Stuttgart aus nach Barcelona – später mit Zwischenlandungen in Lyon – durchzuführen, jetzt unter der Bezeichnung „Kurierdienst Spanien" (KDS). Damit fallen die bislang verwendeten besonderen Geheimcodes weg. Der KDS endet wenige Tage bevor am 12. August 1940 der reguläre Lufthansa-Liniendienst bis Spanien erneut aufgenommen werden kann.

Mit dem Flugbetrieb nur indirekt zusammen hängt ein weiteres, aber nur aus Zahlen bestehendes Codesystem. Es ist das – bei Lufthansa am 1. Januar 1939 von der Verkehrsleitung/Abt. Verkehrsabrechnung in der Passage-Handmappe veröffentlichte – „Hollerith-Nr.Verzeichnis". Darin sind annähernd 1000 Städte aus allen Erdteilen aufgeführt. Ein Schema in der Reihenfolge ist dabei nur bezüglich der deutschen Flughäfen zu erkennen, die – alphabetisch geordnet und mit großen Lücken vor den jeweils folgenden Anfangsbuchstaben – mit 101 beginnen und bei 449 enden. Dass da beispielsweise bei Stettin oder Norderney zusätzlich zwischen „Land" und „See" unterschieden wird, ist nachvollziehbar, doch es gibt auch „Köln-Land" und „Köln-See".

Ab Nummer 450 schließen sich „D.L.H. Dienststellen" unterschiedlichster Art an, wie, um nur einige zu nennen, die Direktion (500) oder die Flugbetriebsleitung (510), aber auch die „Portokasse, Zentrale" (454), der „Representative Deutsche Lufthansa, R.A. Jahn, New York" (463), die „D.L.H. Vertretung für China" (472), „Notlandungen" (491) – eigentlich ja keine Dienststelle – und schließlich die Stadtbüros. Das lässt erkennen, dass dieses Nummernverzeichnis eben nicht nur den Flugbetrieb betrifft, sondern das gesamte Unternehmen, oder genauer gesagt, Abrechnungsvorgänge in allen Arbeitsbereichen. Und dafür ist die Hollerith-Abteilung zuständig, die mit dem modernen Lochkartensystem Daten verarbeitet – eine Erfindung des dafür auch namengebenden Herman Hollerith. Zunächst übertragen Locherinnen die zu erfassenden Daten von Schrift-

Modernste Bürotechnik der 1930er und 1940er Jahre: Im Lochmaschinensaal der Hollerith-Abteilung übertragen Mitarbeiterinnen Daten von Dokumenten auf Lochkarten. Diese werden dann – je nach Art der zu erstellenden Dokumentation – mit Hilfe von Tabelliermaschinen ausgewertet.

stücken verschiedenster Art auf die Lochkarten. Diese werden dann von Herren in weißen Kitteln an elektrisch betriebenen Tabelliermaschinen ausgewertet – für Flug- und Verkehrsabrechnungen, Personalkonten, Kostenberechnungen, Statistiken und vieles mehr. Mit Hilfe der Bordbuchblätter der Flugzeuge werden zum Beispiel die Kilometer-Prämien-Abrechnungen des fliegenden Personals erstellt sowie die für die Instandhaltung wichtigen Betriebszeiten eines jeden Flugzeugs, der Motoren und anderer eingebauter Teile einzeln erfasst.

Name des oder der befördernden Luftfahrtunternehmen:
Flugschein Nr.
DE 113509D
B Für Ankunftsflugleitung
Dieser Flugschein ist nur in Verbindung mit dem Umschlag und nur für die auf dem Umschlag genannte Person gültig.
RM
BERLIN–KÖNIGSBERG 120 253
oder
KÖNIGSBERG–BERLIN 253 120
70,–
Tag des Fluges: 14.10.44 Str. 33 Abflug: 13⁰⁰
Ausgabestelle: (Hollerithnummer)
Tag der Ausgabe: 10.10.44

… Verbindung mit dem Umschlag … nur für die auf dem Umschlag genannte Person gültig.
RM
BERLIN – STOCKHOLM 120 824
oder
STOCKHOLM – BERLIN 824 120
139,– oder skr. 235,– (10)
Tag des Fluges: Str. Abflug:
Ausgabestelle: (Hollerithnummer)
Tag der Ausgabe: 2.3.44

Ab 1944 verwendet Lufthansa für bestimmte Strecken Flugscheine, auf denen Start- und Zielort sowie der Flugpreis vorgedruckt sind. Zur Vereinfachung der Abrechnung werden gleichzeitig die Hollerithnummern der Orte angegeben.

Die ausländischen Flughäfen – die weitaus größere Zahl in dem Verzeichnis – beginnt mit der Nummer 601, wobei eine Systematik in der Reihenfolge jedoch nicht ersichtlich ist. Mitunter liegen einige nacheinander aufgezählte Städte im selben Land oder in der gleichen Weltregion. Aber es gibt vorwiegend Reihenfolgen wie

780	Wadi Halfa
781	Porto
782	Lissabon
783	Wichita
784	Winslow
785	Wilna
786	Twente
787	Medellin
788	Seattle
789	Skutari
790	Bathurst

Schließlich bleibt hier noch die Frage, von wem dieses Hollerith-Nummernverzeichnis zusammengestellt wurde. Zunächst wäre anzunehmen, durch Lufthansa, weil praktisch alle Abrechnungen des Unternehmens darüber laufen. Dieser Vermutung steht entgegen, dass zahlreiche Orte aufgezählt sind, mit denen Lufthansa kaum je in Berührung kommen dürfte, wie Queque (Rhodesien), Botukatu (Brasilien), Daly Waters (Australien), Cayenne (Französisch

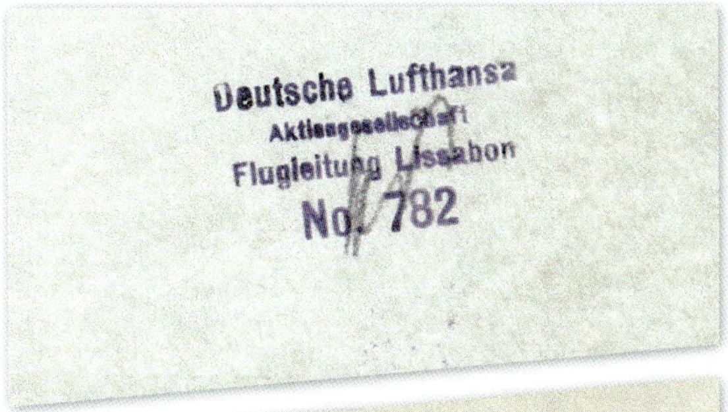

Nicht nur Flugleiter Alfred Schmidt in Lissabon verwendet bei der Dienstpost zusätzlich die Hollerithnummer seiner Dienststelle als Absendermerkmal. Genauso verfährt inzwischen auch die Flugleitung Barcelona.

Guayana). Oder stammt das Verzeichnis vielleicht doch von der IATA? Auch das erscheint unwahrscheinlich, handelt es sich bei dieser bislang doch im Wesentlichen um eine europäische Organisation. Zudem werden im Hollerith-Verzeichnis noch nicht einmal alle die europäischen Orte aufgeführt, die in der FBO unter den dreibuchstabigen IATA-Städtecodes erscheinen. Im Fortgang des Kriegs nimmt die Bedeutung der Hollerith-Nummern für Lufthansa erkennbar zu. Für bestimmte Flugstrecken sind auf den Tickets sowohl Start- als auch Zielort bereits vorgedruckt, und dies nicht nur in Form der Städtenamen allein, sondern unter gleichzeitiger Angabe der entsprechenden Hollerith-Nummern, was das Abrechnungsverfahren erheblich erleichtert. Mittlerweile gehen einige Lufthansa-Dienststellen sogar dazu über, dass sie bei internen Schreiben ebenfalls die Hollerith-Nummer ihres Ortes als Absenderinformation angeben.

Was haben „YUHFC“ und „0/0257/330“ gemeinsam?

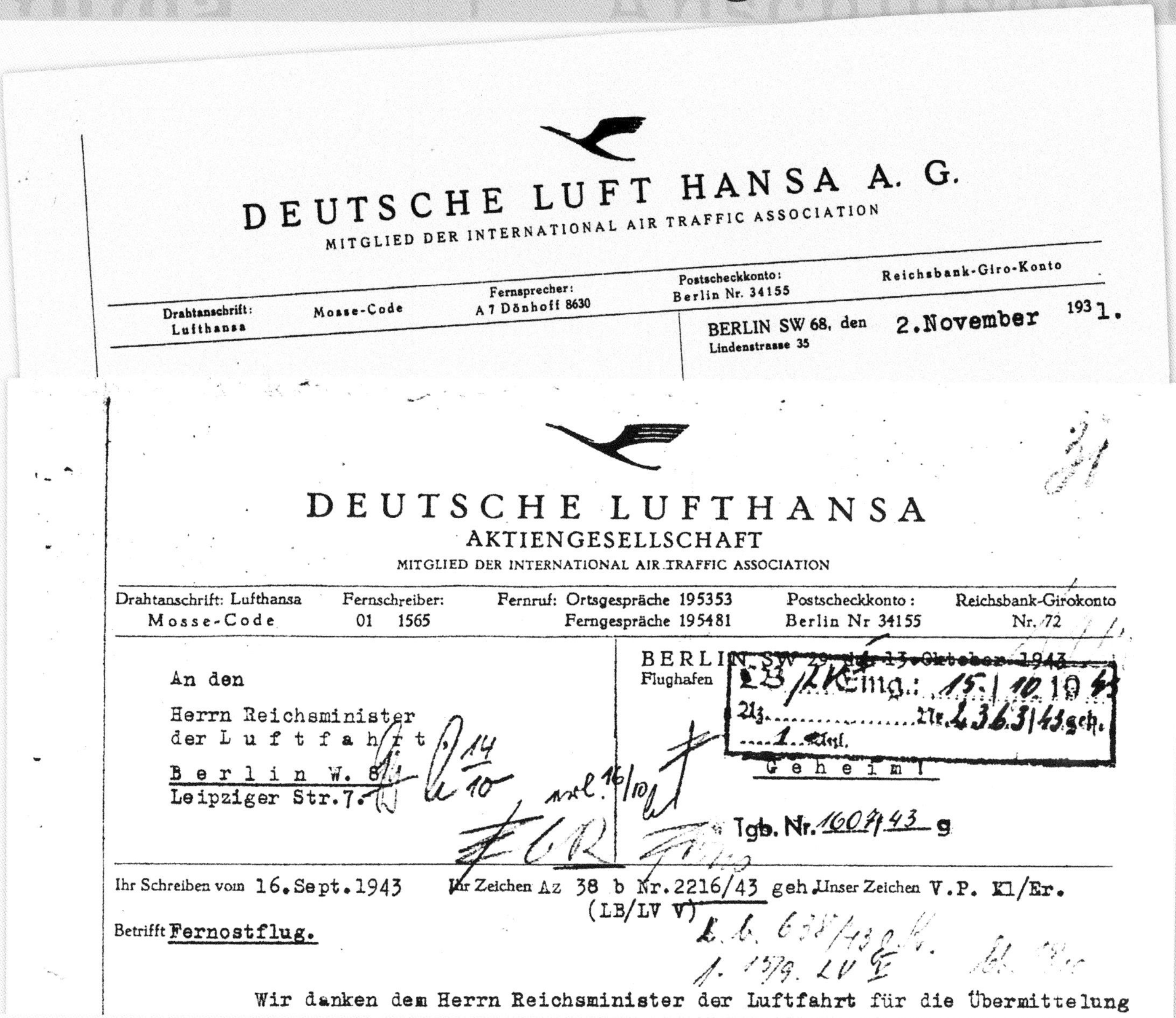

DEUTSCHE LUFT HANSA A. G.
MITGLIED DER INTERNATIONAL AIR TRAFFIC ASSOCIATION

Drahtanschrift: Lufthansa | Mosse-Code | Fernsprecher: A 7 Dönhoff 8630 | Postscheckkonto: Berlin Nr. 34155 | Reichsbank-Giro-Konto

BERLIN SW 68, den 2. November 1931.
Lindenstrasse 35

DEUTSCHE LUFTHANSA
AKTIENGESELLSCHAFT
MITGLIED DER INTERNATIONAL AIR TRAFFIC ASSOCIATION

Drahtanschrift: Lufthansa Mosse-Code | Fernschreiber: 01 1565 | Fernruf: Ortsgespräche 195353 Ferngespräche 195481 | Postscheckkonto: Berlin Nr 34155 | Reichsbank-Girokonto Nr. 72

BERLIN SW 29, den 13. Oktober 1943
Flughafen

An den
Herrn Reichsminister
der Luftfahrt
Berlin W. 8
Leipziger Str. 7.

Eing.: 15/10 1943
Nr. 4363/43 geh.

Geheim!

Tgb. Nr. 1604/43 g

Ihr Schreiben vom 16. Sept. 1943 Ihr Zeichen Az 38 b Nr. 2216/43 geh (LB/LV V) Unser Zeichen V.P. Kl/Er.

Betrifft Fernostflug.

Wir danken dem Herrn Reichsminister der Luftfahrt für die Übermittelung

Die Verwendung von Codes ist natürlich keineswegs auf die Luftfahrt beschränkt, wie das vorhergehende Kapitel vielleicht glauben ließe. Jeder Buchstabe und jedes Schriftzeichen dient letztlich einer zumindest vorübergehenden Erhaltung des flüchtigen gesprochenen Worts. Üblicherweise werden Codes aber zur Vereinfachung der Kommunikation verwendet, sei es in Form von Abkürzungen oder als willkürlich beziehungsweise systematisch festgelegte Merkmale. Auch in dieser Hinsicht ist Lufthansa in der einen oder anderen Weise erfasst. Um deshalb die Antwort auf die als Überschrift dieses Kapitels gestellte, vielleicht doch etwas sonderbare Frage gleich vorweg zu nehmen: Beides, sowohl „YUHFC“ wie auch „0/0257/330“, steht für „Deutsche Lufthansa“. Mit dem Flugbetrieb oder selbst ganz allgemein mit dem Luftverkehr hat allerdings weder das eine noch das andere unmittelbar etwas zu tun. Die beiden Codes entstanden außerdem zu verschiedenen Zeiten und auch aus völlig unterschiedlichen Gründen.

In den 1920er Jahren ist von Globalisierung oder gar von Digitalisierung noch keine Rede.

Ein Hinweis an ihre Geschäftspartner, dass Lufthansa auch mit dem „Mosse-Code“ arbeitet, findet sich im Briefkopf, hier auf Schreiben aus den Jahren 1931 und 1943.

Auch lange nach dem Tod seines Gründers 1920 stellt der Rudolf Mosse-Konzern – hier eine Briefsendung der Münchner Niederlassung von 1925 – noch bis zur nationalsozialistischen „Machtergreifung“ ein bedeutendes Unternehmen dar.

Doch bereits damals sieht man erhebliche Vorteile in einer weltweit vereinfachten Kommunikation für Handel und Wirtschaft. So wird – spätestens ab 1929 und bis 1945 – in bestimmten telegraphisch übermittelten Geschäftskorrespondenzen anstelle des Firmennamens „Deutsche Lufthansa“ der Code „YUHFC“ verwendet. Dass auf diese Weise verfahren wird, darauf weist die Fluggesellschaft selbst in der „Symbolleiste“ ihres vorgedruckten Geschäftsbriefkopfes hin. Neben der „Drahtanschrift : Lufthansa“, also so etwas wie der „E-Mail-Adresse“ jener Zeit, findet sich deshalb dort auch der ergänzende Hinweis „Mosse-Code“. Und um diesen geht es hier zunächst einmal. Rudolf Mosse, dessen wirtschaftlicher Erfolg mit dem Aufbau eines Anzeigengeschäfts für Zeitungen und Zeitschriften begonnen hat, ist zum Ende des 19. Jahrhunderts einer der bedeutendsten Verleger Deutschlands. Von seinem Berliner Verlag mit inzwischen zahlreichen Zweignie-

Rudolf Mosse-Code

mit

Mosse-Condenser

verfasst
im Auftrage der Telegramm-Kürzer-Ges. m. b. H.
unter Mitwirkung der Continental-Telegraphen-Compagnie
und der Code-Abteilung Rudolf Mosse
von J. Kähler

Dass sich gleich mehrere Firmen damit beschäftigen, unterstreicht die in den 1920er Jahren als höchst wichtig eingeschätzte Rolle der telegrafischen Kommunikation im Geschäftsleben.

derlassungen im In- und Ausland wird 1922 schließlich auch der „Rudolf Mosse-Code“ herausgegeben, zur allgemeinen Anwendung in weiten Wirtschaftskreisen empfohlen und auch eingeführt. Sinn und Zweck des Codes sind in erster Linie Einsparungen im Telegrammverkehr durch Verkürzung des zu übermittelnden Textes. Für alle im Geschäftsleben möglichen und denkbaren Vorgänge, Vereinbarungen, Regelungen, Fragestellungen, Zeit- und Mengenangaben, Städte und Länder stehen anstelle des ausgeschriebenen Textes jeweils fünfbuchstabige Codegruppen. Davon werden, da ein beim Telegraphenamt zu bezahlendes „Taxwort“ maximal aus zehn Buchstaben bestehen darf, dann zudem jeweils zwei zu einer solchen größtmöglichen und gleichzeitig kos-

kosab ..	28. März
koser ...	29. „
kosfi ...	30. „
koshy ..	31. „
kosim ..	März anfangend
kosmo ..	„ endigend
kosoc ..	„ dieses Jahres
kosue ..	„ vorigen Jahres
kosvu ..	„ nächsten Jahres
kosya ..	„ oder April
kotaa ..	„ und April
kotbi ...	Im Laufe des März
kotep ...	Anfang März
kotho ..	„ bis Mitte März
kotiw ..	Mitte März
kotlu ...	„ bis Ende März
kotol ...	„ März/Mitte April
kotsy ..	Ende März
kotte ...	„ „ /Anfang April
kotud ..	Erste Woche März
kotyc ...	Zweite „ „
kouat ..	Dritte „ „
kouem ..	Letzte „ „
kough ..	Erste Hälfte „
koulb ..	Zweite „ „
kounn ..	Erstes Drittel „
kouov ..	Zweites „ „
koupp ..	Drittes „ „
kouru ..	Bis März
kouso ..	„ Anfang März
kouwy ..	„ Mitte „
kouye ..	„ Ende „
kouzz ..	Von März ab
kovau ..	„ Anfang März ab
kovbe ..	„ Mitte „ „
kovci ...	„ Ende „ „
kovef ...	Bestimmt März
kovip ..	„ Anfang März
kovly ...	„ Mitte „
kovos ..	„ Ende „
kovta ..	Frühestens März
kovuc ..	„ erste Hälfte März
kovvo ..	„ Mitte März
kovyv ..	„ zweite Hälfte März
kowak ..	Gegen Anfang März
kowdu ..	„ Mitte März
kowet ..	„ Ende „
kowfa ..	Garantiert März
kowib ..	„ erste Hälfte März
kowlo ..	„ zweite „ „
kowoh ..	Nicht vor März
kowpe ..	Spätestens März
kowry ..	„ erste Hälfte März
kowul ..	„ Mitte März
kowwi ..	„ zweite Hälfte März
kowys ..	Ultimo März
koxay ..	Vor März unmöglich
koxba ..	„ Anfang März unmöglich
koxce ..	„ Mitte „ „
koxeu ..	„ Ende „ „
koxif ...	Voraussichtlich März
koxmi ..	„ Anfang März
koxom ..	„ erste Hälfte März
koxro ..	„ Mitte März
koxuv ..	„ zweite Hälfte März
koxyh ..	„ Ende März
koyao ..	März /April
koydy ..	„ / „ /Mai
koyek ..	„ / „ / „ /Juni
koyhi ..	„ / „ / „ / „ /Juli
koyit ...	„ / „ / „ / „ / „ /August
koylg ..	„ / „ / „ / „ / „ / „ / Sept.
koynf ..	„ /April /Mai /Juni /Juli /August / Sept. /Okt.
koyow ..	„ /April /Mai /Juni /Juli /August / Sept. /Okt. /Nov.
koypa ..	„ /April /Mai /Juni /Juli /August / Sept. /Okt. /Nov. /Dez.
koyrx ..	„ /April /Mai /Juni /Juli /August / Sept. /Okt. /Nov. /Dez. /Jan.
koyus ..	„ /April /Mai /Juni /Juli /August / Sept. /Okt. /Nov. /Dez. /Jan. /

Nicht nur für jeden einzelnen Tag des Jahres gibt es einen „Mosse-Code“. Bezogen auf jeden einzelnen Monat werden auch noch unterschiedlichste andere Zeitrahmen detailliert verschlüsselt.

Die hervorzuhebenden Aspekte und Vorteile des „Rudolf Mosse-Codes“ beschreibt der herausgebende Verlag in einem kurzen Vorwort zur Benutzungsanleitung und Codezusammenstellung.

VORWORT

Im internationalen Telegrammverkehr werden Wörter bis zur Länge von 10 Buchstaben als ein Taxwort gerechnet, wenn dieses nach den internationalen Vorschriften zusammengesetzt ist. Alle Codewörter des Rudolf Mosse-Codes erfüllen diese Vorschriften; es lassen sich also zwei beliebige Codewörter von 5 Buchstaben des Rudolf Mosse-Codes durch einfaches Aneinanderhängen zu einem Telegramm-Taxwort vereinigen. Sämtliche Codewörter des Rudolf Mosse-Codes unterscheiden sich voneinander durch mindestens 2 Buchstaben — die grösstmögliche Sicherheit, die ein Code bieten kann. Der Buchstabe „q“ ist in keinem der Codewörter enthalten, da er für sich allein nicht aussprechbar ist.

Bei der Einführung des „Rudolf Mosse-Codes“ 1922 wird der noch kaum entwickelte Luftverkehr hinsichtlich der Verschlüsselung verständlicherweise nur in geringem Maß berücksichtigt.

fusyn ...	**Flugzeug**
futac ...	Abgang des Flugzeuges (Nr. —) verzögert sich wegen —
futda ...	Anschlussflugzeug
futed ...	„ gestartet
futiz ...	Bitten, mit Flugzeug zu senden
futky ...	Empfehlen, Flugzeug zu benutzen
futni ...	Flugverkehr (zwischen — und — oder mit —)
futox ...	Flugzeug (Nr. —) bleibt liegen
futtu ...	„ („ —) fällt aus
futuk ...	„ („ —) „ „ , Post geht mit Bahn
futyo ...	„ („ —) geht planmässig ab
futze ...	„ („ —) gelandet
fuubt ...	Flugzeug (Nr. —) gestartet
fuuji ...	„ („ —) kann nicht weiter starten (wegen —)
fuuko ...	„ („ —) mit — Passagieren gestartet
fuuls ...	„ („ —) mit Post gestartet
fuunz ...	„ („ —) „ „ und Passagieren
fuuog ...	„ („ —) noch nicht eingetroffen
fuupf ...	„ („ —) notgelandet
fuurv ...	„ („ —) weitergestartet
fuvav ...	Flughafen

tengünstigen Übermittlungseinheit zusammengefügt. Zahlen können im Telegrammverkehr eigentlich offen, also unverschlüsselt, verwendet werden, doch auch hier wird die Umwandlung in Buchstaben angeraten, allein schon um folgenschwere Irrtümer aufgrund möglicher Verstümmelungen bei der Übertragung der Meldung auszuschließen. Die Umwandlung von Zahlen in Buchstabencodes und umgekehrt geschieht mit Hilfe eines „Mosse-Condenser“ genannten Systems. Der Hinweis, dass eine Firma den „Mosse-Condenser“ verwendet, wird dem Empfänger eines Telegramms mit dem Code „ebyai“ mitgeteilt, die Aufforderung an ein anderes Unternehmen, seinerseits den „Mosse-Condenser“ einzusetzen, mit „ebxyb“.

Zunächst noch kaum Berücksichtigung im „Rudolf Mosse-Code“ findet der Luftverkehr, begann dieser doch erst wenige Jahre vor der Einführung des Codes und spielt somit in der Wirtschaft und im Transportwesen bislang noch keine besondere Rolle. Immerhin tauchen 1922 – neben einer kurzen Liste unter dem Schlagwort „Flugzeug“ – bereits Begriffe auf wie Flieger (furku), Luftverkehrsgesellschaft (keyyf), Passagierflugzeug (fuvoi), Passagier (miryb) und Passagierverkehr (missa), wobei die beiden letztgenannten sich wohl noch ausschließlich auf die Seefahrt beziehen, ebenso wie Besatzung (cujve), Kapitän (innes) und Maschinist (kromf).

Höchst vielfältig sind die Codes in Bezug auf Fracht (gaahd). Ganz besonders natürlich bei den Frachtraten (gakxi), denn dabei geht es um Kosten, einen der wohl wichtigsten Faktoren in Handel und Wirtschaft. Ebenso werden zahlreiche Städte aus der ganzen Welt bereits verschlüsselt. Auch dafür hier einige Beispiele:

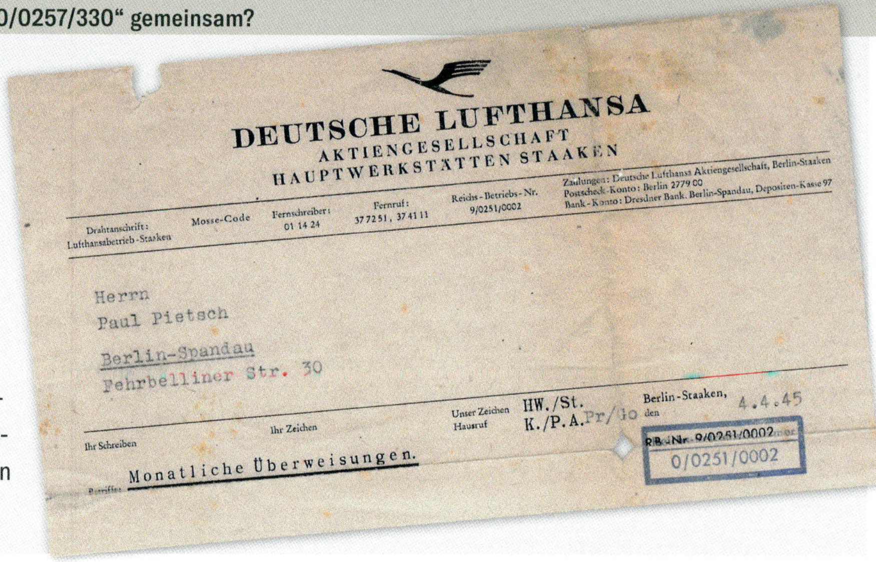

DEUTSCHE LUFTHANSA
AKTIENGESELLSCHAFT
HAUPTWERKSTÄTTEN STAAKEN

Drahtanschrift: Lufthansabetrieb-Staaken | Mosse-Code | Fernschreiber: 01 14 24 | Fernruf: 37 72 51, 37 41 11 | Reichs-Betriebs-Nr. 9/0251/0002 | Zahlungen: Deutsche Lufthansa Aktiengesellschaft, Berlin-Staaken; Postscheck-Konto: Berlin 2779 00; Bank-Konto: Dresdner Bank, Berlin-Spandau, Depositen-Kasse 97

Herrn
Paul Pietsch
Berlin-Spandau
Fehrbelliner Str. 30

Ihr Schreiben | Ihr Zeichen | Unser Zeichen HW./St. | Hausruf K./P.A.Pr/Go | Berlin-Staaken, den 4.4.45

RB.-Nr. 9/0251/0002
0/0251/0002

Betriff: Monatliche Überweisungen.

Beim Neudruck dieses Briefformulars 1944 wird die alte Version der „Reichs-Betriebs-Nummer“ 9/0251/0002 in der „Symbolleiste“ sowie unter der Absenderadresse vermerkt. Der spätere Stempelaufdruck markiert die Änderung der ersten Ziffer von 9 in 0.

yxpep	Berlin
yxumi	Buenos Aires
yzist	Frankfurt am Main
yzubs	Havanna
zaike	Mandalay
zalua	München
zaulz	Quebec
zecaa	Swakopmund

Zum „Rudolf Mosse-Code“ von 1922 erscheint 1929 eine Ergänzung, worin nun unter anderem auch die 1926 entstandene Deutsche Lufthansa (YUHFC – siehe Kapitelüberschrift) sowie zwei ihrer Beteiligungsgesellschaften aufgeführt sind, die spanische Fluggesellschaft Iberia (YUHMV) und die Deutsch-Russische Luftverkehrsgesellschaft Deruluft (YUHDI).

Der vorstehend beschriebene „Rudolf Mosse-Code“ hat mit dem flugbetrieblichen Telegramm-, Funk- und Fernmeldedienst allerdings nichts zu tun. Dort gelten Regeln und Abkürzungen, die im Wesentlichen auf die Londoner Funkkonferenz von 1912, den Washingtoner Weltfunkvertrag von 1927, das Pariser Luftfahrtabkommen von 1932 und nicht zuletzt auf die – bislang allerdings im Wesentlichen europäische Organisation – IATA zurückgehen, also hauptsächlich auf zwischenstaatliche Vereinbarungen und Verträge. Diese luftfahrtbezogenen Codes und Abkürzungen werden im vorangegangenen Kapitel „Geheimnisvolle Codes des Luftverkehrs“ näher beschrieben.

Es ist anzunehmen, dass von der unter Verwendung des „Mosse-Codes“ erledigten Geschäftskorrespondenz der „alten“ Lufthansa keine Belege überliefert sind. Das bei Kriegsende in der ehemaligen Hauptverwaltung der Fluggesellschaft am Berliner Flughafen Tempelhof vorhandene Aktenmaterial wurde – vermutlich noch 1945 – in einer Verbrennungsaktion der dort inzwischen anwesenden amerikanischen Militäreinheit weitgehend vernichtet.

Einen ganz anderen Hintergrund hat der zweite in der Kapitelüberschrift erwähnte Code „0/0257/330“. Genau genommen gelten diese „Reichs-Betriebs-Nummern“ – um eine solche handelt es sich hier – jedoch jeweils nur für einen bestimmten Teilbereich der Lufthansa. Eine Erklärung zu dieser Art von Codes gibt die im Allgemeinen gut informierte schweizerische „Interavia" in ihrer Ausgabe vom 17. September 1942. Diese regelmäßig erscheinende Publikation über das Flugwesen weltweit und, wie sich hier zeigt, in gewissem Maß über angrenzende Gebiete, schreibt unter dem Stichwort „Deutschland: Totale Kriegswirtschaft": „Zur Vereinfachung der Lenkung der Rüstungsindustrie wurden die einzelnen Betriebe durch eine Verordnung des Reichsministers für Bewaffnung und Munition ‚durchnummeriert': Der Name des einzelnen Werks tritt aus Vereinfachungsgründen in den Hintergrund und wird durch eine Zahl ersetzt. Diese Zahl ist ein Schlüsselzeichen, das den örtlichen Kreis und den Wirtschaftszweig erkennen lässt und gleichzeitig angibt, der wievielte Betrieb dieses Wirtschaftszweiges das in Rede stehende Unternehmen ist." Bei Lufthansa dauert es offenbar noch etwas, bis auch hier diese „Reichs-Betriebs-Nummern" – abgekürzt auch „RB-Nr." – eingeführt werden. Auf einigen im Jahr 1943 neu gedruckten Briefformularen sind sie noch nicht vermerkt. Erst auf Neudrucken von 1944 erscheint dann ein entsprechender Hinweis, teils in der „Symbolleiste" des Briefkopfes, teils neben oder unter der Absenderadresse oder auch im Rahmen der aktienrechtlichen Eintragungen am unteren Ende des Formulars. Zunächst beginnen die bei allen Betriebsbereichen der Lufthansa verwendeten Codes durchweg mit der Ziffer 9. Im Lauf des Jahres 1944 wird diese durch die Ziffer 0 ersetzt. Die meisten Briefformulare weisen danach einen blauen, grünen oder violetten Stempelaufdruck mit der insoweit korrigierten „Reichs-Betriebs-Nummer" auf. Bekannt sind die folgenden Codes:

0/0257/0330	Hauptverwaltung Berlin-Tempelhof
0/0257/0331	Überholungswerkstätten Berlin-Tempelhof
0/0257/0332	Bezirksleitung Mitte Berlin-Tempelhof
0/0251/0002	Hauptwerkstätten Berlin-Staaken (einschließlich Abt. Werneuchen)
0/0020/0003	Werkstätten Königsberg
0/0850/0475	Bezirksleitung Süd München
0/0351/0002	Werkstätten Schkeuditz
0/0752/5014	Werkstätten Stuttgart-Böblingen
0/0757/0100	Werkstätten Stuttgart-Echterdingen
0/0499/0001	Werkstätten Travemünde
0/1000/0099	Bezirksleitung Südost Wien

DEUTSCHE LUFTHANSA
AKTIENGESELLSCHAFT
WERKSTÄTTEN KÖNIGSBERG/PR.
KÖNIGSBERG/PR., den 9.1.194
RB-Nr. 0/0020/0003

DEUTSCHE LUFTHANSA
AKTIENGESELLSCHAFT
Reichs-Betriebs-Nummer 9/0257/0330
BERLIN SW 29, den 21. August 44

DEUTSCHE LUFTHANSA
AKTIENGESELLSCHAFT
WERKSTÄTTEN STUTTGART
Reichs-Betriebs-Nummer 0/0752/5014
K./P.A./Da./Ma.
Böblingen 27.6.44
Arbeitsurlaub

DEUTSCHE LUFTHANSA
AKTIENGESELLSCHAFT
BEZIRKSLEITUNG SÜD
Reichs-Betriebs-Nummer 0/0850/0475
Drahtanschrift: Lufthansa
München 19, den 3. November 1944

Nur von wenigen Arbeitsbereichen der „alten" Lufthansa ist heute noch die „Reichs-Betriebs-Nummer" durch Schriftstücke belegt, außer von der Hauptverwaltung im Wesentlichen von Werkstätten und einigen Bezirksleitungen.

Verkehrsflugzeuge mit Zivilkennzeichen – Lufthansa-Flotte oder Reichseigentum?

In Abwandlung einer gebräuchlichen Redewendung unserer Zeit muss man bei der in der Überschrift angesprochenen Frage wohl feststellen, dass nicht immer drin ist, was der äußere Anschein zunächst vielleicht vermuten lässt. Und dies gilt sicher auch ganz besonders für die Jahre 1933 – 1945 des Deutschen Reichs, als Verschleierung, Geheimhaltung und Täuschung bei der militärischen Aufrüstung eine wichtige Rolle spielten. Verständlicherweise führte dies schon damals zu Irrtümern.

So wird die Meldung, dass seit dem 24. Februar 1939 ein deutsches Verkehrsflugzeug mit dem zivilen Kennzeichen *D-ALUS* über dem westlichen Mittelmeer zwischen den Balearen und Genua vermisst sei, von der Presse zunächst als möglicher Lufthansa-Unfall kommentiert. Erst Tage später entdeckt man die durch Bruch und Feuer weitgehend zerstörte Junkers Ju 52 in den Seealpen, in etwa 1800 m Höhe rund 75 km nördlich von Nizza. Keiner der zehn Insassen hat den Unfall überlebt. Wie schnell klar wird, handelte es sich keineswegs um einen Lufthansa-Flug, sondern offenbar um einen militärischen Dienstflug des RLM. Und dass dessen Reiseflugzeuge zivile Kennzeichen tragen, ist grundsätzlich nicht ungewöhnlich, zumal das Ministerium selbst ja auch eine zivile Behörde ist. Doch spätestens seit Mitte der 1930er Jahre zeigt sich, dass in dieser Hinsicht gegenüber der Öffentlichkeit einiges anders dargestellt wird, als es in Wirklichkeit ist.

Von Verkehrsflugzeugen mit deutschen Zivilkennzeichen wird vielfach wie selbstverständlich angenommen, dass sie Lufthansa gehören. Tatsächlich sind sie aber oft Reichseigentum, wie auch die hier abgebildete *D-ALUS*.

In den „Nachrichten für Luftfahrer“ (NfL) vom 13. Juli 1935 sind alle Luftfunkstellen des deutschen Luftverkehrs aufgelistet, wobei das jeweilige Flugzeugkennzeichen als „Name der Funkstelle und Rufzeichen“ gilt. Neben einigen weiteren Anmerkungen werden auch die Eigentümer der insgesamt 185 aufgezählten Flugzeuge erwähnt, neunmal die Deutsch-Russische Luftverkehrsgesellschaft, kurz „Deruluft“, und ansonsten ausschließlich „DLH“, also die Deutsche Lufthansa. Tatsächlich sind zahlreiche der genannten Flugzeuge aber keineswegs Lufthansa-Eigentum und erscheinen folglich auch nicht in den Flugzeugzellen-Bestandsnachweisen der jährlich erstellten Inventurlisten des Unternehmens. Die in den „NfL“ zusätzlich als angebliches Lufthansa-Eigentum ausgewiesenen Flugzeuge werden in Wirklichkeit auf Expressdiensten der Reichsbahn eingesetzt. Mit der Einführung dieser RB-Flüge am 1. November 1933 übertrug man allerdings deren Betriebsführung an die Lufthansa. Dies

398

1 Name der Funkstelle und Rufzeichen	2 Fabrikmarke und Baumuster	3 Normale Reisegeschwindigkeit in km/std.	Welle: 4 Art	Welle: 5 Frequenz (Wellenlänge)	6 Heimathafen	7 Eigentümer	8 Bemerkungen
1	2	3	4	5	6	7	8
			Deutschland				
DABAN	Junkers Ju 52	230	A_1 A_2	1)	Berlin	DLH	1) 500 (600 m); 375 (800 m); 333 (900 m); 322 (932 m); 327 (918 m).
DABAQ	Junkers Ju 52	230	A_1 A_2	1)	Berlin	DLH	
DABAR	Junkers G 31	170	A_1 A_2	1)	Berlin	DLH	
DABAT	Junkers Ju 52	230	A_1 A_2	1)	Berlin	DLH	
DABEL	Dornier Do F	200	A_1 A_2	1)	Berlin	DLH	2) Mit Kurzwellengerät ausgerüstet.
DABEQ	Douglas DC 2	300	A_1 A_2	1)	Berlin	DLH	
DABES	Junkers Ju 52	230	A_1 A_2	1)	Berlin	DLH	DLH = Deutsche Lufthansa A. G.
DABEX	Dornier Do F	200	A_1 A_2	1)	Berlin	DLH	
DABIK	Junkers Ju 52	230	A_1 A_2	1)	Berlin	DLH	
DABIL	Junkers G 31	170	A_1 A_2	1)	Berlin	DLH	DRU = Deutsch-Russische Luftverkehrsgesellschaft.
DABIZ	Junkers Ju 52	230	A_1 A_2	1)	Berlin	DLH	
DABON	Junkers Ju 52	230	A_1 A_2	1)	Berlin	DLH	
DABOS	Dornier Do F	200	A_1 A_2	1)	Berlin	DLH	
DADAL	Junkers Ju 52	230	A_1 A_2	1)	Königsberg/Pr.	DRU	
DADAN	Dornier Do F	200	A_1 A_2	1)	Berlin	DLH	
DADAR	Junkers G 31	170	A_1 A_2	1)	Berlin	DLH	
DADEF	Junkers Ju 52	230	A_1 A_2	1)	Berlin	DLH	
DADEK	Junkers Ju 52	230	A_1 A_2	1)	Berlin	DLH	
DADER	Junkers Ju 52	230	A_1 A_2	1)	Berlin	DLH	
DADIH	Junkers Ju 52	230	A_1 A_2	1)	Berlin	DLH	
DADIN	Junkers G 31	170	A_1 A_2	1)	Berlin	DLH	
DADIP	Junkers Ju 52	230	A_1 A_2	1)	Berlin	DLH	
DADOM	Junkers Ju 52	230	A_1 A_2	1)	Berlin	DLH	
DADUL	Dornier Do F	200	A_1 A_2	1)	Berlin	DLH	
DADUR	Junkers G 31	170	A_1 A_2	1)	Berlin	DLH	
DADYL	Junkers Ju 52	230	A_1 A_2	1)	Berlin	DLH	
DADYS	Dornier Do J II	190	A_1 A_2	1)	Berlin	DLH	
DAFAR	Dornier Do J II	190	A_1 A_2	1) 2)	Berlin	DLH	
DAFEH	Junkers Ju 52	230	A_1 A_2	1)	Berlin	DLH	
DAFEP	Junkers Ju 52	230	A_1 A_2	1)	Berlin	DLH	

In den „NfL“ vom 13. Juli 1935 – hier die erste von sieben Seiten – wird Lufthansa als Eigentümer auch von Flugzeugen angegeben, bei denen dies jedoch keineswegs zutrifft.

ist wohl auch der Grund, weshalb zumindest einzelne RB-Flugzeuge am Bug den Schriftzug „Lufthansa“ tragen. 1935 wird die Linie RB 201 Berlin-Danzig-Königsberg täglich beflogen, nur an den Werktagen die Linien RB 202 Berlin-Halle/Leipzig-Dresden-Breslau, RB 204 Berlin-München und RB 205 Berlin-Stuttgart-Frankfurt. Die Reichsbahn gilt dabei – auch gegenüber Lufthansa – aber lediglich als ein vorgeschobener Auftraggeber, denn hauptsächlich dienen diese Flüge der Ausbildung fliegerischen Militärpersonals im Rahmen des geheimen Aufbaus einer deutschen Luftwaffe. Ihre bei den RB-Flügen entstehenden Aufwendungen – Gehälter, Flugprämien, Tagesgelder und soziale Abgaben für das zur Verfügung gestellte fliegerische Personal, Bodenorganisations-

Der Schriftzug „Lufthansa“ am Bug der Reichsbahn-Ju 52 weist lediglich auf die Betriebsführung durch die Fluggesellschaft hin.

Auch die *D-AVES* ist eines der bereits 1935 in den „NfL“ fälschlicherweise der Lufthansa zugeschriebenen Flugzeuge.

Trotz des aufgemalten Flügelrads der Reichsbahn – die vielen Uniformträger weisen wohl eher auf den eigentlichen Zweck der Reichsbahnflüge hin.

Wegen aufgetretener Flugunregelmäßigkeiten befasst sich die Technische Kontrolle der Lufthansa mit diesen reichseigenen Flugzeugen. Die Besatzung des Fluges der Luftwaffen-Erprobungsstelle Rechlin ist zudem Lufthansa-Personal.

3.2.39 Ju 52 D-ADUI
E'Stelle Rechlin
Besatzung:
Schünemann, Hubrig,
Metzger.

15.2.39 Ju 52 D-AJOZ
Flug-Kommando
Besatzung:
Hecht, Kast, Schoepke.

15.2.39 Ju 52 D-APYX
Flug-Kommando
Besatzung:
Kögel, Schefinger,
Grob.

23.2.39 Ju 52 D-ABAT
Flug-Kommando
Besatzung:
Fellner, Roloff,
Feldsien.

24.3.1939 Ju 52 D-ABON
Flugkommando

und Gemeinkosten, Betriebsstoffverbrauch, Löhne für die Wartung der RB-Flugzeuge – bilanziert Lufthansa in Konsequenz zunächst als Forderungen an die Deutsche Reichsbahngesellschaft, in späteren Jahren dann aber korrekterweise als Forderungen an das Flugkommando Berlin, Abteilung Streckenschule.

Neben zehn Dornier Do F-Maschinen besteht die RB-Flotte aus 20 Junkers Ju 52. Letztere werden am 21. November 1935 auch in einem Rundschreiben der Kaufmännischen Leitung der Lufthansa aufgeführt, hier zusätzlich mit Angabe der Werknummern, die – da für den flugbetrieblichen Funkverkehr ja ohne Belang – in der „NfL"-Liste nicht erscheinen. Drei dieser RB-Flugzeuge, die Kennzeichen sind *D-ADOM*, *D-ADYL* und *D-AFIR*, waren vormals Lufthansa-Eigentum. In den Berichten zur Jahresrechnung der Fluggesellschaft erscheinen die für den RB-Dienst erbrachten Leistungen sowie entsprechende Erlöse noch einschließlich 1939. Bis dahin gelten – zumindest zeitweise – vermutlich auch die nachfolgend aufgeführten reichseigenen Ju 52 als RB-Flugzeuge:

W/N 5591	*D-ADES*
W/N 5814	*D-AEHE*
W/N 6017	*D-AFII*
W/N 5592	*D-AHYR*
W/N 5647	*D-AJOZ*
W/N 5445	*D-AJYA*
W/N 5011	*D-ALEF*
W/N 5430	*D-ALEU*
W/N 5210	*D-ALUS*
W/N 6015	*D-AMYM*
W/N 5526	*D-ANUA*
W/N 5811	*D-AOLO*
W/N 5648	*D-APUS*
W/N 5750	*D-AREY*
W/N 5414	*D-ASYE*
W/N 5730	*D-AVAE*
W/N 5450	*D-AVYO*

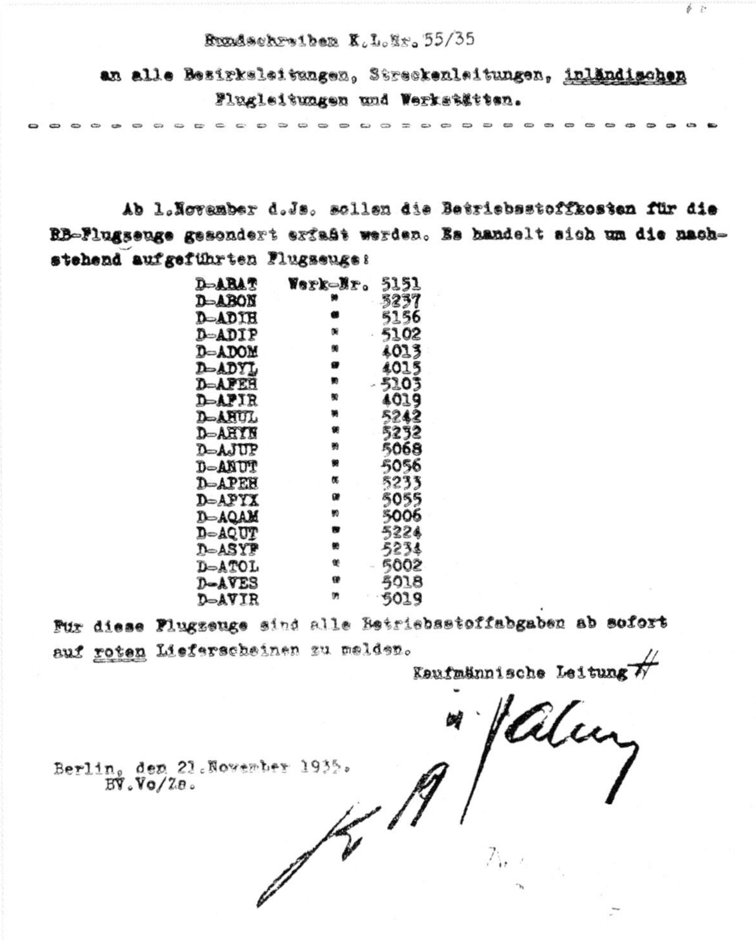

Rundschreiben K.L.Nr. 55/35

an alle Bezirksleitungen, Streckenleitungen, inländischen Flugleitungen und Werkstätten.

Ab 1.November d.Js. sollen die Betriebsstoffkosten für die RB-Flugzeuge gesondert erfaßt werden. Es handelt sich um die nachstehend aufgeführten Flugzeuge:

D-ABAT	Werk-Nr.	5151
D-ABON	"	5237
D-ADIH	"	5156
D-ADIP	"	5102
D-ADOM	"	4013
D-ADYL	"	4015
D-AFEH	"	5103
D-AFIR	"	4019
D-AHUL	"	5242
D-AHYN	"	5232
D-AJUP	"	5068
D-ANUT	"	5056
D-APEH	"	5233
D-APYX	"	5055
D-AQAM	"	5006
D-AQUT	"	5224
D-ASYF	"	5234
D-ATOL	"	5002
D-AVES	"	5018
D-AVIR	"	5019

Für diese Flugzeuge sind alle Betriebsstoffabgaben ab sofort auf roten Lieferscheinen zu melden.

Kaufmännische Leitung

Berlin, den 21.November 1935.
BV.Vo/Ze.

Und hierbei taucht, wie man sieht, auch die bereits eingangs dieses Kapitels schon einmal erwähnte *D-ALUS* auf. Für Lufthansa aber nicht unbedingt eine Freude ist bei den RB-Maschinen das kaum planbare Arbeitsaufkommen der Werkstätten, wie die Bezirksleitung Mitte in ihrem Technischen Bericht Juli-Dez. 1938 ausführt: „Schwierigkeiten bereitete in Tempelhof mitunter die Wartung fremder Flugzeuge, die in das Großwartungsprogramm eingeschlossen sind. Sämtliche Flugzeuge der Streckenschule (RB) werden seit Beginn des Winterluftverkehrs ebenso wie alle Lufthansaflugzeuge großgewartet. Dabei ergibt sich der Nachteil, dass die Leitung der Streckenschule kein festes Flugprogramm bekanntgibt. Es gibt Zeiten, in denen die Streckenschule mit sämtlichen Flugzeugen Schulbetrieb macht und kaum ein Flugzeug zur Wartung zur Verfügung stellen kann. Ebenso plötzlich wird der RB-Betrieb wieder eingestellt, sodass notgedrungen Leerlaufzei-

Die fliegerische und wartungstechnische Betriebsführung der Reichsbahn-Flugdienste liegt – gegen entsprechendes Entgelt – bei der Lufthansa.

Ju 52 D - A L E U Werk-Nr. 5430.

Teilüberholung in der Zeit
vom 21.5. - 24.6.37.

Ju 52 D - A L U S Werk-Nr. 5210.

Teilüberholung in der Zeit
vom 23.6. - 21.7.37.

Ju 52 D - A N U A Werk-Nr. 5526.

Teilüberholung und Sondereinbauten in der Zeit
vom 30.4. - 28.5.37.

Ju 52 D - A R E Y Werk-Nr. 5750.

Teilüberholung und Sondereinbauten in der Zeit
vom 14.6. - 15.7.37.

Ju 52 D - A S Y E Werk-Nr. 5414.

Grundüberholung und Sondereinbauten in der Zeit
vom 6.4. - 10.5.37.

Ju 52 D - A V A E Werk-Nr. 5730.

Sondereinbauten in der Zeit
vom 21.5. - 17.6.37.

Ju 52 D - A X A P Werk-Nr. 5785.

Sondereinbauten in der Zeit
vom 13.5. - 10.6.37.

Ju 52 D - A Z I R Werk-Nr. 1301 (D-AFII).

Grundüberholung und Sondereinbauten in der Zeit
vom 5.2. - 21.5.37.

Mehrere reichseigene Langstrecken-Ju 52 befinden sich 1937 zwecks technischer Maßnahmen in den Lufthansa-Werkstätten. Die Kosten werden mit dem RLM, Abt. LC III Fla., abgerechnet.

ten entstehen müssen. Wir baten darum, mit der Streckenschule klare Vereinbarung zu treffen. Die Betriebsleitung Tempelhof ist bei dem augenblicklichen Personalstand in der Lage, etwa 10 Ju 52-Flugzeuge der Streckenschule einwandfrei zu warten. Darüber hinaus können 4 Ju 52-Flugzeuge der Langstrecke, welche unter dem Kommando der Streckenschule steht, in das Großwartungsprogramm eingeschlossen werden. Trotz dieser Festlegung schult die Streckenschule mitunter mit 15 Ju 52-Flugzeugen. (…) Es wird infolgedessen nochmals auf die dringende Notwendigkeit klarer Vereinbarungen mit der Streckenschule hingewiesen."

Außer den Deruluft-, Lufthansa- und RB-Flotten gibt es Mitte der 1930er Jahre aber auch noch weitere Ju 52 mit Zivilkennzeichen. So zeigt ein Foto beispielsweise die zu dieser Zeit verwendeten Zulassungen *D-ABYT*, *D-ADUP*, *D-AGEP*, *D-ARUQ* und *D-AXIS*. Die Streifenflagge – schwarz-weiß-rot – auf der rechten Seite des Leitwerks sowie die Buchstabenkennzeichen belegen, dass die Aufnahme um 1934/35 entstand. Von der *D-AXIS*, jetzt offenbar in der Rolle als Reiseflugzeug der Luftwaffe, liegt noch ein weiteres Bild vor. Eine gleiche Verwendung fand wohl auch die *D-ANXR*. Von dieser Ju 52 sowie von einer ganzen Reihe weiterer gibt es ebenso entsprechende Aufnahmen.

Kaum Informationen stehen zur Verfügung über die zivilen Kennzeichen der 1936 für die Legion Condor überführten Luftwaffen-Flugzeuge – 20 Junkers Ju 52 –, die im militärischen Einsatz dann aber entsprechende spanische Markierungen trugen. Zum Ende des Spanischen Bürgerkriegs hält der ehemalige Legion Condor-Flugleiter in Sevilla noch schriftlich fest: „Die letzten Kuriermaschinen der Legion Condor, die in Zaragoza gelandet sind, waren die *D-AOLP* und die *D-ARVD*, die am 17.5.39 um 18,18 und 18,30 dort eintrafen. (…) Die Fracht der *D-AOLP* ist am selben Tage mit der Postmaschine nach Leon abgegangen, die Fracht der *D-ARVD* wurde am nächsten Tage mit derselben Maschine nach Santander gebracht. Die Kuriermaschinen sind dann am 19.5.39 um 6.00 Uhr nach Deutschland zurückgestartet." Eindeutig der Tarnung dient 1939 die zivile Zulassung einer Reihe von Luftwaffen-Flugzeugen der Muster Heinkel He 111 und Junkers Ju 52. Diesmal wird dafür nicht der Name Lufthansa miss-

Um 1934/35 weist so manche Ju 52 eine zivile Bemalung auf, ohne aber wirklich für den zivilen Flugdienst bestimmt zu sein.

Für höhere Dienstgrade finden die *D-AXIS* und die *D-ANXR* [S. 106] offenbar als Reisemaschinen der Luftwaffe Verwendung.

Zivil zugelassene Ju 52 mit einem schwarzen Abgasstreifen über der Tragflächenwurzel – hier bei der *D-ATIH* gut zu sehen – sind im Allgemeinen Luftwaffenmaschinen. Die *D-AZYZ* trug auch das Kennzeichen *RM+AB*.

D-AZYZ

D-ARIS

I
ANUT
II

Verbindungsflüge der Legion Condor zwischen Deutschland und Spanien werden bis 1939 offenbar durch Flugzeuge mit ziviler Zulassung durchgeführt.

braucht, sondern in diesen Fällen tritt als vorgeblicher Eigentümer der Reichsverband der deutschen Luftfahrtindustrie auf. Tatsächlichen Einsatz finden zunächst einige dieser in den „NfL" vom Mai 1939 aufgeführten Flugzeuge dann bei der Luftwaffen-Langstreckenschule Koethen auf Flügen zwischen Deutsch-

510

39/24. 7—

1 Staatszugehörigkeits- und Eintragungszeichen	2 Eigentümer des Flugzeugs	3 Musterbezeichnung des Flugzeugs	4 Motorenmuster	5 Art	6 Klasse	7 Bemerkungen
1	2	3	4	5	6	7
D ARJF	Deutsches Reich, vertreten durch den Jugendführer des Deutschen Reiches, Berlin	Ju 86 Z-2	BMW 132 H 1	Land	C	
D AFBN	Reichsverband der deutschen Luftfahrtindustrie, Berlin	He 111 H-1	Jumo 211 A	Land	C	
D ASPT	Reichsverband der deutschen Luftfahrtindustrie, Berlin	Ju 52/3 m g 4 e	BMW 132 A 3	Land	C	
D AQGN	Reichsverband der deutschen Luftfahrtindustrie, Berlin	Ju 52/3 m g 4 e	BMW 132 A 3	Land	C	
D ABVK	Reichsverband der deutschen Luftfahrtindustrie, Berlin	He 111 P	DB 601 A	Land	C	
D AESR	Reichsverband der deutschen Luftfahrtindustrie, Berlin	He 111 P	DB 601 A	Land	C	
D ACLA	Reichsverband der deutschen Luftfahrtindustrie, Berlin	He 111 H-1	Jumo 211 A	Land	C	
D AHSA	Reichsverband der deutschen Luftfahrtindustrie, Berlin	He 111 H-1	Jumo 211 A	Land	C	
D ACAH	Reichsverband der deutschen Luftfahrtindustrie, Berlin	He 111 H-1	Jumo 211 A	Land	C	
D AXFD	Reichsverband der deutschen Luftfahrtindustrie, Berlin	He 111 H-1	Jumo 211 A	Land	C	
D AEOL	Reichsverband der deutschen Luftfahrtindustrie, Berlin	He 111 H-1	Jumo 211 A 1	Land	C	
D AVHB	Reichsverband der deutschen Luftfahrtindustrie, Berlin	He 111 H-1	Jumo 211 A 1	Land	C	

In den „NfL" vom Mai 1939 wird der Reichsverband der deutschen Luftfahrtindustrie als Eigentümer aufgeführt für Flugzeuge, die jedoch tatsächlich für Luftwaffeneinsätze bestimmt sind.

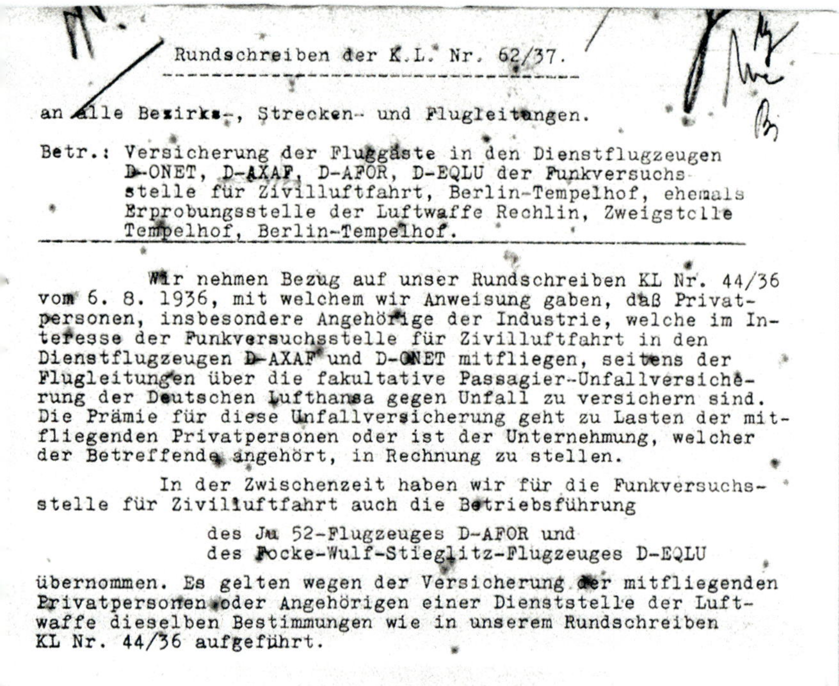

Rundschreiben der K.L. Nr. 62/37.

an alle Bezirks-, Strecken- und Flugleitungen.

Betr.: Versicherung der Fluggäste in den Dienstflugzeugen D-ONET, D-AXAF, D-AFOR, D-EQLU der Funkversuchsstelle für Zivilluftfahrt, Berlin-Tempelhof, ehemals Erprobungsstelle der Luftwaffe Rechlin, Zweigstelle Tempelhof, Berlin-Tempelhof.

Wir nehmen Bezug auf unser Rundschreiben KL Nr. 44/36 vom 6. 8. 1936, mit welchem wir Anweisung gaben, daß Privatpersonen, insbesondere Angehörige der Industrie, welche im Interesse der Funkversuchsstelle für Zivilluftfahrt in den Dienstflugzeugen D-AXAF und D-ONET mitfliegen, seitens der Flugleitungen über die fakultative Passagier-Unfallversicherung der Deutschen Lufthansa gegen Unfall zu versichern sind. Die Prämie für diese Unfallversicherung geht zu Lasten der mitfliegenden Privatpersonen oder ist der Unternehmung, welcher der Betreffende angehört, in Rechnung zu stellen.

In der Zwischenzeit haben wir für die Funkversuchsstelle für Zivilluftfahrt auch die Betriebsführung

des Ju 52-Flugzeuges D-AFOR und
des Focke-Wulf-Stieglitz-Flugzeuges D-EQLU

übernommen. Es gelten wegen der Versicherung der mitfliegenden Privatpersonen oder Angehörigen einer Dienststelle der Luftwaffe dieselben Bestimmungen wie in unserem Rundschreiben KL Nr. 44/36 aufgeführt.

Mitte der 1930er Jahre übernimmt Lufthansa die Betriebsführung von Flügen der Funkversuchsstelle für Zivilluftfahrt.

land und Sevilla beziehungsweise Las Palmas. Hier mit dabei ist auch wieder die bereits erwähnte *D-ARVD*. Ebenso wie der Reichsverband der deutschen Luftfahrtindustrie ist laut „NfL“ die Lufthansa-Tochtergesellschaft Hansa Luftbild G.m.b.H. nach außen hin Eigentümerin zahlreicher Flugzeuge, wobei hier gleichermaßen gewisse Zweifel angebracht sind. So soll auch die Junkers Ju 86 *D-AFFT*, die bald nach Kriegsbeginn mit diesem Zivilkennzeichen Regierungsflüge im Baltikum durchführt, Hansa Luftbild gehören. Etwas geheimnisvoll bleibt in dem Zusammenhang ein kurzer Aufenthalt des Flugzeugs in Helsinki mit Fluggast Alexander Cellarius, einem offenbar wichtigen Mann der deutschen Abwehr. Am 30. September 1939 in der finnischen Hauptstadt eingetroffen, soll die Maschine tags darauf nach Tallinn weiterfliegen. Wegen eines Technikproblems verzögert sich der Start auf den 2. Oktober, der jedoch mit einer sich unmittelbar anschließenden Bruchlandung unweit des Flughafens endet. Das Flugzeug soll repariert und später mit dem Luftwaffenkennzeichen *T5+HB* eingesetzt worden sein.

Zu einer Junkers Ju 52 mit dem Taufnamen *„Adolf Löffler“* – wer auch immer das war – gibt es sehr unterschiedliche Informationen. Offensichtlich gehörte das Flugzeug zunächst der Erprobungsstelle der Luftwaffe Rechlin, E'Stelle Flugsicherung Tempelhof. Aus Letzterer hervorgegangen ist dann die Funkversuchsstelle für Zivilluftfahrt, ebenfalls Berlin-Tempelhof. Die Betriebsführung für deren fliegerische Einsätze übernimmt Lufthansa offenbar bereits 1936. Die darauf folgenden Abrechnungen für Betriebsstofflieferungen sowie die Zurverfügungstellung von Personal und Instrumentenflügen erreichen 1938 mit 143 422,10 RM ihren höchsten Stand. Lufthansa-Forderungen aufgrund der von ihr erbrachten Leistungen gegenüber der Funkversuchsstelle erscheinen bis 1942 in ihren Berichten zur Jahresrechnung. Bis 1939 verfügt die Funkversuchsstelle über einen kleinen Flugzeugpark bestehend aus den Junkers Ju 52 *D-AFOR* und *D-AXAF*, der Junkers W 34 *D-ONET* und der Focke-Wulf Fw 44 Stieglitz *D-EQLU*. Letztere wird später durch die Heinkel He 111 *D-ANTI* abgelöst. Dies alles geht im Wesentlichen aus Rundschreiben der Kaufmännischen Leitung der Lufthansa hervor. Drei vorliegende Bilder der *„Adolf Löffler“* ließen nicht erkennen, dass es sich offenbar immer um dasselbe Flugzeug handelt, wäre da nicht durchgehend dieser Taufname der Ju 52 zu sehen. Auch ist die Reihenfolge unklar, in welcher die Aufnahmen entstanden. Bei zweien davon weist das Flugzeug zwei um den Rumpf laufende – angeblich rote – Bänder auf, die – derselben nicht nachprüfbaren Quelle zufolge – auf Flugeinsätze zurückgehen im Zusammenhang mit dem 1938 erfolgten „Anschluss" Österreichs an das Deutsche Reich. Eines dieser beiden Fotos zeigt die Ju 52 mit einem *„WL + A???"*-Kennzeichen, wie sie erst im Januar 1939 für bestimmte Luftwaffenflugzeuge eingeführt wurden. Gleichzeitig ist am Bug aber der Schriftzug „Lufthansa" zu erkennen, was vermutlich wieder nur für deren Betriebsführerschaft steht, so wie bei der Reichsbahn. Die zweite Aufnahme mit den roten Bändern zeigt das Flugzeug in ziviler Bemalung und mit dem Kennzeichen *D-AXAF*. Dieses Bild kann nicht vor dem Sommer 1939 entstanden sein, da eine danebenstehende polnische Lockheed L-14 erst im April desselben Jahres der Fluggesellschaft LOT ausgeliefert wurde. Auf dem dritten Foto scheinen erst die roten Bänder vom Flugzeug entfernt worden zu sein, um daraufhin das militärische Luftwaffenkennzeichen *„??+AJ"* anzubringen, welches nur teilweise zu erkennen ist.

Ein flugbetrieblicher Einsatz der Funkversuchsstelle für Zivilluftfahrt findet sich in Lufthansa-Unterlagen lediglich in den „Nachrichten für Funk- und Bordgerätebetrieb" vom

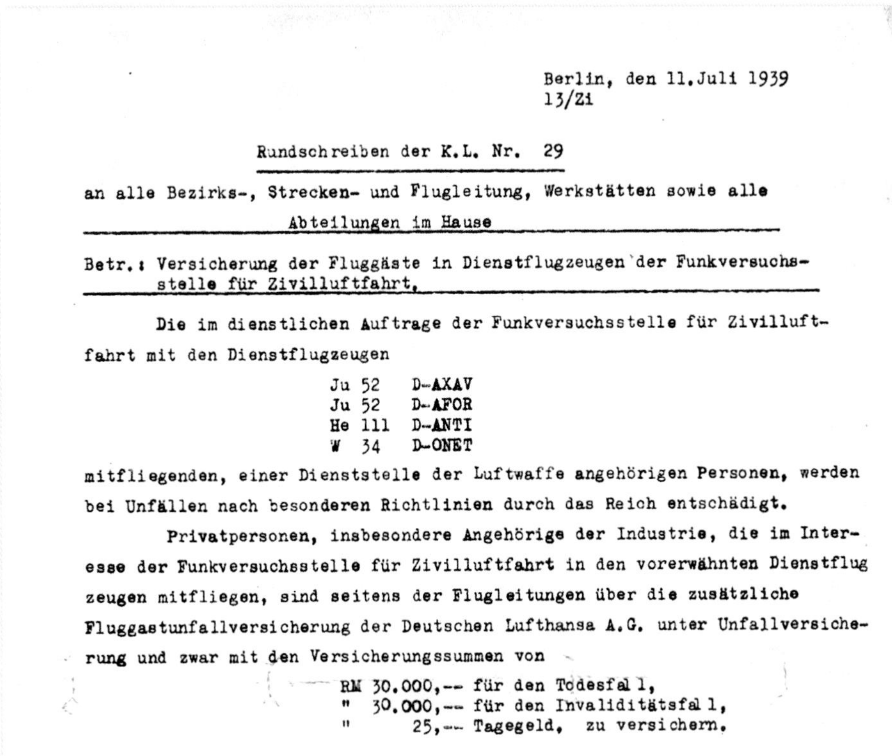

Berlin, den 11.Juli 1939
13/Zi

Rundschreiben der K.L. Nr. 29

an alle Bezirks-, Strecken- und Flugleitung, Werkstätten sowie alle Abteilungen im Hause

Betr.: Versicherung der Fluggäste in Dienstflugzeugen der Funkversuchsstelle für Zivilluftfahrt.

Die im dienstlichen Auftrage der Funkversuchsstelle für Zivilluftfahrt mit den Dienstflugzeugen

Ju 52 D-AXAV
Ju 52 D-AFOR
He 111 D-ANTI
W 34 D-ONET

mitfliegenden, einer Dienststelle der Luftwaffe angehörigen Personen, werden bei Unfällen nach besonderen Richtlinien durch das Reich entschädigt.

Privatpersonen, insbesondere Angehörige der Industrie, die im Interesse der Funkversuchsstelle für Zivilluftfahrt in den vorerwähnten Dienstflug zeugen mitfliegen, sind seitens der Flugleitungen über die zusätzliche Fluggastunfallversicherung der Deutschen Lufthansa A.G. unter Unfallversicherung und zwar mit den Versicherungssummen von

RM 30.000,-- für den Todesfall,
" 30.000,-- für den Invaliditätsfall,
" 25,-- Tagegeld, zu versichern.

Hier ist offensichtlich ein Schreibfehler unterlaufen: Die erstgenannte Ju 52 hat das Kennzeichen *D-AXAF*, nicht *D-AXAV*. Das Kennzeichen *D-AXAV* trug eine Heinkel He 111, die 1937 durch einen Unfall verloren ging.

Nur der Taufname *„Adolf Löffler“* lässt vermuten, dass es sich auf allen drei Fotos um dasselbe Flugzeug der Funkversuchsstelle für Zivilluftfahrt handelt.

22. März 1939 unter dem Stichwort „Bodenpeilstelle Freiburg i/Br.“: „Auf der Bodenpeilstelle Freiburg i/Br. bestehen seit einiger Zeit Peilschwierigkeiten. Die Entstehung der Peilfehler ist auf die in Freiburg herrschende Anomalie der Ausbreitungsverhältnisse zurückzuführen, die vermutlich durch Erzvorkommen in den umliegenden Bergen verursacht wird. Die Funkversuchsstelle für Zivilluftfahrt führte bereits mehrere Messreihen durch, um eine allgemein gültige Fehlerkurve zu ermitteln. Bis zur Klärung der Ausbreitungsfragen durch weitere Untersuchungen muss den derzeitigen Verhältnissen und dem erschwerten Arbeiten des Peilpersonals Rechnung getragen werden. Die Peilzeichen sind über Festantenne keineswegs auf Schleppantenne auszustrahlen. Die Peilergebnisse werden dem Flugzeug in jedem Fall mitgeteilt. Falls Zweifel an der Richtigkeit der Peilergebnisse bestehen, wird der Grund hierfür dem Peilergebnis angefügt.“

Fast schon etwas exotisch mutet schließlich noch das Foto einer Werbung der Ernst Heinkel Flugzeugwerke im Jahr 1939 an. Gezeigt werden da – für jedwede zivile Verwendung sicherlich ungeeignete – Heinkel He 111-Kampfflugzeuge, die aber zivile Kennzeichen tragen. Gut zu sehen ist dabei die Zulassung *D-AFAY*, von

Trotz ihrer Tarnbemalung tragen diese Heinkel He 111-Kampfflugzeuge zivile Zulassungen und die deutsche Handelsflagge.

Zahlreiche Flugzeuginstrumente bezieht Lufthansa von Askania: Variometer, Höhen- und Fahrtmesser, Horizontal- und Fernkurskreisel, Fernkompasse, Wendezeiger und Kurssteuerungen.

einer zweiten ist nur *D-AGA?* zu erkennen. Am Leitwerk tragen die Flugzeuge auch die zivile Handelsflagge.

Als Anlage zu einem Rundschreiben vom 10. August 1939 fasst der „Reichsverband der deutschen Flughäfen e.V." alle Flugzeuge des Reichs zusammen, die zu diesem Zeitpunkt „zu Erprobungszwecken der Deutschen Luftfahrtindustrie zur Verfügung gestellt" sind, insgesamt 134 Maschinen unterschiedlichster Baumuster mit zivilen Kennzeichen. Die Liste beginnt mit dem bekannten Hersteller von Flugzeuginstrumenten Anschütz & Co., Kiel-Neumühlen, der das folgende reichseigene Fluggerät für Probeflüge einsetzen kann:

Dornier Do 17	*D-ABYQ*
Dornier Do 17 a	*D-AJQH*
Heinkel He 70	*D-OVUE*
Heinkel He 111	*D-AQUO*
Junkers W 34	*D-OGAR*
Junkers Ju 87	*D-ISSP*

Weit umfangreicher ist die vom Reich zur Verfügung gestellte Flotte der Argus Motoren G.m.b.H., Berlin-Reinickendorf, die sich aus 14 Flugzeugen zusammensetzt:

Arado Ar 96	*D-IRUU*
Focke-Wulf Fw 56	*D-INII*
Focke-Wulf Fw 58	*D-OJUO*
Focke-Wulf Fw 58	*D-OLAY*
Focke-Wulf Fw 187	*D-OVRB*
Gothaer Waggonfabrik Go 145	*D-IFHE*
Gothaer Waggonfabrik Go 145	*D-IMLU*
Gothaer Waggonfabrik Go 145	*D-ITKE*
Heinkel He 112	*D-IRXO*
Heinkel He 112	*D-IXEW*
Junkers Ju 87	*D-ICRA*
Junkers Ju 87	*D-IDFD*
Messerschmitt Bf 108	*D-IQKK*
Messerschmitt Bf 110	*D-AYGE*

Ein weiterer Instrumentenhersteller ist die Askania-Werke A.G. in Berlin-Friedenau.

Dieses Unternehmen verfügt über die reichseigenen Flugzeuge:

Focke-Wulf Fw 44	*D-ESWW*
Heinkel He 45	*D-ISYZ*
Heinkel He 111	*D-APZD*
Junkers Ju 52	*D-AKOY*
Junkers Ju 86	*D-AIBO*
Junkers Ju 87	*D-ISAW*
Junkers W 34	*D-OVIP*
Klemm Kl 35	*D-EMIY*
Messerschmitt Bf 110	*D-AYXE*

Blohm & Voss ist eigentlich eine bekannte Hamburger Schiffswerft, die aber seit einigen Jahren – zunächst unter dem Namen Hamburger Flugzeugbau – auch eine Flugzeugsparte betreibt. Derzeit befindet sich als größtes Projekt das von Lufthansa in Auftrag gegebene sechsmotorige Flugboot BV 222 in Konstruktion. Die Leihgabe von Seiten des Reichs ist dagegen geradezu winzig. Dem Unternehmen genügt derzeit allein die Fieseler Fi 156 Storch *D-IHSW*.

Das noch heute erfolgreiche Unternehmen BMW ist Ende der 1930er Jahre in Luftfahrtkreisen vorwiegend als Lieferant von Flugzeugmotoren bekannt. In der Liste des Reichsverbands der deutschen Flughäfen wird diesbezüglich nach drei Unternehmensteilen an zwei Standorten unterschieden. Das Hauptwerk der BMW Flugmotorenbau G.m.b.H. hat seinen Sitz in München. Dort stehen dem Unternehmen für Erprobungszwecke neun reichseigene Flugzeuge zur Verfügung:

Ihre Hauptgeschäftszweige demonstriert die Firma Blohm & Voss auf dieser Werbezeichnung, den herkömmlichen Schiffbau sowie – mit einer startenden Ha 139 – die noch junge Flugzeugsparte.

Besprechung vor einem der bei BMW als „fliegende Prüfstände“ eingesetzten reichseigenen Flugzeuge. Der hier im Test befindliche Mittelmotor ist möglicherweise ein BMW 801-Triebwerk.

In der Kabine des „fliegenden Prüfstands“ werden mit Hilfe zahlreicher Instrumente die Leistungskriterien des zu prüfenden Motors überwacht.

Sichtlich nicht ohne Stolz präsentieren sich um 1940 die BMW-Mitarbeiter der Versuchsabteilung für Flugmotoren vor einer Junkers Ju 52.

Dornier Do 17	*D-AGIF*
Dornier Do 17	*D-AUDA*
Heinkel He 46	*D-IXYI*
Heinkel He 50	*D-IXIA*
Henschel Hs 123	*D-INRA*
Junkers Ju 52	*D-AIPI*
Junkers Ju 52	*D-AROR*
Junkers Ju 86	*D-ABMW*
Junkers Ju 86	*D-ABVC*

Zusätzlich gibt es noch das Entwicklungswerk der BMW Flugmotorenbau G.m.b.H. in Berlin-Spandau, wo man auf die Dornier Do 17 *D-AFJA* und die Henschel Hs 126 *D-ILKR* angewiesen ist.

Weiterhin findet sich in der Liste vom 10. August 1939 die Brandenburgische Motorenwerke G.m.b.H., ebenfalls Berlin-Spandau. Ursprünglich ein Unternehmen des Siemenskonzerns, gehört es seit Neuestem zu BMW. Auch hier sind mehrere Flugzeuge aus Reichsbeständen im Einsatz:

Dornier Do 17	*D-AIMY*
Dornier Do 17	*D-AYZE*
Focke-Wulf Fw 44	*D-EHVA*
Heinkel He 50	*D-ITWA*
Heinkel He 50 G	*D-INAO*
Junkers Ju 52	*D-AHIY*
Junkers Ju 52	*D-AOXR*

Die außerordentliche Bedeutung von BMW-Motoren allein im Flugbetrieb der Lufthansa zeigt sich beeindruckend in deren Bericht zur Jahresrechnung 1938. Hier werden in der Bilanz 2 233 887,43 Reichsmark als geleistete Anzahlungen für 197 bestellte BMW 132-Motoren plus einiger Ersatzteile angegeben.

Einen guten Ruf hinsichtlich des Baus von Flugzeugmotoren hat sich auch die Daimler-Benz A.G., Stuttgart, erworben. Unter Rücksicht darauf stellt das Reich als Erprobungsfluggerät zur Verfügung:

Die als Bomber entwickelte Heinkel He 111 ist serienmäßig mit Mercedes-Benz-Motoren der Baureihe DB 600 ausgerüstet.

Heinkel He 45	*D-ITIN*
Heinkel He 111	*D-ADJG*
Heinkel He 111	*D-AGDN*
Heinkel He 111	*D-AJOU*
Heinkel He 111	*D-AKEM*
Heinkel He 118	*D-OLIP*
Junkers Ju 52	*D-ABYP*
Junkers Ju 52	*D-ATOF*

Auch die Deutsche Lufthansa Techn. Abteilung, Berlin – gemeint ist die Technische Entwicklung – fehlt nicht in der Liste der reichseigenen Leihflugzeuge. Die Dornier Do 17 *D-ADFQ* dient hier vorwiegend als Erprobungsträger für Bramo 323-Motoren. Und die Dornier Do 26 *D-AWDS* durchläuft zunächst ein Erprobungsprogramm bei der Technischen Entwicklung, um daraufhin planmäßige Liniendienste auf der Poststrecke TO 191 über den Südatlantik aufzunehmen. Da diese Flüge bei Kriegsbeginn eingestellt werden müssen, kehrt das Flugboot in einem Nonstop-Flug nach Deutschland zu-

Die *D-AWDS „Seefalke“* fliegt vor Kriegsbeginn die letzten Lufthansa-Dienste der Strecke TO 191 über den Südatlantik.

rück. Daraufhin wird es von der Luftwaffe übernommen. Lufthansa werden aber noch weitere Erprobungsflugzeuge leihweise vom Reich überlassen. 1941 sind das zusammen die sechs Flugzeuge:

Dornier Do 17	W/N 2243	*D-ADFQ*
Dornier Do 17	W/N 2518	*D-AFBE*
Junkers Ju 52	W/N 5574	*D-AHEK*
Junkers Ju 52	W/N 4055	*D-AQAR*
Junkers Ju 86	W/N 0016	*D-ANUV*
Junkers Ju 86	W/N 0974	*D-ASOE*

Und zur selben Zeit bittet das Unternehmen zusätzlich „für die Dauer des Krieges um Zuweisung eines Flugzeuges mit der Belastungsfähigkeit einer W 34 für den Material- bezw. Personen- insbesondere Flugzeugführertransport innerhalb der Werkstätten der Deutschen Lufthansa." Dem Wunsch des RLM, die Erprobungsflugzeuge gleichzeitig für Kurierflüge einzusetzen, kann Lufthansa allerdings nicht entsprechen. Mit Schreiben vom 2. Mai 1941 informiert das Unternehmen das Ministerium, dass

- „die Einhaltung und Durchführung der festgelegten Erprobungsprogramme bei einem Reiseverkehr nicht möglich ist,
- die Erprobungsflugzeuge für einen Kurierdienst ungeeignet sind, da durch häufige Einbauten, Umbauten usw. die Maschinen öfter nicht einsatzfähig sind,
- die ordnungsgemäße Abwicklung der Erprobung die Rückkehr der Maschine nach jedem Flug zum Heimathafen bedingt, um eine ordnungsgemäße Wartung der Erprobungsgegenstände und eine einwandfreie Auswertung der Erprobungsergebnisse zu gewährleisten."

Das Leipziger Unternehmen Dr. Dietz & Ritter G.m.b.H. ist, soweit bekannt, im Auftrag des RLM mit Lizenzbauten von Bordfunkgeräten der Firmen C. Lorenz und Telefunken beschäftigt. Für Erprobungszwecke zur Verfügung stellt das Reich die Flugzeuge:

Henschel Hs 122	*D-IIRE*
Junkers Ju 52	*D-ALYU*
Junkers W 34	*D-OGOO*

Obwohl das eigene Arbeitsgebiet der Focke, Achgelis & Co. GmbH, Hoyenkamp bei Delmenhorst i.O., der Bau von Trag- und Hubschraubern ist, steht der Firma die Focke-Wulf Fw 56 Stößer *D-IKNI* für Werksflüge zur Verfügung.

Bei der Focke-Wulf Flugzeugbau G.m.b.H., Bremen, erscheinen in der Liste zwei ursprünglich von dem Unternehmen selbst gebaute Flugzeuge. Tatsächlich kann aber nur noch eines davon zur Verfügung stehen, die Fw 56A Stößer *D-IIKA*. Bei der zweiten Maschine ist der Verband der deutschen Flughäfen nicht recht auf dem Laufenden. Da wird noch die 1938 durch ihre Nonstop-Überquerungen des Nordatlantiks und einen späteren Rekordflug nach Fernost bekannt gewordene Fw 200 Condor *D-ACON* aufgeführt. Tatsächlich musste das Flugzeug aber auf der Rückreise im Dezember 1938 bei Manila notwassern. Trotz Bergung und Heimtransport per Schiff kann die *D-ACON* danach nicht mehr flugfähig gemacht werden.

Die Hartmann & Braun A.G. in Frankfurt am Main weist in einem Werbeinserat auf ihre Produkte hin: „Elektrische Messgeräte für Luftfahrzeuge". Für Probeflüge kann man eine Klemm Kl 32 mit der Zulassung *D-EGMY* einsetzen. Das Hugo Heine Propellerwerk, Berlin, verfügt über

Das Rekordflugzeug Fw 200 Condor *D-ACON* steht natürlich im Mittelpunkt bei der Werbung des Herstellers Focke-Wulf Flugzeugbau.

Unerlässlich für den Antrieb von Flugzeugen sind Propeller, auch als Luftschrauben bezeichnet. Die Firma Hugo Heine hat jahrzehntelange Erfahrung bei deren Herstellung.

Der zunächst aufgenommenen Entwicklung von Sport- und Schulflugzeugen schließt sich bei Henschel bald auch der Bau militärischen Fluggeräts an.

Noch 1941 wirbt die Frankfurter Firma Hartmann & Braun AG für ihre Produkte – elektrische Messgeräte verschiedener Art für die Verwendung in Flugzeugen

Ein Lob für den Luftverkehr und letztlich auch für die Lufthansa ist diese Werbung der Hirth-Motoren G.m.b.H. aus dem Jahr 1938.

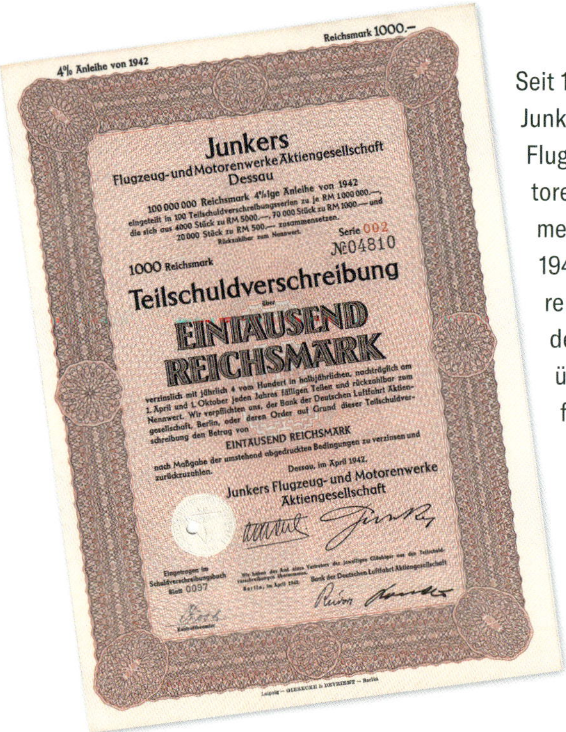
4% Anleihe von 1942

Reichsmark 1000.–

Junkers
Flugzeug- und Motorenwerke Aktiengesellschaft
Dessau

100 000 000 Reichsmark 4%ige Anleihe von 1942
eingeteilt in 100 Teilschuldverschreibungsserien zu je RM 1 000 000.—,
die sich aus 4000 Stück zu RM 5000.—, 70 000 Stück zu RM 1000.— und
20 000 Stück zu RM 500.— zusammensetzen.
Rückzahlbar zum Nennwert.

Serie 002
№ 04810

1000 Reichsmark

Teilschuldverschreibung

über

EINTAUSEND REICHSMARK

verzinslich mit jährlich 4 vom Hundert in halbjährlichen, nachträglich am 1. April und 1. Oktober jeden Jahres fälligen Teilen und rückzahlbar zum Nennwert. Wir verpflichten uns, der Bank der Deutschen Luftfahrt Aktiengesellschaft, Berlin, oder deren Order auf Grund dieser Teilschuldverschreibung den Betrag von

EINTAUSEND REICHSMARK

nach Maßgabe der umstehend abgedruckten Bedingungen zu verzinsen und zurückzuzahlen.

Dessau, im April 1942.

Junkers Flugzeug- und Motorenwerke Aktiengesellschaft

Eingetragen im Schuldverschreibungsbuch Blatt 0097

Bank der Deutschen Luftfahrt Aktiengesellschaft

Berlin, im April 1942.

Leipzig — GIESECKE & DEVRIENT — Berlin

Seit 1936 firmiert die Junkers-Produktion von Flugzeugen und Motoren unter einem gemeinsamen Namen. 1942 wird eine größere Anleihe aufgelegt, deren Tilgungsplan über 20 Jahre laufen soll.

die Arado Ar 66 *D-IVIM*, die Henschel Flugzeugwerke A.G., Schönefeld, über die reichseigene Henschel Hs 123 *D-IYSU*.

Erheblich mehr Flugzeuge benötigt die Hirth-Motoren G.m.b.H. Ihr stellt das Reich sieben Maschinen zur Verfügung:

Arado Ar 66	*D-IKEM*
Bücker Bü 131	*D-EABO*
Bücker Bü 131	*D-EJUF*
Gothaer Waggonfabrik Go 145	*D-IEGI*
Klemm Kl 25	*D-EMDU*
Klemm Kl 35	*D-EHDR*
Messerschmitt Bf 108	*D-JAXO*

Eine Fabrik für elektrische Messinstrumente ist die Firma Dr. Th. Horn in Leipzig, für Probeflüge ausgestattet mit der Focke-Wulf Fw 58 *D-OWER*.

Dass die Firma Junkers Motorenbau G.m.b.H., Dessau, sich bereits vor drei Jahren mit der Junkers Flugzeugwerk A.G. zusammenschloss, scheint dem Reichsverband der Flughäfen entgangen zu sein. Man bezieht sich noch ausschließlich auf das erstgenannte Unternehmen, das zwar hauptsächlich Junkers-Flugzeuge einsetzt, doch nicht als deren Eigentümer sondern auch hier aus reichseigenem Bestand kommend:

Heinkel He 45	*D-IDOY*
Heinkel He 111	*D-ANLH*
Heinkel He 111	*D-ARDW*
Junkers Ju 52	*D-ADYA*
Junkers Ju 52	*D-AJEU*
Junkers Ju 52	*D-AMUY*
Junkers Ju 86	*D-AFWA*
Junkers Ju 86	*D-AQOU*
Junkers Ju 87	*D-ICZR*
Junkers Ju 87	*D-IDQR*
Junkers Ju 87	*D-IXBF*

Sicherlich auch aus Reichssicht einer der wichtigsten Hersteller von Navigationsinstrumenten ist die C. Lorenz A.G., Berlin-Tempelhof. Dem entsprechend ist dieses Unternehmen auch mit einer angemessenen Flotte versorgt:

Fieseler Fi 156	*D-IGFN*
Gothaer Waggonfabrik Go 145	*D-IKUV*
Heinkel He 111	*D-ARXK*
Henschel Hs 126	*D-ILVT*
Junkers Ju 52	*D-ABAP*
Junkers Ju 52	*D-ARTE*
Junkers Ju 52	*D-ATAI*
Messerschmitt Bf 108	*D-IBCO*

Dem Funkanlagen- und Funkgerätehersteller C. Lorenz A.G. stehen unter anderem diese beiden Junkers Ju 52 aus Reichsbeständen für Erprobungsflüge zur Verfügung.

Das Berliner Unternehmen des französischen Industriellen Albert Patin ist vorwiegend auf Navigationsgeräte wie Fernkompass-Anlagen spezialisiert. Das Reich stellt hier die Heinkel He 70 *D-OIAN* und die Junkers Ju 52 *D-APCO* zur Verfügung.

Die Focke-Wulf Fw 58 Weihe *D-OMEE* dient der Österreichisch-Ungarischen Optischen Anstalt C.P. Goerz – entgegen dem angegebenen Sitz Wien in Berlin angesiedelt – für deren notwendiges Flugprogramm.

Etwas aus dem Rahmen fallen die beiden Segelflugzeuge *D-4-644* und *D-11-162 „Kranich"*, offenbar auch Reichseigentum und dem Reichsminister für Wissenschaft, Erziehung und Volksbildung, Hochschulinstitut für Leibesübungen, Berlin, zur Verfügung gestellt.

Mit Luftfahrt sicher eher weniger wird man die Rheinmetall-Borsig AG, Düsseldorf und Sömmerda, in Verbindung bringen, vielmehr mit Panzern oder ähnlich schwerem Kriegsgerät. Unter der Überschrift „Für den Flugzeugbau" wirbt das Unternehmen tatsächlich aber beispielsweise für „im Gesenk geschmiedete Kurbelwellen" und Leichtmetallteile oder für Elektroden und Schweißnähte. Das Reich sieht es wohl auch durchaus für notwendig an, das Unternehmen mit folgenden Leihflugzeugen zu unterstützen:

Focke-Wulf Fw 58	*D-OAWO*
Focke-Wulf Fw 187	*D-OTGN*
Heinkel He 111	*D-ARNA*
Heinkel He 111	*D-ASLS*
Junkers W 34	*D-OTYX*
Messerschmitt Bf 110	*D-AAPY*

Das Arbeitsprogramm des Propellerwerks Gustav Schwarz erklärt sich durch den Firmennamen. Für Probeflüge stehen die beiden Dornier Do 17 *D-ACDC* und *D-ADPN* sowie die Messerschmitt Bf 108 Taifun *D-IFFT* zur Verfügung.

Der Berliner Luftfahrtindustrie gehören zwei weitere Großunternehmen an, die sich mit dem Bau von Flugsicherungsgerät und -instrumenten befassen. Zum einen ist das die Siemens Apparate und Maschinen G.m.b.H., die zwecks Erprobung ihrer Produkte auf acht reichseigene Flugzeuge zurückgreifen kann:

Arado Ar 66	*D-IQIN*
Dornier Do 17 E	*D-AUSG*
Focke-Wulf Fw 58	*D-OXFD*
Junkers Ju 52	*D-ABUQ*
Junkers Ju 52	*D-AFIW*
Junkers Ju 52	*D-AHFP*
Junkers Ju 52	*D-AMTG*
Junkers Ju 52	*D-ANEW*

Und zum anderen gibt es da noch die Telefunken Gesellschaft für drahtlose Telegrafie m.b.H. mit den fünf Maschinen:

Henschel Hs 122	*D-IARU*
Henschel Hs 122	*D-IUTI*
Junkers Ju 52	*D-APIL*
Junkers Ju 52	*D-AMYR* (früher Lufthansa)
Junkers Ju 52	*D-ASBA*

Auf den ersten Blick nicht ohne Weiteres der Luftfahrt zuzuordnen sind zwei weitere Firmen. So erwähnt die Liste vom 10. August 1939 die Vereinigte Deutsche Metallwerke A.G., Zweigniederlassung Heddernheimer Kupferwerk. Doch stammen aus diesem Unternehmen unter anderem bekannte Erzeugnisse wie der VDM-Verstellpropeller und die Faudi-Federbei-

Ohne auf ihre Produkte im Einzelnen hinzuweisen, zeigt die Werbung der Firma Patin 1941 doch unmissverständlich, wozu diese in der Luftfahrt gebraucht werden.

Gute Erfahrungen macht Lufthansa mit der Siemens Kurssteuerung K4i, die 1939/40 in mehrere Langstrecken-Ju 52 sowie in die meisten ihrer Junkers Ju 90 eingebaut wird.

Von der Telefunken Gesellschaft für drahtlose Telegrafie m.b.H. entwickelte Funkgeräte finden bereits seit den 1920er Jahren bei Lufthansa Verwendung.

ne. Und wohl darauf begründet sich der Einsatz folgender reichseigener Flugzeuge:

Heinkel He 111	*D-ARED*
Heinkel He 112	*D-IRXS*
Junkers Ju 87	*D-IQIG*
Messerschmitt Bf 108	*D-JWBS*

Unklar ist dagegen die Rolle der Vereinigte Oberschlesische Hüttenwerke A.G., Gleiwitz. In einem Werbeinserat von 1942 wird zwar unter anderem auf die Herstellung von Schmiedestücken „nach den Vorschriften der Reichsmarine und sämtlicher Abnahmegesellschaften" hingewiesen, doch folgt daraus nicht zwangsläufig der Bedarf für die Flugzeuge:

Dornier Do 17	*D-AOIP*
Focke-Wulf Fw 58	*D-OCFT*
Messerschmitt Bf 109	*D-IFHG*

Der Weser-Flugzeugbau, Lemwerder, ist Ende der 1930er Jahre gut ausgelastet mit Lizenzbauten. Vor allem Sturzkampfbomber des Musters Junkers Ju 87 stehen im Programm. Als Werksflugzeug verfügt Weser-Flugzeugbau über die Junkers Ju 160 *D-URUZ*.

Dass Carl Zeiss, Jena, und Zeiss Ikon A.G,. Dresden, während des Kriegs vorwiegend zu Militärgerätebau beziehungsweise Munitionsproduktion verpflichtet werden, erklärt nicht, weshalb Carl Zeiss schon in Friedenszeiten vom Reich die Flugzeuge:

Dornier Do 17	*D-APSO*
Focke-Wulf Fw 58	*D-OAYA*
Junkers W 34	*D-ORIM*

überlassen werden und Zeiss Ikon die:

Eine ganze Reihe unterschiedlichster Bauteile für Flugzeuge gehören zur Produktpalette der Vereinigten Deutschen Metallwerke.

Dornier Do 17	*D-AUXO*
Heinkel He 111	*D-APYS*

Laut heutiger Darstellung von Carl Zeiss, Jena, wurden deren Produkte in Flugzeuge, Panzer, U-Boote und Geschütze eingebaut.

Während des Kriegs scheint man dann teilweise davon Abstand genommen zu haben, den Unternehmen reichseigene Zivilflugzeuge für Erprobungszwecke unmittelbar zur Verfügung zu stellen. Dem Luftfahrtgerätewerk Hakenfelde bietet sich stattdessen offenbar eine andere Möglichkeit, Bordinstrumente im Flug zu testen. So gibt es mit Stand vom 1. Januar 1943 eine „Liste der Flugzeuge, in welchen die versicherten Geräte eingebaut sind". Die Versicherung läuft über den durch die Allianz Versicherungs-Aktiengesellschaft vertretenen Deutschen Luftpool. Auf dieser Liste erscheinen nur noch drei Flugzeuge mit Zivilkennzeichen. Alle anderen tragen militärische Kennungen, was vermuten lässt, dass die Erprobung der eingebauten Instrumente während der üblichen Luftwaffeneinsätze erfolgt.

In den weiteren Kriegsjahren ist es vor allem Lufthansa, die in der einen oder anderen Form mit Reichsflugzeugen ziviler Zulassung zu tun hat. In erster Linie sind das die Maschinen der italienischen Fluggesellschaften, die auf Weisung des RLM vereinnahmt werden. Zum anderen steht Lufthansa – neben den bereits erwähnten Erprobungsflugzeugen – bis Kriegsende reichseigenes Fluggerät auf Charterbasis zwecks Aufrechterhaltung ihrer Flugdienste zur Verfügung. Listen der in den beiden genannten Fällen betroffenen Flugzeuge finden sich im zweiten Band von „Lufthansa im Krieg – die Jahre 1939-1945" auf den Seiten 97 sowie 158 – 165.

Offenbar bestehen 1943 geschäftliche Verbindungen zwischen Lufthansa und dem Luftfahrtgerätewerk Hakenfelde. Unklar ist dabei jedoch, worauf sich eine Lufthansa-Forderung in Höhe von 121 496,– RM gegenüber diesem Unternehmen begründet.

Außergewöhnlich ist kurz vor Kriegsende noch der Einsatz einer Siebel Si 204, zwar in Militärversion, aber mit dem zivilen Kennzeichen *D-OWKA*. Vom Deutschen Staatsminister für Böhmen und Mähren zur Verfügung gestellt, kann der Deutschland-Delegierte des Internationalen Komitees vom Roten Kreuz, Paul Dunant, damit am frühen Morgen des 27. April 1945 von Prag nach Zürich fliegen.

Die Landung eines ausländischen Flugzeugs dort widerspricht den zu dieser Zeit geltenden schweizerischen Bestimmungen, was entsprechende Fragen aufwirft. Doch die besondere Dringlichkeit seiner Mission, die letztlich auch zur Bereitstellung der Siebel führte, begründet Dunant mit der von ihm dem Internationalen Komitee vom Roten Kreuz in Genf überbrachten Bitte der deutschen Behörden, Prag als Lazarettstadt behandelt zu wissen. Die zuständigen eidgenössischen Dienststellen haben denn auch ein Einsehen und genehmigen die Wiederausreise. Erneut mit Paul Dunant als Fluggast an Bord startet die *D-OWKA* am 29. April früh morgens um 2 Uhr 30 zum Rückflug nach Prag.

Stand am 1. Januar 1943

Liste der Flugzeuge, in welchen die versicherten Geräte eingebaut sind.

Muster	Werk-Nr.	Zulassung:	Geräte Versicherungssumme RM	5% Jahresprämie RM	
FW 58	2917	D-OXFD	90.000.--	4.500.--	
Do 217	1280	GI + ZD	~~150.000.--~~ 100.000.-	~~7.500.--~~	A 62
He 111	2449	D-AKBO	~~150.000.--~~ 100.000.-	~~7.500.--~~	A 62
Ju 88	6147	D-AMAG	~~150.000.--~~ 100.000.-	~~7.500.--~~	A 62
Ju 52	6192	TH + FM	~~150.000.--~~ 100.000.-	~~7.500.--~~	A 35
~~Ju 52~~	~~3386~~	~~DB + DI~~	~~150.000.--~~	~~7.500.--~~	A 37
Ju 52	3396	~~DF + DT~~	150.000.--	7.500.--	
~~He 177~~	~~35008~~	~~ND + SC~~	~~50.000.--~~	~~2.500.--~~	A 38
~~Ju 52~~	~~7739~~	~~DL + KM~~	~~150.000.--~~	~~7.500.--~~	A 41
~~Ju 52~~	~~3358~~	~~BG + YJ~~	~~100.000.--~~	~~5.000.--~~	A 42
~~Ju 52~~	7715	DF + ZO	100.000.--	5.000.--	A 42
Ju 52	7674	GG + FV	100.000.--	5.000.--	A 43
~~Ju 52~~	~~7369~~	~~NJ + KR~~	~~100.000.--~~	~~5.000.--~~	A 45 A
~~Ju 52~~	7432	SN + FZ	~~100.000.--~~	5.000.--	A 48 A
He 111	2597	GQ + AA	50.000.--	2.500.--	A 48
~~Ju 52~~	~~7538~~	~~CA + SH~~	~~100.000.--~~	~~5.000.--~~	A49 A5
~~Ju 52~~	~~7438~~	~~RF + GF~~	~~100.000.--~~	~~5.000.--~~	A 50
~~Ju 52~~	~~3270~~	TH + UB	~~100.000.--~~	~~5.000.--~~	A 50
~~He 111~~	~~7085~~	~~DF + MS~~	~~10.000.--~~	~~500.--~~	A 52 A
~~Ju 52~~	~~7468~~	~~CI + OR~~	~~80.000.--~~	~~2.500.--~~	A 52
~~He 111~~	~~[illegible]~~	~~KI + EK~~	~~10.000.-~~	~~500.-~~	A 54 A
~~Ju 52~~	~~[illegible]~~	~~DG + SP~~	~~80.000.-~~	~~4.000.-~~	A 57, A 55
~~Ju 52~~	~~[illegible]~~	~~VK + PB~~	~~80.000.-~~	~~4.000.-~~	A 57
~~Ju 52~~	~~1186~~	~~DE + DJ~~	~~150.000.-~~	~~7.500.-~~	A 60 A

Während des Kriegs ist das Luftfahrtgerätewerk Hakenfelde ausschließlich für die Luftwaffe tätig, was den offensichtlichen Einsatz von Flugzeugen mit militärischer Zulassung für Erprobungszwecke erklärt.

Im April 1945 fliegt diese Siebel Si 204 in besonderer Mission von Prag nach Zürich und zurück. Das zivile Kennzeichen *D-OWKA* ist an den Rumpfseiten in weißer, unter den Tragflächen in schwarzer Farbe aufgemalt.

Wer wirbt wann wie wofür?

Werbung ist notwendig und wichtig für erfolgreiche Geschäfte. Das gilt auch für die 1926 gerade erst entstandene Lufthansa, die vorwiegend in Luftfahrtpublikationen inseriert. Das ist auch durchaus verständlich, werden diese doch in erster Linie von ohnehin bereits am Flugwesen Interessierten gelesen, die dann vielleicht auch einmal einen Flug wagen. In der Öffentlichkeit ganz allgemein hat sich in den ersten Jahren die Idee des Luftreisens dagegen noch kaum durchgesetzt. Möglicherweise hofft man, dies Anfang der 1930er Jahre entscheidend ändern zu können. Es mag reiner Zufall sein, dass 1932 mit der Einführung der Junkers Ju 52 in den Liniendienst gleichzeitig bei der Verkehrsleitung der Lufthansa eine Abteilung Werbung eingerichtet wird. Vielleicht sieht man in dem neuen Flugzeugmuster aber auch den vielversprechenden und geeigneten Träger eines zukünftigen Massenluftverkehrs. Und dafür muss natürlich verstärkt geworben werden, was allerdings wiederum einen nicht zu unterschätzenden Kostenfaktor darstellt. Und diesbezüglich kommt es 1936 zu einem richtungsweisenden Schriftwechsel zwischen Erhard Milch, zu der Zeit Lufthansa-Vorstand sowie gleichzeitig Staatssekretär der Luftfahrt, und dem Reichsleiter Max Amann, Präsident der Reichspressekammer. Eine Zusammenfassung dieses Schriftwechsels wird – aus nicht erfindlichen Gründen erst am 10. Februar 1939 – von Lufthansa „Aufgesetzt in Verbindung mit Oberregierungsrat Dr. Orlovius, R.L.M." wie folgt:

„Da wiederholt von Anzeigenwerbern deutscher Zeitungen und Zeitschriften an die Lufthansa das Ersuchen gestellt wurde, bezahlte Anzeigen aufzugeben, wandte sich im Jahr 1936 der Staatssekretär Milch im Einvernehmen mit dem Reichsluftfahrtminister an Reichsleiter Amann mit der Bitte, davon Kenntnis zu nehmen, dass nach Ansicht des Reichsluftfahrtministers die zum Teil aus Reichsmitteln Beihilfen erhaltende Lufthansa von jeglicher Aufgabe von Anzeigen in Zeitschriften oder Zeitungen befreit werden sollte.

Reichsleiter Amann bestätigte diese Ansicht in einem Antwortschreiben an Staatssekretär Milch und brachte zum Ausdruck, dass die Lufthansa von bezahlten Anzeigen so lange verschont werden sollte, wie sie Reichsbeihilfen zur Durchführung ihres Verkehrs bedürfe."

Die staatlichen Subventionen werden bis Kriegsende beibehalten, wenn auch in einer von Jahr zu Jahr abnehmenden Höhe, da Lufthansa ihre Erlöse aus dem Flugdienst selbst in

Auf diesem Plakat von 1936 sind Werbung und Junkers Ju 52 vereint. In ungewöhnlicher Farbgebung lädt hier das Flugzeug ein zum angenehmen und zeitgemäßen Reisen durch die Lüfte.

Der Werbeschwerpunkt der Lufthansa gilt 1939 dem – schon seit einigen Jahren gemeinsam mit dem Mitteleuropäischen Reisebureau organisierten – Angebot an Einzelpauschalreisen auf ausgewählten europäischen Liniendiensten.

Neben Hotel und Verpflegung schließen diese Inclusive Tour-Linienflüge Bahnfahrten und einen Ausflug nach Pompeji mit ein, beim verlängerten Programm auch eine Dampferfahrt nach Capri.

dieser aufgrund der Umstände verkehrsmäßig nicht gerade zukunftsorientierten Zeit stetig verbessern kann. Die Regel, dass die Fluggesellschaft grundsätzlich keine Anzeigen in der Presse platziert, wird 1939 zumindest in einem Fall aber durchbrochen. In der Zeitschrift „Die Luftreise“, die den Fluggästen an Bord als kostenlose Lektüre ausgehändigt wird, wirbt Lufthansa mehrfach für ihr Angebot von Einzelpauschalreisen nach dem Sudetenland und Prag, der Steiermark und Kärnten, nach Italien, Jugoslawien, Ungarn, Dänemark und in die Schweiz. Hintergrund dieser Aktion ist wohl ein nicht hinzunehmender zahlenmäßiger Rückgang der 1938 beförderten Fluggäste gegenüber dem Vorjahr. Durch eine großangelegte Werbekampagne für diese auch unter dem Begriff „Inclusive Tour“ angebotenen Reisen soll deshalb 1939 die Passagierfrequenz wieder nachhaltig gesteigert werden. Dies gelingt zunächst tatsächlich auch, doch der beginnende Krieg macht alle dahingehenden Anstrengungen des Flugunternehmens schließlich zunichte. Und in den folgenden Jahren wäre weitere Werbung für die Zielgruppe „Privatreisende“ dann ohnehin nicht mehr sinnvoll. Denn mit dem Fortgang des Kriegs reicht die Transportkapazität der nach wie vor durchgeführten zivilen Flugdienste vielfach bereits kaum noch aus für die vorrangig gebotene Beförderung kriegswichtiger Fluggäste und Ladung. Immerhin, die Deutsche Reichspost wirbt noch 1942 mit einem Sonderstempel „Benutzt die Luftpost“, was ja – im Fall zunehmenden Aufkommens entsprechender Sendungen – auch der Lufthansa als dann dafür in Frage kommendem Transportunternehmen erhöhte Erlöse brächte. Allerdings muss man sagen, dass die

Diese Aufforderung der Reichspost, die Luftpost zu benutzen, wirkt schon etwas realitätsfern, ist doch das internationale Flugstreckennetz inzwischen sehr eingeschränkt.

Ein Weg, während des Kriegs auf die deutsche Zivilbevölkerung einzuwirken, sind die Briefstempel der Reichspost. Die Werbung 1944 für die Kurstadt Wiesbaden erscheint jedoch unzeitgemäß, hat man kriegsbedingt doch wirklich ganz andere Sorgen.

Reichspost in den Kriegsjahren für vieles wirbt, vorwiegend natürlich im Sinne einer Stärkung des Durchhaltewillens der Bevölkerung und für kriegsbedingt zweckdienliche Verhaltensregeln. Schon ziemlich erstaunt da allerdings 1944 ein Werbestempel für die Kurstadt Wiesbaden: „Uralte Heilkraft, Ewigjunge Schönheit, gegen Rheuma und Gicht", als befände man sich in tiefsten Friedenszeiten und hätte keine anderen Sorgen.

Völlig anders als für die Luftverkehrsgesellschaft stellt sich die Situation bei den Flugzeug- und Motorenherstellern dar. Zumindest in den ersten Jahren des Kriegs, sowie – offensichtlich in Erwartung des Kriegsendes – dann auch in den späteren Jahren wieder werben sie in der Presse für ihre Produkte, anfänglich in der Anmutung eher wie eine staatlich gelenkte Kriegspropaganda, zuletzt dagegen wieder mehr auf einen zivilen Nachkriegsluftverkehr ausgerichtet. Letztlich stellt sich aber doch die naheliegende Frage, welches eigentlich die Zielgruppen sind, an die sich die Kriegswerbung der Luftfahrtindustrie richten soll. Lufthansa ist das sicher nicht, da – bis etwa 1942 – eindeutig und ausschließlich mit militärischen Einsätzen von Flugzeugen geworben wird. Außerdem benötigt das privatwirtschaftliche Luftfahrtunternehmen zwecks möglichen Erwerbs von Flugzeugen erst die grundsätzliche Zustimmung des RLM. Denn für neu gebautes Fluggerät ist während des Kriegs zunächst einmal ausschließlich eine Verwendung bei der Luftwaffe vorgesehen, nicht aber im Rahmen ziviler Flugdienste.

Die ersten Flugerfahrungen seines Lebens macht so mancher Deutsche, wenn er sich im Krieg als Soldat einer Luftwaffen-Ju 52 anvertrauen muss.

Kein Wunder, dass die Ju 52 von den Soldaten freudig als „Tante Ju“ begrüßt wird, sorgt sie doch verlässlich für Nachschub und Verpflegung und bringt Verwundete in Sicherheit.

In den 1930er Jahren werden in Deutschland verschiedene Flugzeugmuster früher oder später zweigleisig entwickelt, zum einen für den zivilen Luftverkehr und zum anderen für militärische Zwecke. Ein Leistungsvergleich der Junkers Ju 52 mit amerikanischen Maschinen erwähnt 1934 bei dem deutschen Wellblechvogel – einem ursprünglich rein zivilen Entwurf – deshalb nicht nur die „universelle Verwendbarkeit für Land und Wasser, Tropen, Passagier und Fracht“, sondern gleichzeitig auch „Unterbringungsmöglichkeit für Bomben im Rumpf“ und „größere Beschussfestigkeit“. Damit werden indirekt die wichtigsten wirtschaftlichen Ziele des Herstellers angesprochen, nämlich der Verkauf einerseits an Fluggesellschaften weltweit sowie andererseits vor allem an die im Aufbau befindliche deutsche Luftwaffe. Vorwiegend Letzteres verspricht dabei erhebliche Umsätze, da die meisten Ju 52 – schlussendlich werden etwa 4800 Stück gebaut – dorthin gehen, während Lufthansa als größter ziviler Nutzer dieses Flugzeugmusters von 1932 bis 1945 insgesamt „nur“ ungefähr 230 dieser Dreimotorer einsetzt.

Bereits 1940 in dem RLM-Propagandablatt „Der Adler“ als „die Großmutter der deutschen Luftwaffe“ eingestuft, verdankt die Ju 52 ihre familiärvertrauliche Bezeichnung „Tante Ju“ vermutlich aber erst der militärischen Verwendung im Krieg, da zweifellos dem Soldatenjargon entnommen. 1944 wird dieser Begriff schließlich sogar zu einer Parole des staatlich

Luftwelt 1. 10. 1942

An der Ostfront finden auch Verkehrsflugzeuge militärische Verwendung, die infolge der vom RLM geforderten „Besonderen Leistungen der Lufthansa aufgrund des Kriegszustandes“ an die Luftwaffe verchartert werden mussten.

Diesem Werbeinserat von 1941 nach wäre zu schließen, dass die deutsche Luftwaffe bereits den gesamten Luftraum über Großbritannien beherrscht.

1941 ist auch dies eine Junkers-Werbung: Zwei Ju 88-Sturzkampfflugzeuge greifen feindliche Versorgungsschiffe an.

Auch während des Kriegs ständig verbessert werden die Flugzeuge der Firma Junkers, so wie diese bereits 1943 auf den künftigen Friedensluftverkehr hinweisende zivile Ju 90 mit angedeutetem Lufthansa-Emblem.

propagierten Durchhaltewillens. Bemerkenswert ist, dass die Firma Junkers noch 1941 und 1942 für den militärischen Einsatz der Ju 52 Werbung macht unter dem Motto „Unsere Ju an allen Fronten“ oder, jetzt in Aufgabenteilung mit der erheblich größeren und viermotorigen Ju 90, „Junkers-Transportflugzeuge erschließen den Ostraum“. So wie ihre Ju 52-Flieger muss Lufthansa dafür zeitweise auch Ju 90-Maschinen an das Reich verchartern. Aggressiver wirbt Junkers, wenn es um Flugzeugmuster ausschließlich militärischen Charakters geht. Da greifen Ju 88-Sturzkampfflugzeuge feindliche Schiffskonvois an oder fliegen „im rollenden Einsatz“ über Großbritannien hinweg. Interessant ist im letztgenannten Fall, dass die irische Insel – mit der kriegsneutralen Republik Irland und dem zum Vereinigten Königreich gehörenden Nordirland ja unmittelbar westlich Englands gelegen – dabei auf der Abbildung ausgespart ist, so als gäbe es sie gar nicht. Doch von der kriegsbestimmten Werbung geht Junkers allmählich wieder ab. 1943 wird mit einer eindeutig zivil bemalten Ju 90 inseriert. Sogar der Lufthansa-Kranich ist andeutungsweise am Bug zu erkennen. Und 1944 bietet das 25jährige Jubiläum des deutschen Luftverkehrs – vor allem wird aber wohl auch ein baldiges Kriegsende erwartet – einen plausiblen Anlass, mit der Ju 90 den zivilen Aspekt der Luftfahrt grundsätzlich wieder in den Vordergrund zu rücken.

Ähnlich macht dies der Bremer Flugzeugbauer Focke-Wulf mit der Fw 200 Condor, einem viermotorigen Flugzeugtyp, der bis zum Kriegsende aber auch auf Lufthansa-Liniendiensten nach Spanien und Norwegen zivile Verwendung findet. Auf der Kriegswerbung

Mit diesem Inserat will Junkers 1944 unübersehbar wieder an die friedliche Verkehrsluftfahrt der Vorkriegszeit anknüpfen, woran das Unternehmen mit unterschiedlichen Flugzeugmustern weltweit bedeutenden Anteil hatte.

Mit einem Angriff auf das englisch-schottisch-nordirische Wappen zertrümmern Fw 200-Fernkampfbomber symbolisch das Vereinigte Königreich.

Schiffsgeleitzüge befördern feindliche Truppen oder versorgen diese mit Nachschub, was zu verhindern die Aufgabe von Fw 200-Fernkampfflugzeugen ist.

Die große Reichweite der Fw 200-Fernkampfflugzeuge lässt auch Kriegseinsätze in Regionen zu, die fernab des europäischen Festlands liegen.

Bei einem letzten Überflug mit der Fw 200 fotografiert der Funker Alfred Gidall den nach einem Bombentreffer sinkenden norwegischen Frachter „Olga S.“.

Auch wenn es um die Vernichtung feindlicher Schiffstonnage geht, die Reichspost ist mit einem entsprechenden Sonderstempel wieder mit dabei.

des Herstellers geht es jedoch einmal um den Fernkampfbomber, der in Dreierformation symbolisch ein bereits zerbröckelndes Wappen Großbritanniens attackiert. Zum anderen macht ein Focke-Wulf-Fernkampfflugzeug „Jagd auf Geleitzüge!“ oder befindet sich „Weit draußen im Atlantik …“. Von derartigem Kriegsgeschehen nicht unberührt bleibt aber auch der eine oder andere Lufthansa-Mitarbeiter. Denn so mancher von ihnen wird zur Luftwaffe eingezogen und muss da an Bord von Militärmaschinen Dienst tun. In der Werkzeitschrift „Der Lufthanseat“ schildert unter der Überschrift „Zweimal Volltreffer im Atlantik“ der Unteroffizier Alfred Gidall – im zivilen Leben Oberflugzeugfunker der Lufthansa – einen solchen militärischen Fw 200-Einsatz. Ein offenbar für den Kriegsfeind Großbritannien fahrendes norwegisches Schiff – Gidall kann es, kurz bevor es untergeht, noch fotografieren – sowie ein anderer, in einem britischen Geleitzug mitfahrender Frachter werden dabei durch Bombentreffer versenkt.

Anlässlich des 20jährigen Bestehens des Focke-Wulf Flugzeugbaus zielt man Anfang 1944 aber auch hier bereits auf den zukünftigen Friedensluftverkehr ab. Und zum Jahreswechsel 1944/45 erscheint die Fw 200 in der Schweizer Aero-Revue dann ein letztes Mal in einer Werbung, jetzt wieder als zivile Künde-

Die grafische Gestaltung dieser Werbekarte von 1944 entspricht der nach wie vor herrschenden Kriegssituation. Im Text bekennt sich Focke-Wulf aber bereits zu einem friedlichen Nachkriegsluftverkehr.

1945 zeigt Focke-Wulf noch einmal eine Fw 200 über einem Schiff, jetzt aber nicht mehr als Angreifer sondern als friedvoller Konkurrent der Seefahrt.

Die Monatsschrift für Weltluftverkehr „Die Luftreise" hat 1941 längst ihren zivilen Charakter verloren, wie nicht zuletzt dieses darin veröffentlichte Inserat der Firma Heinkel zeigt, die ihr Kampfflugzeug He 111 auch als „scharfes Schwert der deutschen Luftwaffe" sieht.

rin für einen „künftigen Passagier- und Frachtdienst nach Übersee".

Eine typische Doppelentwicklung ist die Heinkel He 111, seit Mitte der 1930er Jahre als Bomber und – dies jedoch in wesentlich kleinerer Stückzahl – auch als Schnellverkehrsflugzeug gebaut. Bei Kriegsbeginn muss Lufthansa ihre He 111-Flotte an das RLM verkaufen. Die Werbung der Firma Heinkel gilt 1941 denn auch ausschließlich dem „Kampfflugzeug He

Keine direkte Verbundwerbung, doch die Luftwaffen-Heinkel He 111 lässt keine Zweifel daran, wo die leistungsstarken Mercedes-Benz-Flugmotoren vorwiegend eingebaut werden.

Mit dieser Werbung für die von ihr produzierten Kampfflugzeuge versucht auch die Firma Dornier sich gegenüber der Konkurrenz zu behaupten.

111 für die Luftwaffe". Letzteres taucht zur gleichen Zeit auch noch in einem Werbeinserat eines ganz anderen Unternehmens auf. Das ist die Firma Daimler-Benz, die mit einer durch die Wolken jagenden He 111 auf die Leistungsfähigkeit ihrer Mercedes-Benz-Flugmotoren hinweist.

Auch für Dornier-Produkte gilt Ähnliches wie bei der He 111, allerdings mit dem Partner BMW. Während der Flugzeugbauer selbst

Für seinen Doppelsternmotor 801 wirbt BMW mit dieser Kriegsszene, bei der zwei Dornier Do 217 nach erfolgreichem Angriff auf ein Schiff zu weiteren Einsätzen abdrehen.

Großbritannien in Flammen: Der Flugzeugbauer Messerschmitt lässt 1941 keinen Zweifel daran, wie er sich den Einsatz seiner Produkte vorstellt.

Die Messerschmitt Me 323 Gigant im typischen Militäreinsatz: Der Transport eines kompletten Flak-Geschützes stellt für das Flugzeug kein Problem dar.

für sein Kampfflugzeug Dornier Do 215 wirbt, inseriert BMW für seine Doppelsternmotoren 801 mit der Dornier Do 217, einem Sturzkampfflugzeug. Unter zwei Maschinen dieses Typs zeigt die Werbezeichnung im Hintergrund – mit einer riesigen Rauchwolke darüber – ein offenbar durch diese Flugzeuge angegriffenes und daraufhin sinkendes Schiff.

Obwohl in den letzten Friedensjahren nicht als Hersteller von Verkehrsflugzeugen aufgetreten, versucht schließlich auch die Firma Messerschmitt, sich für den Nachkriegsluftverkehr in Position zu brin-

Zwar behäbig und nicht gerade sehr stabil gebaut ist die Me 323 Gigant. Da aber für tonnenschwere Frachtstücke geeignet, preist Messerschmitt das Flugzeug für zukünftige zivile Frachttransporte an.

gen. Doch zuvor wird in einer Werbezeichnung noch von einem nicht näher definierten Flugzeugmuster dieses Unternehmens – vermutlich einer Bf 110 – ganz Großbritannien flächendeckend in Brand gesetzt. 1944 soll dann ein eigentlich typisches Kriegsprodukt, nämlich die sechsmotorige Messerschmitt Me 323 Gigant, wiederum diesem Flugzeugbauer die Chance eröffnen, „einen Beitrag für den internationalen Güterverkehr auf den Luftstraßen der Zukunft" zu leisten. Trotz der erstaunlichen Fähigkeit, selbst schwerste und sperrigste Frachtstücke problemlos zu befördern, bleibt der Me 323 der Einsatz im zivilen Nachkriegsluftverkehr jedoch versagt. Nach dem Zusammenbruch des Reichs ist Deutschen durch die alliierten Siegermächte der Bau und der Betrieb von Flugzeugen grundsätzlich verboten, was gleichermaßen für die Luftfahrtindustrie wie auch für Lufthansa gilt.

Bilderrätsel, vermeintliche Erinnerung und auch Irreführung

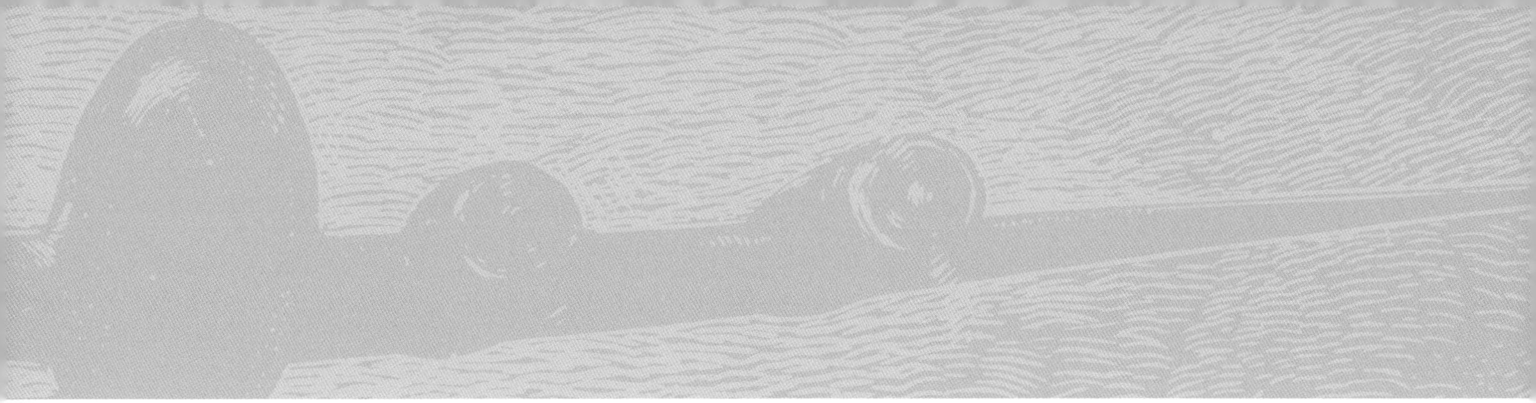

Nicht nur die zivilen Kennzeichen reichseigener Flugzeuge können zu Missverständnissen führen, wie in einem der vorhergehenden Kapitel dargestellt. Auch andere Faktoren können Irrtümer und unzutreffende Beurteilungen nach sich ziehen. Für eine gewissenhafte Aufarbeitung historischer Zusammenhänge und Entwicklungen ist man grundsätzlich auf authentische Dokumente angewiesen. Wo solche nicht vorhanden sind, bleibt oft nichts anderes übrig, als der Erinnerung derer zu folgen, die am Geschehen beteiligt waren. Die Erfahrung lehrt jedoch, dass sowohl bei der Auswertung von Dokumenten und Bildern als auch – und hier gilt dies ganz besonders – bei der Verlässlichkeit der mündlichen Überlieferung Irrtümer auftreten können, sei es durch Unkenntnis, Fehlinterpretation, unbewusste Verdrängung, schlichtes Vergessen oder sogar vorsätzliche Fälschung.

Es gibt Fotos, um mit dieser Form historischer Dokumente zu beginnen, denen man unmittelbar ansieht, dass sie retuschiert wurden. So sind hin und wieder Flugzeugabbildungen mit offensichtlich geänderten Kennzeichen zu finden. Die oftmals recht unprofessionellen Retuschen lassen da keinen Zweifel. Auf den ersten Blick anders sieht das dagegen bei einer Junkers Ju 52 mit der Zulassung *D-3050* aus, von der sogar eine ganze Reihe sicherlich nicht nachbearbeiteter Aufnahmen existieren. Bei diesem angeblich ehemaligen Lufthansa-Flugzeug fallen aber sogleich technische Details auf, die so nicht stimmen können. Da gibt es eine Frachttür an der rechten Seite des Rumpfes und zwei auffallende Peilantennen. Derartige Installationen gab es bei Lufthansa in den frühen 1930er Jahren keinesfalls, also zu der Zeit, als das Kennzeichen *D-3050* tatsächlich verwendet wurde. Die Erklärung für diese Unstimmigkeiten ist einfach: Diese Ju 52 war Eigentum der schweizerischen Luftwaffe und erhielt 1960 für die Produktion des amerikanischen Spielfilms „Verrat auf Befehl" eine – in mancher Hinsicht historisch allerdings auch nicht korrekte – Lufthansa-Bemalung. Eines macht dieser sicherlich besondere Fall aber deutlich: Wenn erläuternde Informationen zu einem Bild fehlen, hat auch die schönste oder interessanteste Aufnahme nur einen sehr eingeschränkten Dokumentationswert. Das kann dann dazu führen, dass – je nach sonstigem Wissensstand – Fotos zeitlich oder örtlich falsch eingeschätzt werden, wie nachweislich auch einige aus dem Flugbetrieb der Lufthansa stammende Bilder. Hier wäre beispielsweise

Sicherlich wohl ein Lufthansa-Flugzeug, wie das Firmenemblem am Seitenleitwerk zeigt. Das Kennzeichen *D-AFIR* ist allerdings eindeutig nachträglich auf das Foto aufgebracht.

Auf diesem Bild passt augenscheinlich historisch kaum etwas zusammen. Es zeigt die schweizerische Luftwaffen-Ju 52, die für eine Filmproduktion gerade das Lufthansa-Erscheinungsbild der 1930er Jahre erhält.

von Bedeutung und hilfreich zu wissen, wer eine bestimmte Aufnahme gemacht hat. Und die damit gewonnene Erkenntnis geht dann möglicherweise erheblich darüber hinaus, als einfach nur den Namen des Fotografen zu wissen. Ein typisches Beispiel dafür sind Bilder, die im Auftrag der Lufthansa während des Kriegs auf dem Flughafen Berlin-Tempelhof – teils auch im engeren Stadtgebiet – entstanden sind. Durch die direkte Verknüpfung mit einem Namen wird eindeutig, dass – anders als mitunter behauptet wird – keines der Bilder an einem anderen Ort oder zu einer anderen Zeit gemacht worden sein kann.

Das fliegerische Geschehen bei Lufthansa wurde seit der Aufnahme des Flugbetriebs 1926 in Bildern festgehalten. Einer der ers-

Bilder der falschen *D-3050* gibt es mehrere – hier möglicherweise in Uetersen aufgenommen. Schon an den Peilantennen auf dem Rumpf ist die schweizerische Ju 52 zu erkennen.

Wie leider so oft fehlen erläuternde Angaben auch zu diesem an sich höchst interessanten Foto. Sein Informationswert ist daher sehr gering. Oder weiß vielleicht ein Leser dieses Buchs Näheres dazu?

Der Berliner Fotograf Alex Stöcker hält den Lufthansa-Flugbetrieb seit 1926 im Bild fest. Seine letzten Aufnahmen entstehen im Herbst 1939 auf dem Flugplatz Rangsdorf, wie diese Gepäckverladung in eine Junkers Ju 90.

ten Fotografen war dabei in Berlin Alexander Stöcker. Seine Arbeit für Lufthansa endet 1939 in den ersten Kriegsmonaten, nachdem er noch den vorübergehend von Tempelhof nach Rangsdorf verlegten Flugbetrieb bildlich festgehalten hat. Danach erscheint der Name Stöcker nicht mehr unter aktuellen Aufnahmen, die in der Werkzeitschrift „Der Lufthanseat" veröffentlicht werden.

Die Rolle als Fotografin für das unternehmensinterne Mitteilungsblatt übernimmt daraufhin im Frühjahr 1940 Wally Pietrzak, seit 1934 als Kaufmännische Angestellte bei Lufthansa beschäftigt. Nach Kriegsbeginn fällt ihr als „Feldpostmädchen" einerseits die Aufgabe zu, den betrieblichen Kontakt mit den zur Luftwaffe eingezogenen und nun im Militärdienst befindlichen Mitarbeitern der Fluggesellschaft zu pflegen. Als Fotografin ist es andererseits eine von Pietrzaks Aufgaben, Bilder zu liefern für die sicherlich „von oben" gewünschte Darstellung einer trotz des begonnenen Kriegs nach wie vor heilen Lufthansa-Welt. So zeigen die ersten ihrer veröffentlichten Aufnahmen ein friedliches Idyll in Tempelhof: Junge Mitarbeiterinnen genießen das schöne Frühlingswetter auf dem Gartenweg zwischen den Flughafengebäuden oder sonnen sich auf dem Kantinen-

Den Eindruck eines unbeschwerten Frühlingstags sollen diese 1940 während einer Mittagspause in Tempelhof von Wally Pietrzak gemachten Aufnahmen vermitteln.

„Duralumin – das Gold der Fliegerei“ ist 1941 ein Beitrag in der Werkzeitschrift „Der Lufthanseat“ übertitelt. Der Bildtext dieses Pietrzak-Fotos lautet: „Und hier – ‚Dural‘ in der Praxis“.

„Durchblick aus Halle 4 in Tempelhof. Foto: D.L.H. (Pietrzak)", so die Beschreibung auf der Karteikarte dieser Aufnahme im Lufthansa-Bildarchiv.

dach. In der Kantine darunter sitzt man gut gelaunt gemeinsam beim Mittagessen. In Berlin ist von Kriegshandlungen rein gar nichts zu spüren, vermitteln diese Bilder.

Doch auf Dauer lassen sich die ersten Auswirkungen der – noch fernen – Kämpfe nicht verbergen. Deshalb illustrieren im Herbst 1940 Pietrzak-Bilder von einer vergnüglichen Dampferfahrt den Beitrag „Verwundetenbetreuung durch die Lufthansa". Auch zur Weihnachtsfeier ihrer Berliner Betriebe lädt die Fluggesellschaft nicht nur ihre Mitarbeiter mit ihren Familien in die „Scala" ein, sondern auch 300 verwundete Soldaten. Ein Foto zeigt diese bei der Bescherung und ein anderes Kinder mit den ihnen geschenkten Gaben. Bis Ende 1944 ist Weihnachten ein gern wiederholter Anlass, durch entsprechende Beiträge in der Werkzeitschrift den Eindruck eines nach wie vor friedlichen Miteinanders zu vermitteln. Dazwischen sind für diesen Zweck im „Lufthanseat" vor allem Sportveranstaltungen beliebt. Wally Pietrzak hält Leichtathletik-Veranstaltungen, Schwimmen und Tennis im Bild fest, Fußballspiele übernimmt ein Arbeitskollege.

Am Flughafen Tempelhof durfte, wenn überhaupt, während der Kriegsjahre zweifelsohne nur sehr eingeschränkt fotografiert wer-

Die Archivkarteikarten dieser beiden Fotos sind beschriftet: „Duralwerkstatt der Deutschen Lufthansa. Durchsicht der Motoren bei einer Ju 90. Foto: Pietrzak“.

Das im Hintergrund teilweise erkennbare Kennzeichen *D-ACWG* der Focke-Wulf Fw 200 *„Holstein“* belegt, dass diese Tempelhofer Pietrzak-Aufnahme entweder Ende 1940 oder Anfang 1941 entstand.

den. Die meisten Aufnahmen aus den örtlichen Werkstätten haben deshalb den Anschein, in tiefsten Friedenszeiten entstanden zu sein. Tatsächlich fotografiert Wally Pietrzak für Lufthansa jedoch nur während des Kriegs. Hier stellt also ihr Name ein wichtiges Merkmal dar für die zeitliche Einordnung der Bilder. Bei einigen ist aber auch ohne diesen Zusammenhang ersichtlich, wann sie genau entstanden. In erster Linie ist dies anlässlich von Jubiläen des fliegerischen Personals der Fall – vorwiegend nach 1 oder 2 Millionen im Luftverkehr geleisteten Flugkilometern –, denn diese Daten sind ja allgemein bekannt. Die Reihe der von Wally Pietrzak 1940-1944 in Tempelhof und anlässlich einiger besonderer Veranstaltungen innerhalb Berlins aufgenommenen Bilder endet in der letzten Ausgabe der Werkzeitung „Der Lufthanseat". Im Heft 11/12 1944 begleiten neun Fotos unter der Überschrift „Frauen bei uns im totalen Kriegseinsatz" einen kurzen Text, in dem an das Pflichtbewusstsein der betroffenen Frauen appelliert und um Anerkennung von deren Arbeit durch die angestammten Mitarbeiter geworben wird.

Besonders problematisch ist es mit der mündlichen Überlieferung, die lediglich auf Erinnerungen beruht. Auf zwei typische Beispiele dafür, wie einen das Gedächtnis im Stich lassen kann, soll nachfolgend näher eingegangen werden. In den späten 1960er Jahren traf der Autor dieses Buches auf dem Frankfurter Flughafen bei seiner Tätigkeit als sogenannter Ops(Operations)-Agent der Lufthansa mit zahlreichen Flugzeugführern zusammen, darunter auch mit Boeing 727-Flugkapitän Heinz Buntrock. Zu dieser Zeit konnte niemand voraussehen, dass ausgerechnet er einmal als Beispiel

„Werkpilot Detlev Poppe. Am 4.8.40 20 Jahre Flugzeugführer bei der Deutschen Lufthansa und 1 Million Flugkilometer vollendet. Foto: Deutsche Lufthansa (Pietrzak)".

Ein außergewöhnliches Jubiläum feiert 1943 Georg Offik (auf dem Pietrzak-Bild rechts): Als Chauffeur von Erhard Milch (links) hat er für und mit diesem seit 1925 eine Million Fahrkilometer zurückgelegt.

dafür stehen sollte, wie sehr die Erinnerung doch täuschen kann. Dies soll weder ein Vorwurf oder gar eine Verurteilung sein. Die heutige Wissenschaft hat längst erkannt, dass so etwas jedem nicht nur passieren kann, sondern jedem auch tatsächlich passiert. Das genaue Wissen um die Abläufe ist in diesem Fall lediglich auf den Zufall zurückzuführen, dass über die frühere fliegerische Zeit Buntrocks bei der „alten" Lufthansa noch entsprechende aussagekräftige Dokumente zur Verfügung stehen.

Unverkennbar Tempelhof: 1943 schießt Wally Pietrzak dieses Bild der Lehrlinge – „Fliegergefolgschaft 5/155 LUFTHANSA" – beim Ausmarsch zum Sport.

Frauen bei uns im totalen Kriegseinsatz

9 Aufnahmen:
Pietrzak DLH.

Abb. 1 Jutta M., kfm. Angestellte, DLH. So. Pl.
Abb. 2 Christel Schn., kfm. Angestellte, Innenministerium
Eva Maria K., kfm. Angestellte, Innenministerium
Abb. 3 Lucie B., kfm. Angestellte, Außenministerium
Barbara G., kfm. Angestellte, Außenministerium
Abb. 4 Edith B., kfm. Angestellte, DLH. Pressedienst
Abb. 5 Agnes J., Volksdeutsche
Inge F., kfm. Angestellte, DLH. Hptverw.
Abb. 6 Gertrud B., kfm. Angestellte, DLH. Hptverw.
Abb. 7 Maria T., Verlagsangestellte
Abb. 8 Herta B., Operettensängerin
Abb. 9 Irma M., kfm. Angestellte, DLH. W. L. Eink.

Die letzten Pietrzak-Fotos in der Werkzeitschrift „Der Lufthanseat“ illustrieren Ende 1944 den vielfältigen Einsatz von Frauen in den Lufthansa-Werkstätten.

Längere Zeit bei der Luftwaffe: Oberleutnant Heinz Buntrock 1942 in Demjansk. Später fliegt er wieder bei Lufthansa und wird 1944 zum Flugkapitän ernannt.

Es sind durchaus auch andere Fälle nachweislich unzutreffender Rückblicke auf die eigene Vergangenheit bekannt, die vielfach aber eben nicht so überzeugend belegt sind wie bei Heinz Buntrock.

Zunächst zur Vorgeschichte: Eine Hauptsorge der Lufthansa gilt während der Kriegsjahre ihrem andauernden Mangel an Verkehrsflugzeugen. Fast die gesamte Vorkriegsflotte musste an das RLM zwecks Verwendung bei der Luftwaffe teils verkauft, hauptsächlich aber verchartert werden. Dadurch ergeben sich für die Fluggesellschaft zwar gewisse fortgesetzte Einnahmen, doch eine Möglichkeit, dafür neue Zivilflugzeuge durch Kauf anzuschaffen, besteht nicht. Die Produktion für militärische Zwecke hat grundsätzlich Vorrang. Also setzt Lufthansa Fluggerät fremder Luftverkehrsgesellschaften ein, soweit sich diese mit einer vorübergehenden Überlassung einverstanden erklären. Bereits seit 1939 fliegen gecharterte Douglas-Flugzeuge der tschechischen ČLS auf Lufthansa-Routen. Später kommen dazu Junkers Ju 52 der Iberia und der finnischen Aero sowie Bloch 220 von Air France. In weit größerem Umfang als diese Fluggesellschaften verchartert aber schließlich auch das RLM – trotz und ohne Berücksichtigung der bestehenden umgekehrten Verträge – seinerseits Flugzeuge an Lufthansa. Dazu gehören auch Ju 52 der italienischen Ala Littoria sowie Douglas-Flugzeuge der niederländischen KLM, welche von der deutschen Luftwaffe beschlagnahmt wurden. Die von Lufthansa zu zahlenden „Gebühren für die Charterung fremder Flugzeuge und Motoren" belaufen sich 1943 auf 2,5 Mio. Reichsmark.

Und nun zurück zum eigentlichen Thema dieses Kapitels. Wie bereits erwähnt, bietet sich unter anderem auch die finnische Aero O/Y für Flugzeugcharter an. Mit ihr kann ein Rahmenvertrag abgeschlossen werden, von Lufthansa am 30. September und von Aero am

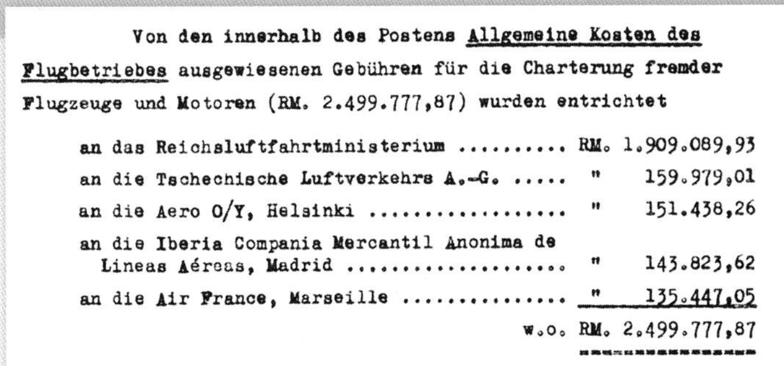

Von den innerhalb des Postens Allgemeine Kosten des Flugbetriebes ausgewiesenen Gebühren für die Charterung fremder Flugzeuge und Motoren (RM. 2.499.777,87) wurden entrichtet

an das Reichsluftfahrtministerium	RM.	1.909.089,93
an die Tschechische Luftverkehrs A.-G.	"	159.979,01
an die Aero O/Y, Helsinki	"	151.438,26
an die Iberia Compania Mercantil Anonima de Lineas Aéreas, Madrid	"	143.823,62
an die Air France, Marseille	"	135.447,05
	w.o. RM.	2.499.777,87

Ein nicht unerheblicher Teil der „Allgemeinen Kosten des Flugbetriebs" sind 1943 die Chartergebühren, die Lufthansa an das RLM und verschiedene Fluggesellschaften zahlt.

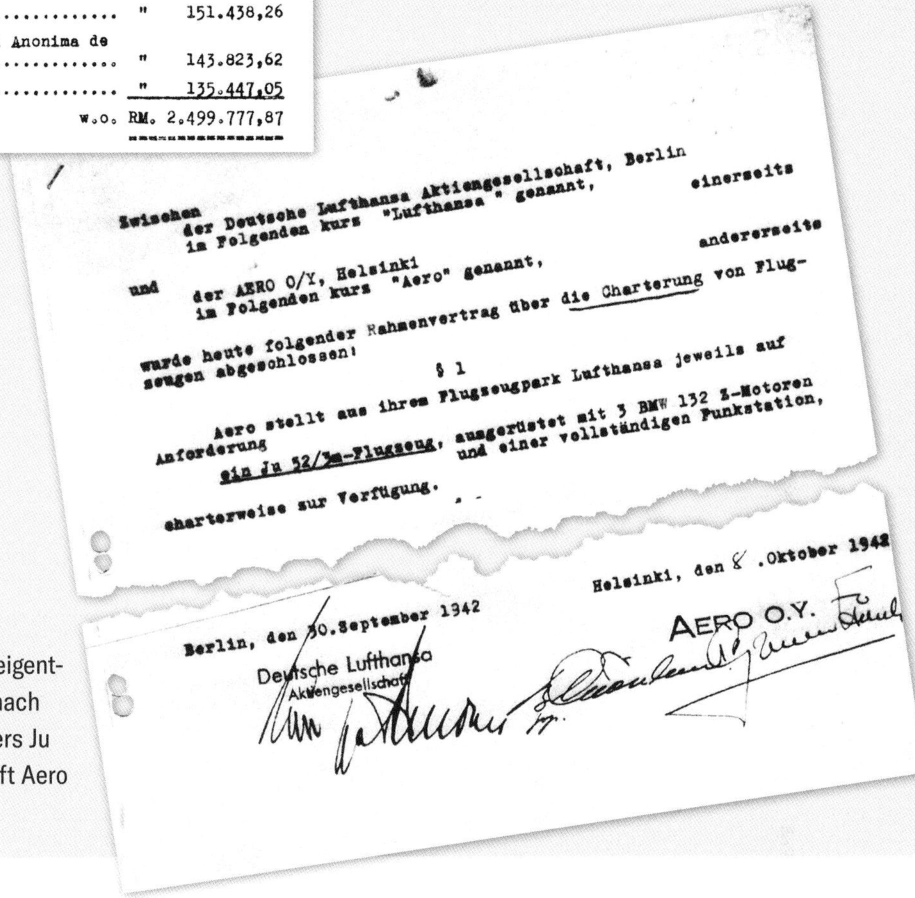

Zwischen der Deutsche Lufthansa Aktiengesellschaft, Berlin im Folgenden kurz "Lufthansa" genannt, einerseits

und der AERO O/Y, Helsinki im Folgenden kurz "Aero" genannt, andererseits

wurde heute folgender Rahmenvertrag über die Charterung von Flugzeugen abgeschlossen:

§ 1

Aero stellt aus ihrem Flugzeugpark Lufthansa jeweils auf Anforderung ein Ju 52/3m-Flugzeug, ausgerüstet mit 3 BMW 132 Z-Motoren und einer vollständigen Funkstation, charterweise zur Verfügung.

Helsinki, den 8. Oktober 1942

Berlin, den 30. September 1942

Deutsche Lufthansa Aktiengesellschaft

AERO O.Y.

Kurzfristiger als laut Rahmenvertrag eigentlich vorgesehen, chartert Lufthansa nach der Unterzeichnung gleich zwei Junkers Ju 52 von der finnischen Fluggesellschaft Aero O/Y.

8. Oktober 1942 unterzeichnet. Dieser ermöglicht Lufthansa, unmittelbar zwei Junkers Ju 52 zu übernehmen, die *OH-LAP „Petsamo"* – jetzt *D-ACDA* – und die *OH-LAO „Waasa"* – jetzt *D-AEAC*. Letztere wird knapp zwei Jahre später an Aero zurückgegeben. Die *D-ACDA* bereits 1943, doch kommt das Flugzeug Mitte 1944 erneut zu Lufthansa. Eigentlich soll diese Ju 52 nur noch für zwei Monate den Flugzeugpark der Lufthansa ergänzen und Aero bittet am 29. August telegrafisch um Rückgabe bis spätestens 12. September 1944. Lufthansa sagt die Einhaltung dieses Termins auch zu und die *D-ACDA* fliegt offenbar zwecks Überführung zunächst nach Oslo, doch der finnisch-sowjetische Waffenstillstand und die Ausweisung aller deutschen Truppen aus Finnland verhindern wohl den Weiterflug nach Helsinki. Der Einsatz der *D-ACDA* beschränkt sich dann auf Balkanrouten, teils noch von Berlin aus über Wien nach Budapest oder Agram. Für diese fortgesetzte Verwendung in ihrem Flugdienst zahlt Lufthansa zwecks späterer Abrechnung mit Aero weiterhin Chartergebühren auf ein Sonderkonto

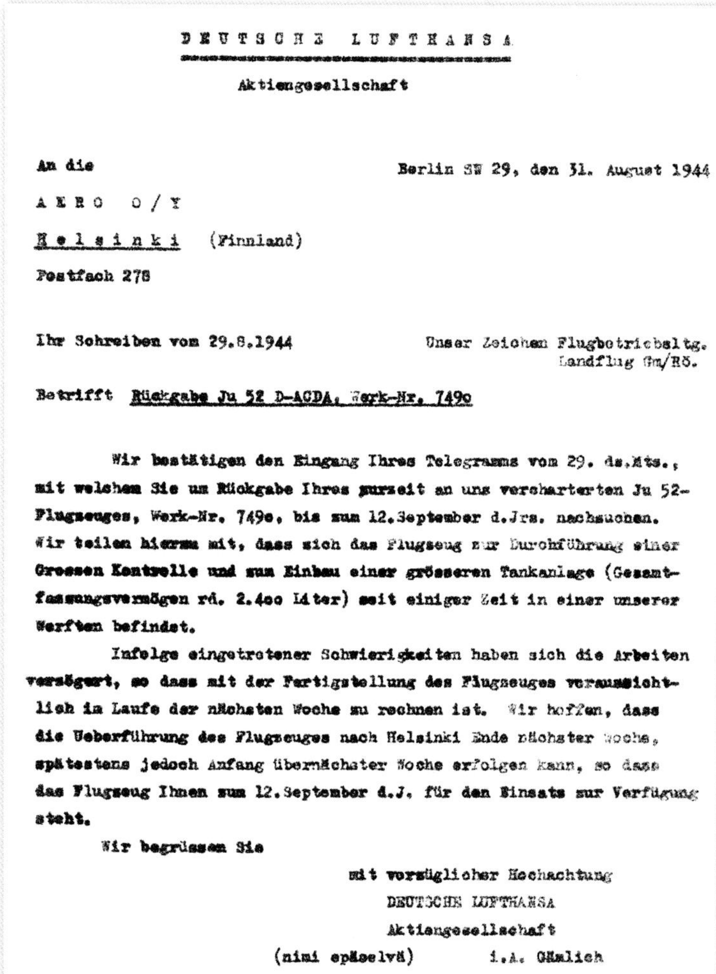

D E U T S C H E   L U F T H A N S A

Aktiengesellschaft

An die

A E R O   O / Y

Helsinki (Finnland)

Postfach 278

Berlin SW 29, den 31. August 1944

Ihr Schreiben vom 29.8.1944

Unser Zeichen Flugbetriebsltg. Landflug Gm/Rö.

Betrifft Rückgabe Ju 52 D-ACDA, Werk-Nr. 7490

Wir bestätigen den Eingang Ihres Telegramms vom 29. ds.Mts., mit welchem Sie um Rückgabe Ihres zurzeit an uns vercharterten Ju 52-Flugzeuges, Werk-Nr. 7490, bis zum 12.September d.Jrs. nachsuchen. Wir teilen hiermit mit, dass sich das Flugzeug zur Durchführung einer Grossen Kontrolle und zum Einbau einer grösseren Tankanlage (Gesamtfassungsvermögen rd. 2.400 Liter) seit einiger Zeit in einer unserer Werften befindet.

Infolge eingetretener Schwierigkeiten haben sich die Arbeiten verzögert, so dass mit der Fertigstellung des Flugzeuges voraussichtlich im Laufe der nächsten Woche zu rechnen ist. Wir hoffen, dass die Ueberführung des Flugzeuges nach Helsinki Ende nächster Woche, spätestens jedoch Anfang übernächster Woche erfolgen kann, so dass das Flugzeug Ihnen zum 12.September d.J. für den Einsatz zur Verfügung steht.

Wir begrüssen Sie

mit vorzüglicher Hochachtung
DEUTSCHE LUFTHANSA
Aktiengesellschaft
(nimi epäselvä) i.A. Gählich

Trotz kriegsbedingter Schwierigkeiten sagt Lufthansa zu, die gecharterte Ju 52, Werknummer 7490, zu dem von Aero genannten Datum in Helsinki zurückzugeben.

ein. Mit dem Kriegsende muss die Fluggesellschaft dann allerdings ihren gesamten Betrieb einstellen.

1957, zwei Jahre nach dem Beitritt Finnlands zum Londoner Schuldenabkommen, das finanzielle Verpflichtungen Deutschlands aus der Zeit bis zum 8. Mai 1945, dem Tag der Kapitulation des Deutschen Reichs, gegenüber anderen Ländern regelt, meldet sich bei der bereits in Liquidation befindlichen „alten" Lufthansa die Suomen Pankki – Finlands Bank. Diese vertritt die Fluggesellschaft Aero O/Y im Hinblick auf deren Forderungen betreffend die 1944 vercharterte und letztendlich in Verlust geratene Junkers Ju 52 *OH-LAP/D-ACDA*. Angesichts der kriegsverursachten Vernichtung der meisten schriftlichen Unterlagen ist es für die Lufthansa i. L. praktisch unmöglich, die Sachlage zu überprüfen. „Nachforschungen bei alten Lufthansa-Angehörigen nach dem Verbleib des Flugzeuges sind bisher ergebnislos geblieben", so ein Aktenvermerk. Dies ändert sich am 15. Juli 1958 mit einer protokollierten Aussage von Flugkapitän Heinz Buntrock:

„Im Januar 1945 war ich dem Bezirksleiter Südost in Wien zugeteilt. In diesem Monat habe ich in Jüterbog bei der Führerbegleitstaffel ein Flugzeug vom Typ Ju 52 mit 3 BMW 132 Z-Motoren übernommen. Ich erinnere mich sehr deutlich, dass an der Maschine noch, wenn auch verwaschen lesbar, der Name Petsamo entziffert werden konnte. Das Flugzeug hatte zu diesem Zeitpunkt bereits Zusatztanks, die die Gesamttreibstoffmenge auf ca. 4000 l stellte. Es trug zum Zeitpunkt der Abholung ein militärisches deutsches Kennzeichen u. Balkenkreuz, und erhielt nach der Überführung nach Wien ein ziviles Kennzeichen.

Die Maschine wurde in den Monaten Januar bis 6. Mai noch zu Flügen im Rahmen der DLH eingesetzt, z.B. nach Skopje, Priština, Sarajewo, Agram, Prag.

Am 6.5.45 erhielt ich von meiner vorgesetzten Stelle den Auftrag, dieses Flugzeug an den Wolfgang-See zu überführen und dort für ei-

Diese Reisekostenabrechnung des Funkermaschinisten Ignaz Melsheimer zeigt den Einsatz der 1944 in Wien stationierten Ju 52 *D-ACDA* auf verschiedenen Balkanverbindungen der Lufthansa.

ne Gruppe von Personen bereitzuhalten. Soviel mir bekannt ist, erfolgte der Auftrag auf Anforderung einer Luftwaffendienststelle der Luftflotte Süd-Ost.

Ich führte diesen Auftrag aus und landete glatt am 6.5.45 auf einer Wiese am Wolfgang-See bei der Gemeinde Zinkenbach. Zu einem Start ist es jedoch nicht mehr gekommen, da inzwischen die Umgebung von amerikanischen Truppen besetzt worden war.

Am 8.5.45 erschien eine Gruppe amerikanischer Soldaten, die durch Schüsse aus ihren Maschinenpistolen die Motoren, Flächen, Bereifung, Radio und Instrumente zerstörten.

Ich habe den damaligen Bürgermeister der Gemeinde Zinkenbach von dem Vorhandensein der Maschine unterrichtet. Möglicherweise ist das Wrack später restlos von den Bauern der Umgebung ausgeschlachtet worden."

Damit scheint die Sachlage eindeutig geklärt zu sein. Und wie ein Schreiben der für die Abwicklung des Kaskoschadens zuständigen Allianz Versicherung vom 1. Dezember 1958 zeigt, hat man dort zu diesem Zeitpunkt bereits die Darstellung Buntrocks als Grundlage für die weiteren Verhandlungen mit der finnischen Bank übernommen. Demzufolge wurde

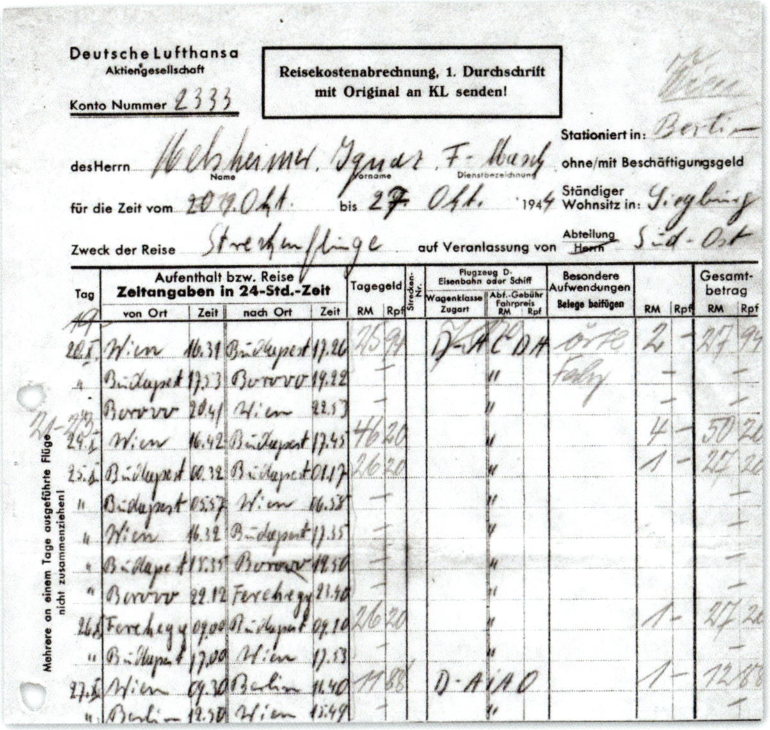

Deutsche Lufthansa
Aktiengesellschaft
Konto Nummer 2333

Reisekostenabrechnung, 1. Durchschrift mit Original an KL senden!

Stationiert in: Berlin
des Herrn Melsheimer, Ignaz F-Masch
ohne/mit Beschäftigungsgeld
für die Zeit vom 20. Okt. bis 27 Okt. 1944
Ständiger Wohnsitz in: Siegburg
Zweck der Reise Streckenflüge auf Veranlassung von Abteilung Süd-Ost

Mehrere an einem Tage ausgeführte Flüge nicht zusammenziehen!

Tag	von Ort	Zeit	nach Ort	Zeit	Tagegeld RM	Rpf	Flugzeug	Besondere Aufwendungen	RM	Rpf	Gesamtbetrag RM	Rpf
20.X	Wien	16.31	Budapest	17.20	25	94	D-ACDA	örtl. Fahr.	2	–	27	94
"	Budapest	17.53	Borovo	19.22	–		"		–		–	
"	Borovo	20.41	Wien	22.13			"		–		–	
24.X	Wien	16.42	Budapest	17.45	46	20	"		4	–	50	20
25.X	Budapest	00.32	Budapest	01.17	26	20	"		1	–	27	20
"	Budapest	15.57	Wien	16.58	–		"				–	
"	Wien	16.32	Budapest	17.35	–		"				–	
"	Budapest	18.35	Borovo	19.50	–		"				–	
"	Borovo	22.12	Ferehegy	23.40	–		"				–	
26.X	Ferehegy	09.00	Budapest	09.10	26	20	"		1	–	27	20
"	Budapest	17.00	Wien	17.53	–		"				–	
27.X	Wien	09.30	Berlin	11.40	11	88	D-AIAO		1	–	12	88
"	Berlin	12.50	Wien	15.49			"				–	

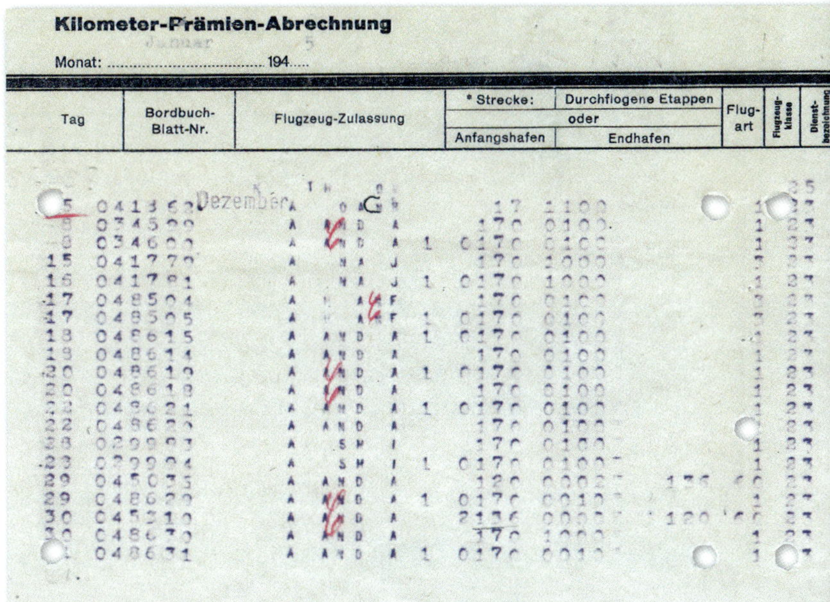

Kilometer-Prämien-Abrechnung
Monat: Januar 1945

Tag	Bordbuch-Blatt-Nr.	Flugzeug-Zulassung	* Strecke: Anfangshafen	Durchflogene Etappen oder Endhafen	Flug-art	Flugzeug-klasse	Dienst-bezeichnung

Kilometer-Prämien-Abrechnungen – hier die von Kurt Thom für Januar 1945 – werden mittels Lochkarten erstellt. Auftretende Fehler beim Flugzeugkennzeichen, wie „AANDA" statt „ACDA" (für *D-ACDA*), werden handschriftlich korrigiert.

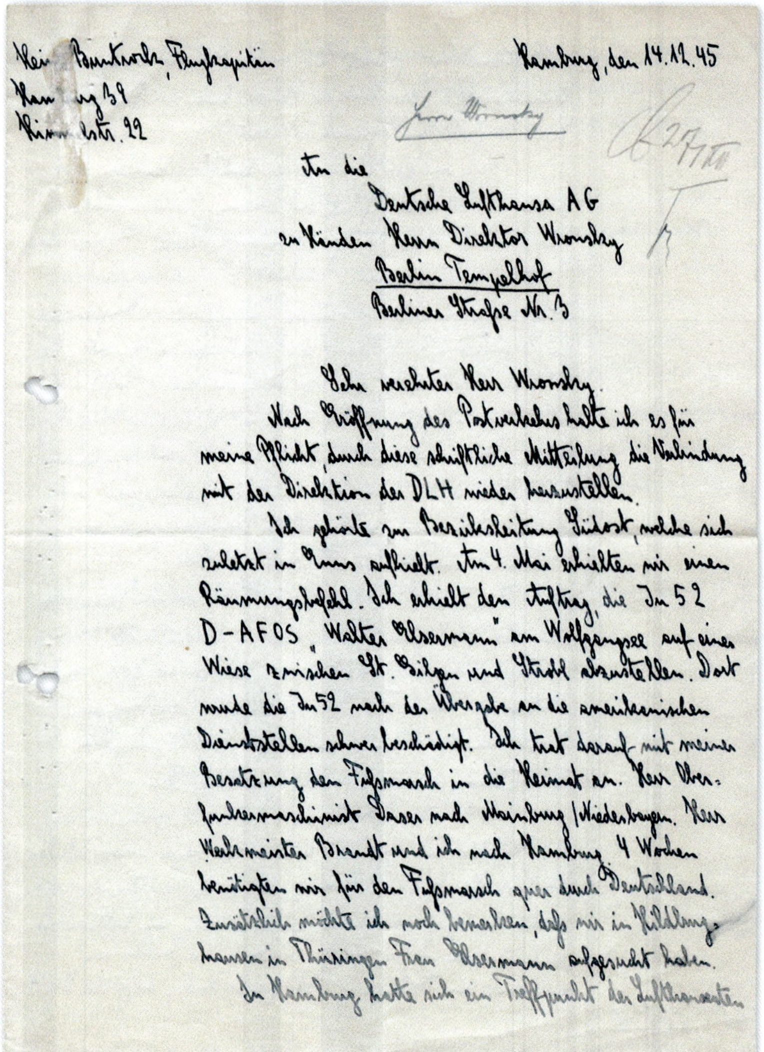

Heinz Buntrock, Flugkapitän
Hamburg 39
Himmelstr. 22

Hamburg, den 14.12.45

Herrn Wronsky

An die
Deutsche Lufthansa AG
zu Händen Herrn Direktor Wronsky
Berlin Tempelhof
Berliner Straße Nr. 3

Sehr verehrter Herr Wronsky!

Nach Eröffnung des Postverkehrs halte ich es für meine Pflicht, durch diese schriftliche Mitteilung die Verbindung mit der Direktion der DLH wieder herzustellen.

Ich gehörte zur Bezirksleitung Südost, welche sich zuletzt in Enns aufhielt. Am 4. Mai erhielten wir einen Räumungsbefehl. Ich erhielt den Auftrag, die Ju 52 D-AFOS „Walter Elsermann" am Wolfgangsee auf einer Wiese zwischen St. Gilgen und Strobl abzustellen. Dort wurde die Ju52 nach der Übergabe an die amerikanischen Dienststellen schwer beschädigt. Ich trat darauf mit meiner Besatzung den Fußmarsch in die Heimat an. Herr Oberfunkermaschinist Daser nach Mainburg/Niederbayern. Herr Werkmeister Brandt und ich nach Hamburg. 4 Wochen benötigten wir für den Fußmarsch quer durch Deutschland. Zusätzlich möchte ich noch bemerken, daß wir in Hildburghausen in Thüringen Frau Elsermann aufgesucht haben.

In Hamburg hatte sich ein Treffpunkt der Lufthanseaten

In seinem Brief vom 14. Dezember 1945 schildert Flugkapitän Heinz Buntrock die Umstände und das Ende seines letzten Lufthansa-Fluges vor dem Kriegsende.

als nunmehr nachgewiesen angesehen, dass die Ju 52 mit der Werknummer 7490 – deutsche Zulassung *D-ACDA* und vormals bei Aero *OH-LAP „Petsamo"* – nach ihrer letzten Landung beim Wolfgangsee dort auch ihr Ende fand, von amerikanischen Soldaten durch Beschuss schwer beschädigt und nicht mehr flugfähig. Soweit der vermeintlich gesicherte Wissensstand damals. Tatsächlich handelte es sich bei dem zum Wolfgangsee überführten Flugzeug aber um ein ganz anderes.

Flugkapitän Heinz Buntrock war sich – 13 Jahre nach den Ereignissen – seiner zu Protokoll gegebenen Aussage zweifellos völlig sicher. Doch, wie bereits eingangs des Kapitels erwähnt, die Erinnerung zeichnet oft ein falsches Bild. Der eindeutige Beweis dafür ist im vorliegenden Fall ein Jahrzehnte später aufgetauchter Brief, den Buntrock im Dezember 1945 geschrieben hatte, also nur ein halbes Jahr nach seinem letzten Einsatz bei der „alten" Lufthansa. Darin wird zwar der Flug mit einer Ju 52 von Enns zum Wolfgangsee bestätigt, aber eben nicht mit der *D-ACDA*, sondern mit der *D-AFOS „Walter Elsermann"*. Und Letzteres wird durch einen ebenfalls erwähnten Besuch bei der Witwe Elsermanns noch einmal bekräftigt. Diese von ihm selbst stammenden Angaben sowie auch der Brief an sich waren Buntrock wohl völlig entfallen. Auch einige andere Punkte seiner Aussage vom 15. Juli 1958 sind unzutreffend oder zumindest sehr unwahrscheinlich. Buntrocks letzter Flug fand nicht am 6. sondern am 4. Mai 1945 statt, wie er zum einen in dem bereits erwähnten Brief festhält und drei Tage später nochmals in einem anderen Schreiben: „Meinen letzten Flug im planmäßigen Luftverkehr habe ich am 4. Mai 1945 ausgeführt bei der Bezirksleitung Südost." Unglaubwürdig ist die angebliche Überführung im Januar 1945. Tatsächlich erhielt die *D-ACDA* im

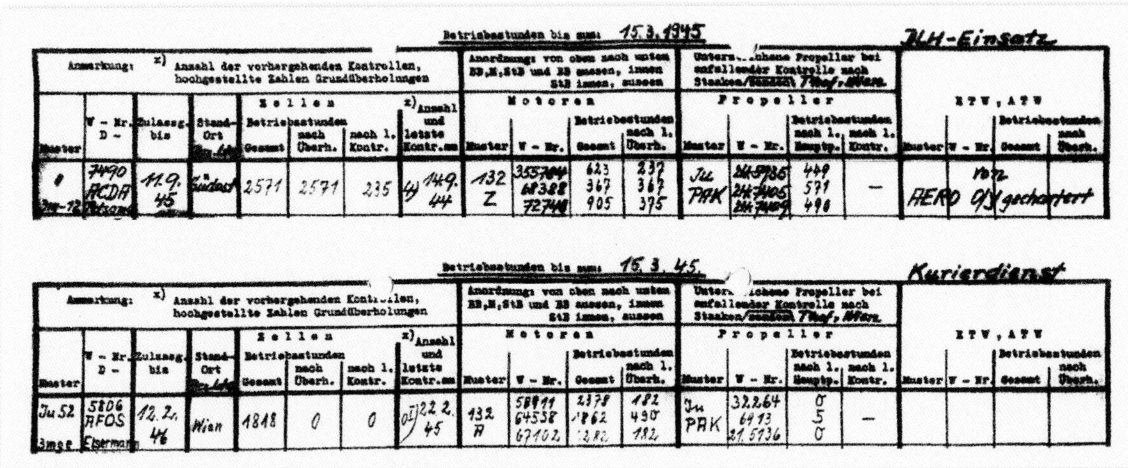

Betriebsstunden bis zum: 15.3.1945 DLH-Einsatz

Anmerkung: x) Anzahl der vorhergehenden Kontrollen, hochgestellte Zahlen Grundüberholungen

Anordnung: von oben nach unten BB, M, StB und BB aussen, innen StB innen, aussen

Untersuchene Propeller bei anfallender Kontrolle nach Staaken/[illegible] Thof, Wien.

Zellen: Muster	W.-Nr. D-	Zulassg. bis	Stand-Ort	Betriebsstunden Gesamt	nach Überh.	nach 1. Kontr.	x) Anzahl und letzte Kontr. am	Motoren: Muster	W.-Nr.	Betriebsstunden Gesamt	nach 1. Überh.	Propeller: Muster	W.-Nr.	Betriebsstunden nach 1. Hauptp.	nach 1. Kontr.	ETW, ATW: Muster	W.-Nr.	Betriebsstunden Gesamt	nach Überh.
[illegible]	7490 ACDA Petsamo	11.9.45	Südost	2571	2571	235	4) 14.9.44	132 Z	355784 68388 72748	623 367 905	237 367 375	Ju PAK	[illegible]	449 571 490	–	AERO	Vorz. 0/3	gechartert	

Betriebsstunden bis zum: 15.3.45. Kurierdienst

Anmerkung: x) Anzahl der vorhergehenden Kontrollen, hochgestellte Zahlen Grundüberholungen

Anordnung: von oben nach unten BB, M, StB und BB aussen, innen StB innen, aussen

Untersuchene Propeller bei anfallender Kontrolle nach Staaken/[illegible] Thof, Wien.

Zellen: Muster	W.-Nr. D-	Zulassg. bis	Stand-Ort	Betriebsstunden Gesamt	nach Überh.	nach 1. Kontr.	x) Anzahl und letzte Kontr. am	Motoren: Muster	W.-Nr.	Betriebsstunden Gesamt	nach 1. Überh.	Propeller: Muster	W.-Nr.	Betriebsstunden nach 1. Hauptp.	nach 1. Kontr.	ETW, ATW: Muster	W.-Nr.	Betriebsstunden Gesamt	nach Überh.
Ju 52 3mge	5806 AFOS Elsermann	12.2.46	Wien	1818	0	0	0I) 22.2.45	132 A	58911 64538 67102	2378 1862 1282	182 490 182	Ju PAK	32.264 6413 21.5136	0 5 0	–				

Im März 1945 fasst die Technische Kontrolle die Flugzeugbetriebsdaten zusammen, darunter auch die der in diesem Kapitel erwähnten Ju 52 *D-ACDA* und *D-AFOS*. Letztere kam erst im September 1944 als Charter vom RLM.

August 1944 in den Lufthansa-Werkstätten eine größere Tankanlage und wurde – nach dem weiter oben bereits erwähnten Oslo-Flug – spätestens ab Oktober 1944 von Wien aus im Liniendienst eingesetzt. Doch wo ist diese Ju 52 dann tatsächlich endgültig verblieben? Was war ihr Schicksal?

Die Flugzeuge der Bezirksleitung Südost mussten in den letzten Kriegswochen verlegt werden, erst von Wien nach Enns, dann von dort aus teils nach Micheldorf und teils nach Aigen im Ennstal. Und der Flugplatz Aigen war dann tatsächlich auch das letzte Flugziel der *D-ACDA*. Laut seiner Reisekostenabrechnung flog der Funkermaschinist Kurt Thom am 5. Mai 1945 mit ebendieser Ju 52 von Enns nach – wie er angibt – Irdning, einen kleinen Ort ganz in der Nähe von Aigen. Da alle Flugzeuge – so der für die Verlegung verantwortliche Funkingenieur Walter Ehlberg – sicher angekommen sind, also auch die *D-ACDA*, verwendete Thom vermutlich nur irrtümlich den Ortsnamen Irdning, wo er möglicherweise für einige Zeit Unterkunft fand. Der damalige Bezirksleiter Johan-

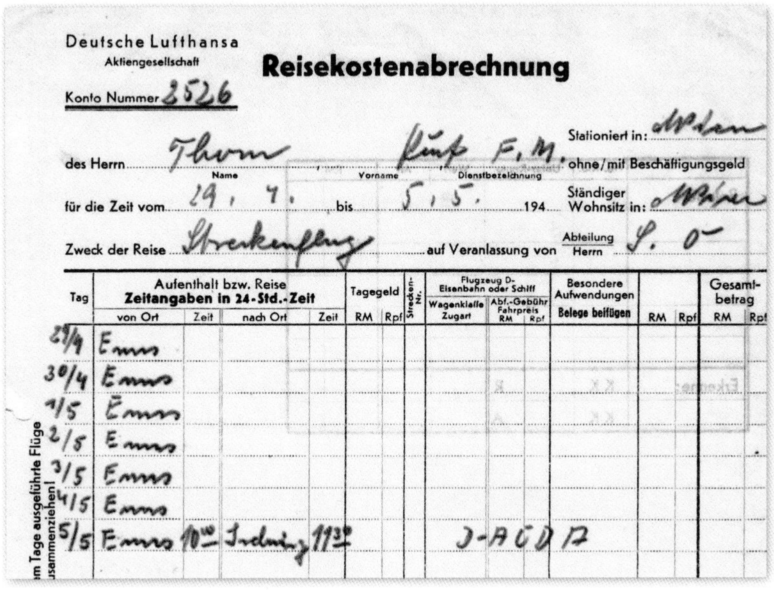

Deutsche Lufthansa
Aktiengesellschaft

Reisekostenabrechnung

Konto Nummer 2526

Stationiert in: Wien

des Herrn Thom (Name), Kurt (Vorname), F.M. (Dienstbezeichnung) ohne/mit Beschäftigungsgeld

für die Zeit vom 29.4. bis 5.5. 194 Ständiger Wohnsitz in: Wien

Zweck der Reise Streckenflug auf Veranlassung von Abteilung/Herrn S. O.

Tag	Aufenthalt bzw. Reise Zeitangaben in 24-Std.-Zeit: von Ort	Zeit	nach Ort	Zeit	Tagegeld RM	Rpf	Strecken-Nr.	Flugzeug D- Eisenbahn oder Schiff: Wagenklasse Zugart	Abf.-Gebühr Fahrpreis RM	Rpf	Besondere Aufwendungen Belege beifügen	RM	Rpf	Gesamtbetrag RM	Rpf
29/4	Enns														
30/4	Enns														
1/5	Enns														
2/5	Enns														
3/5	Enns														
4/5	Enns														
5/5	Enns	10⁰⁰	Irdning	11³⁰				D-ACDA							

Im Tage ausgeführte Flüge zusammenziehen!

Den letzten Flug der vormaligen *OH-LAP „Petsamo“* dokumentiert diese Reisekostenabrechnung. Die Ju 52 – jetzt *D-ACDA* – landete auf dem Flugplatz Aigen im Ennstal, das eingetragene Irdning ist ein kleiner Ort in unmittelbarer Nähe von Aigen.

Zu der Bodenfunk- und Peilstelle des Flughafens Tempelhof – hier eine Aufnahme von 1936 – wird der im Text zitierte Flugzeugfunker, zu der Zeit Obergefreiter, nach dem 20. Juli 1944 versetzt.

nes Ryssel schreibt später, dass die nach Aigen verlegten Lufthansa-Flugzeuge schließlich zerstört wurden. Also hat auch die vormalige „Petsamo“ das Kriegsende wohl nicht lange überlebt, wenn auch eben nicht an dem Ort und unter den Umständen, wie sie Heinz Buntrock aus seiner Erinnerung heraus darstellte. Dieser Einzelfall mag historisch nicht besonders wichtig erscheinen, doch macht er deutlich, dass Berichte der heute so gern zitierten Zeitzeugen im Detail durchaus nicht immer zutreffen müssen.

Und zu dieser grundsätzlichen Erkenntnis im Folgenden noch ein Beispiel, wo die subjektive Erinnerung eindeutig nicht der Wirklichkeit entspricht. Das Lufthansa-Firmenarchiv kam immer wieder in Kontakt mit „Ehemaligen“, die gerne, teilweise auch durch entsprechende Dokumente untermauert, über ihre früheren Erlebnisse berichteten. Im angesprochenen Fall handelt es sich um einen Flugzeugfunker, der als Obergefreiter bei der Luftverkehrsstaffel Berlin-Tempelhof des Lufttransportführers eingesetzt war. Durchgeführte Transport- und Regierungssonderflüge mit verschiedenen Junkers Ju 52 – Kennzeichen *DD+RZ*, *NH+BB*, *DU+ZI* und *VC+ZW* – sind in seinem Flugbuch säuberlich verzeichnet. Doch die Eintragungen enden am 21. Juli 1944. Die Luftverkehrsstaffel wurde wohl aufgelöst, nach Meinung des Funkers als unmittelbare Folge des tags zuvor verübten Attentats auf Hitler, vermutlich aber eher wegen Personalmangels und Treibstoffknappheit. Der Obergefreite wurde jedenfalls daraufhin zu der an der Ostseite des Flughafens Tempelhof gelegenen Bodenfunk- und Peilstelle versetzt. „Dort war nichts mehr los. Kein Start, keine Landung, nur noch Fliegeralarm. (…) Der Flughafen Tempelhof“ war „nach dem 20. Juli 44 verwaist, der Peiler nicht mehr besetzt“, so seine Beschreibung der Lage. Tatsächlich blieb Tempelhof aber bis April 1945 zentraler Ziel- und Abflughafen der Lufthansa, was zahlreiche Dokumente belegen. „Das glaube ich nicht“, so der schriftlich geäußerte weitere Kommentar des immer noch auf sein Gedächtnis vertrauenden Zeitzeugen. Im Lauf der Zeit hatte sich in seiner Erinnerung ganz offensichtlich ein unzutreffendes Bild der Jahrzehnte zurückliegenden Ereignisse gefestigt.

Das Flugbuch des Funkers weist aber – hält man seine dahingehende zusätzliche Aussage nicht für völlig aus der Luft gegriffen – noch auf etwas Besonderes hin, was hier nicht unerwähnt bleiben soll. Die Möglichkeit des behaupteten und nicht uninteressanten Geschehens sollte man jedenfalls in Betracht ziehen. Mitte 1944 wird mit der Ju 52 *KC+QK* im Auftrag des Reichskommissars für die besetzten norwegischen Gebiete ein Flug nach Oslo durchgeführt. Schriftlicher Kommentar des Funkers: „Wir hatten dort Kisten an Bord Aktion (schweres Wasser)“. Natürlich muss man auch hier abwägen, ob diese Aussage zutreffen kann. Aber es gab ja das deutsche Uranprojekt und Norwegen war damals offenbar das einzige Land weltweit, wo das dafür benötigte schwere Wasser in größeren Mengen angereichert wurde.

Ein solcher Lufttransport wäre also durchaus denkbar, zumal ein früherer Bodentransport von norwegischen Widerstandskämpfern offenbar fast vollständig vernichtet wurde. Das Oslo-Unternehmen beginnt und endet in Rangsdorf. An der danach folgenden Überführung der *KC+QK* nach Tempelhof ist der Funker offenbar nicht beteiligt. Wieder mit ihm an Bord dieser Ju 52 werden von hier aus aber noch zwei kurze Rundflüge durchgeführt, so seine weiteren Flugbucheintragungen. Sollten dies – letztlich gescheiterte – Versuche gewesen sein, das schwere Wasser noch direkt nach Berlin-Dahlem für den Betrieb eines Atomreaktors zu befördern? Das Oslo-Unternehmen ist damit aber offenbar endgültig beendet. Eine gute Stunde nach der Rückkehr vom zweiten Rundflug befindet sich der Funker bereits an Bord der *VC+ZW* zwecks Durchführung eines anderweitigen Transportauftrags.

Die vorstehend aufgeführten Beispiele zeigen, dass für ernsthafte Recherchen selbst authentisch erscheinende Dokumente zunächst

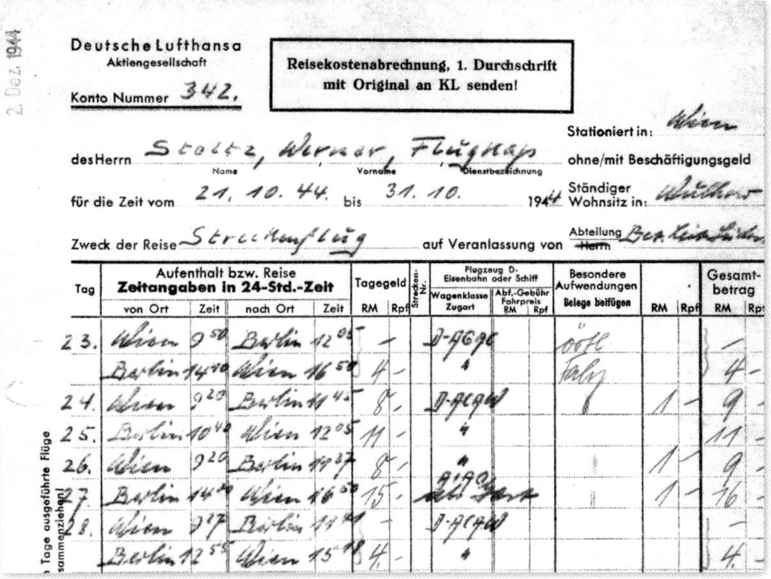

2. Dez. 1944

Deutsche Lufthansa
Aktiengesellschaft

Konto Nummer 342.

Reisekostenabrechnung, 1. Durchschrift mit Original an KL senden!

Stationiert in: Wien

des Herrn Stoltz, Werner, Flugkap. (Name, Vorname, Dienstbezeichnung) ohne/mit Beschäftigungsgeld

für die Zeit vom 21. 10. 44. bis 31. 10. 1944 Ständiger Wohnsitz in:

Zweck der Reise Streckenflug auf Veranlassung von Abteilung

Tag	Aufenthalt bzw. Reise Zeitangaben in 24-Std.-Zeit: von Ort	Zeit	nach Ort	Zeit	Tagegeld RM	Rpf	Strecken-Nr.	Flugzeug D- Eisenbahn oder Schiff: Wagenklasse Zugart	Abf.-Gebühr Fahrpreis RM	Rpf	Besondere Aufwendungen Belege beifügen	RM	Rpf	Gesamtbetrag RM	Rpf
23.	Wien	9 50	Berlin	12 05	–			D-AGAG						–	
	Berlin	14 40	Wien	16 50	4	–		4						4	–
24.	Wien	9 20	Berlin	11 45	8	–		D-AGAG				1	–	9	–
25.	Berlin	10 40	Wien	12 05	11	–		4						11	–
26.	Wien	9 20	Berlin	11 37	8	–		4				1	–	9	–
27.	Berlin	14 4	Wien	16 50	15	–						1	–	16	–
28.	Wien	9 7	Berlin	11 4	–			D-AGAG						–	
	Berlin	12 55	Wien	15	4	–		4						4	–

Tage ausgeführte Flüge (zusammenziehen)

Diese Reisekostenabrechnung von Flugkapitän Werner Stoltz ist einer von zahlreichen Belegen, dass Berlin-Tempelhof anders als in der Erinnerung eines Zeitzeugen auch nach dem 20. Juli 1944 planmäßig angeflogen wurde – bis April 1945.

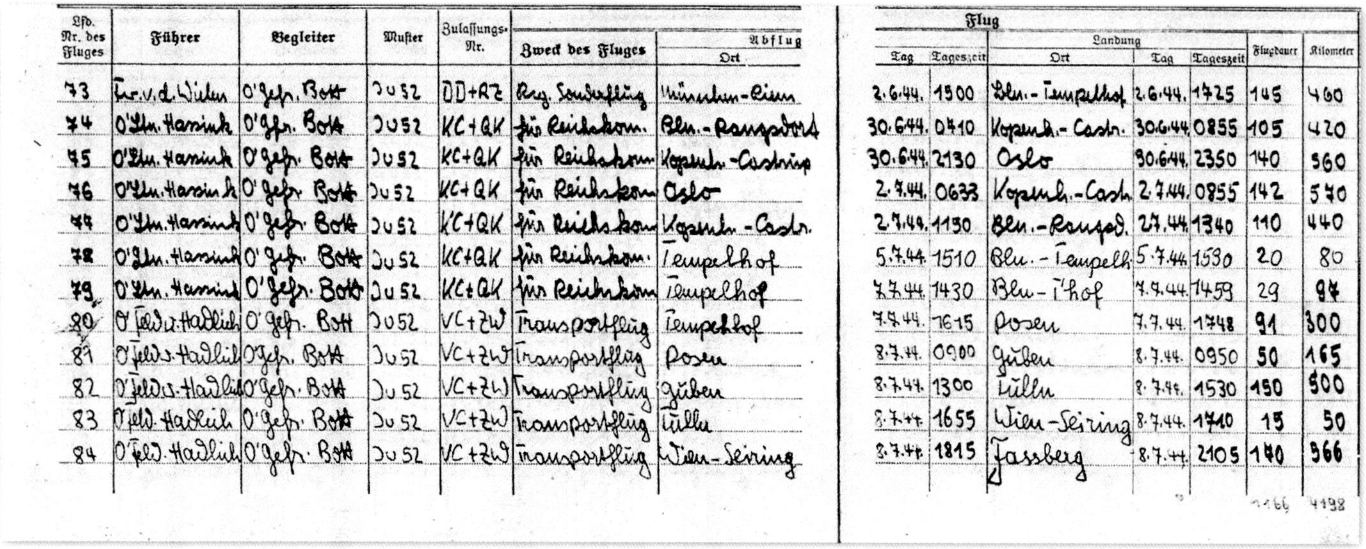

Lfd. Nr. des Fluges	Führer	Begleiter	Muster	Zulassungs-Nr.	Zweck des Fluges	Abflug Ort	Flug Tag	Flug Tageszeit	Landung Ort	Landung Tag	Landung Tageszeit	Flugdauer	Kilometer
73	Fr. v. d. Wielen	O'Gefr. Bott	Ju 52	DD+RZ	Reg. Sonderflug	München-Riem	2.6.44.	1500	Bln.-Tempelhof	2.6.44.	1725	145	460
74	O'Ltn. Harsink	O'Gfr. Bott	Ju 52	KC+QK	für Reichskom.	Bln.-Rangsdorf	30.6.44.	0410	Kopenh.-Castr.	30.6.44.	0855	105	420
75	O'Ltn. Harsink	O'Gefr. Bott	Ju 52	KC+QK	für Reichskom.	Kopenh.-Castrup	30.6.44.	2130	Oslo	30.6.44.	2350	140	560
76	O'Ltn. Harsink	O'Gefr. Bott	Ju 52	KC+QK	für Reichskom	Oslo	2.7.44.	0633	Kopenh.-Castr.	2.7.44.	0855	142	570
77	O'Ltn. Harsink	O'Gefr. Bott	Ju 52	KC+QK	für Reichskom	Kopenh.-Castr.	2.7.44.	1130	Bln.-Rangsd.	2.7.44.	1340	110	440
78	O'Ltn. Harsink	O'Gefr. Bott	Ju 52	KC+QK	für Reichskom.	Tempelhof	5.7.44.	1510	Bln.-Tempelh.	5.7.44.	1530	20	80
79	O'Ltn. Harsink	O'Gefr. Bott	Ju 52	KC+QK	für Reichskom	Tempelhof	7.7.44.	1430	Bln.-T'hof	7.7.44.	1459	29	97
80	O'Feldw. Hadlich	O'Gefr. Bott	Ju 52	VC+ZW	Transportflug	Tempelhof	7.7.44.	1615	Posen	7.7.44.	1748	91	300
81	O'Feldw. Hadlich	O'Gefr. Bott	Ju 52	VC+ZW	Transportflug	Posen	8.7.44.	0900	Guben	8.7.44.	0950	50	165
82	O'Feldw. Hadlich	O'Gefr. Bott	Ju 52	VC+ZW	Transportflug	Guben	8.7.44.	1300	Tulln	8.7.44.	1530	150	500
83	O'Feldw. Hadlich	O'Gefr. Bott	Ju 52	VC+ZW	Transportflug	Tulln	8.7.44.	1655	Wien-Seiring	8.7.44.	1710	15	50
84	O'Feldw. Hadlich	O'Gefr. Bott	Ju 52	VC+ZW	Transportflug	Wien-Seiring	8.7.44.	1815	Fassberg	8.7.44.	2105	170	566
												1166	4198

Nach Aussage des beteiligten Flugzeugfunkers soll der Oslo-Flug Ende Juni/Anfang Juli 1944 dem Transport schweren Wassers von Norwegen nach Deutschland gedient haben.

grundsätzlich in Frage zu stellen und zu überprüfen sind. Und dies gilt erst recht für die mündliche Überlieferung. Noch erheblich unsicherer kann es aber schließlich sein, sich im Bemühen um historische Fakten grundsätzlich auf bereits erschienene Publikationen jedweder Art zu stützen. Es gibt sicherlich Autoren, die peinlich genau arbeiten und auf deren Ausarbeitungen man sich verlassen kann. Doch auch bei diesen – und da schließt sich der Verfasser dieses Buches keinesfalls aus – können Irrtümer oder Fehler unterlaufen. Bei anderen stellen aber Aussagen, Behauptungen und nicht zuletzt wiederum auch Schlussfolgerungen daraus vielfach lediglich die Meinung des Autors oder Thesen dar, nicht aber historische Fakten. Solches findet sich beispielsweise in dem 2016 erschienenen Buch „Adler und Kranich" über die Lufthansa und ihre Geschichte 1926-1955. Hier beginnt schon die Einleitung mit einer frei erfundenen und völlig unzutreffenden Unterstellung. Wörtlich steht da: „Als die Deutsche Lufthansa AG am 6. Januar 2001 75 Jahre alt wurde, fiel die lange geplante Feier aus. Erst kurz vorher war entdeckt worden, dass die Lufthansa im Zweiten Weltkrieg Tausende von Zwangsarbeitern beschäftigt hatte,…". Hierzu stellt sich die berechtigte Frage: Wie soll erst 2001 „entdeckt" worden sein, dass die Lufthansa im Krieg Zwangsarbeiter beschäftigte, wenn das Firmenarchiv bereits Jahrzehnte vorher keinen Hehl aus diesem Geschehen gemacht hat und damit sogar selbst an die Öffentlichkeit ging? In Druckform erschienene und heute noch jederzeit und allgemein zugängliche Veröffentlichungen belegen das zumindest ab 1992. Hinzuzufügen ist hier aber auch, dass zu dieser Zeit weder die Medien noch die weitere Öffentlichkeit ein tiefer gehendes Interesse an diesem Teil der Lufthansa-Geschichte zeigten.

Wenn bereits in der Einleitung eines Buches derartige „Fake News" verbreitet werden, ist die Befürchtung nicht unbegründet, dass auch im Text Fakten nicht unbedingt eine angemessene Berücksichtigung finden. Und da in der Einleitung unmittelbar auf das – grundsätzlich auch für Lufthansa keineswegs rühmliche – Thema „Zwangsarbeiter" eingegangen wird, soll deshalb auch gleich einmal das diesbezügliche Kapitel VI des Buches – „Die Industrialisierung der Lufthansa, 1939-1945" – kritisch betrachtet werden. Dieses endet mit dem zusammenfassenden Satz: „Ihr" (also Lufthansas) „wichtigstes Motiv war es, aus der Zwangsarbeit Profit für den zukünftigen Luftverkehr zu schlagen – und das bekamen ihre ausländischen Arbeiter zu spüren."

Tatsache ist jedoch, dass Lufthansa mit dem Einsatz von Zwangsarbeitern überhaupt keinen Profit erwirtschaftet hat. In seinem Aufsatz „Allgemeine Betrachtungen zur Jahresrechnung 1944 der Deutschen Lufthansa AG" bringt es der ehemalige Chef der Wirtschaftsleitung Dr. Fritz Reister auf den Punkt: „Die in den Werkstättenbetrieben der Lufthansa für fremde Rechnung durchgeführten Arbeiten wurden, unabhängig davon ob es sich dabei um Aufträge des Reiches oder anderer Auftraggeber handelt, zu den tatsächlich entstandenen Selbstkosten abgerechnet. Die Einkalkulierung von Gewinnzuschlägen war der Lufthansa nicht gestattet, so dass sich auch in diesem Geschäftszweig weder ein Gewinn noch ein Verlust ergeben hat." Da die Zwangsarbeiter ausschließlich in den hier erwähnten Werkstättenbetrieben mit den für das Reich durchzuführenden Arbeiten Verwendung fanden, folgt logischerweise, dass mit ihrem Einsatz eben auch kein

	Werkstattarbeiten		
	1943	1942	Vermin-derung
	RM.	RM.	%
Betriebsaufwendungen	62.435.729,39	62.927.458,57	-,8
Betriebserträge	62.435.729,39	62.976.043,14	-,9
Überschuß	-,--	48.584,57	-,-

Der hier für 1942 ausgewiesene, ohnehin nur bescheidene Überschuss ist kein Gewinn für Lufthansa, sondern ergibt sich lediglich aus einem abgeänderten Abrechnungsmodus. Die Summe wird deshalb später dem RLM gutgeschrieben.

Profit für das Unternehmen entstand. Und diese Erkenntnis beruht nicht allein auf der Äußerung von Dr. Reister, sondern ist durchgängig in einer Reihe noch verfügbarer Unterlagen der entsprechenden Jahre nachzuvollziehen. Immer wieder wird in unterschiedlichsten Dokumenten darauf hingewiesen, wie beispielsweise im Bericht der Deutschen Revisions- und Treuhand-Aktiengesellschaft zum Jahresabschluss 1941 der Lufthansa, wo es heißt: „Die Arbeiten für das RLM werden nämlich vereinbarungsgemäß zu den Selbstkosten ausgeführt."

Im hier angesprochenen Kapitel VI wird des Weiteren auf „besonders erhöhte Einnahmen für die Bereitstellung von Unterkünften an ausländische Arbeitskräfte" eingegangen. Hier ist zunächst zu erwähnen, dass diese den Zwangsarbeitern auferlegten Mietkosten nicht ein besonderes Lufthansa-Verfahren darstellten, sondern auch bei anderen Unternehmen in gleicher Weise vereinnahmt wurden, vermutlich auf höhere Weisung. Letzteres liegt zumindest bei Lufthansa nahe, da diese Einnahmen nicht etwa der Fluggesellschaft zugutekamen, wie das zitierte Buch glauben machen will, sondern dem Reich. Was in dem Kapitel VI nicht erwähnt wird, ist nämlich, dass sich durch den Vorwegabzug der Summe dieser Mieteinnahmen von den Aufwendungen der Lufthansa die mit dem RLM abzurechnenden Selbstkosten in entsprechender Höhe verringerten. Das Verfahren führte also ausschließlich zu Einsparungen seitens der Staatskasse, nicht aber zu Profit der Lufthansa. Somit ist eindeutig erwiesen, dass Lufthansa weder durch die Arbeit der Zwangsarbeiter noch

Die Steigerung des bei der Ermittlung des Selbstkostensatzes von den Aufwendungen in Abzug gebrachten Postens "Gewinn aus Materialverkäufen und sonstige Erträge" gegenüber dem Vorjahr ist in der Hauptsache durch erhöhte Schrottverkäufe, vermehrte Abgabe von Betriebseinrichtungsgegenständen an die Frontreparaturbetriebe sowie wesentlich erhöhte Vereinnahmungen für die Unterkunft ausländischer Arbeitskräfte in den Barackenlagern der Lufthansa begründet. Im einzelnen setzt sich dieser Posten wie folgt zusammen:

Erlöse aus Schrottverkäufen	RM.	118.539,90
Überschuß aus dem Verkauf von Gegenständen der Betriebseinrichtung	"	154.266,40
Vergütung für Funkbeschickung	"	16.600,--
Weiterberechnete Kosten (Mieten, Heizung, Strom, Aufstellen von Spezialvorrichtungen usw.)	"	1.680,--
Vereinnahmung von Entschädigungen für die Zurverfügungstellung von Personal	"	1.375,--
Einnahmen für Unterkunft ausländischer Arbeiter	"	273.934,07
Vergütungen von Gefolgschaftsmitgliedern für Werkzeugverluste	"	2.190,17
Erstattung der Kosten für die Errichtung einer Bogendachhalle in Königsberg	"	52.495,76
Abnutzungsgebühren für an die Gefolgschaft ausgegebene Berufskleidung	"	25.860,27
Skontoabzüge	"	40.860,10
Umsatzrabatte	"	10.121,90
Bankzinsen	"	12,99
Sonstiges	"	10.850,70
	RM.	708.787,26

Kein finanzieller Gewinn für Lufthansa sind die von den Zwangsarbeitern vereinnahmten Mieten, da deren Summe – wie auch anderes – von den für die geleisteten Werkstattarbeiten dem RLM in Rechnung zu stellenden Selbstkosten abgezogen wird.

Reichsgesetzblatt 1639

Teil I

1939 | Ausgegeben zu Berlin, den 5. September 1939 | Nr. 166

Inhalt

Tag		Seite
1. 9. 39	Verordnung zur Änderung des Wehrleistungsgesetzes................	1639
1. 9. 39	Bekanntmachung der neuen Fassung des Gesetzes über Leistungen für Wehrzwecke (Wehrleistungsgesetz)........................	1645

Verordnung zur Änderung des Wehrleistungsgesetzes.

Vom 1. September 1939.

Der Ministerrat für die Reichsverteidigung verordnet für das Gebiet des Großdeutschen Reichs mit Gesetzeskraft:

Artikel I

Das Gesetz über Leistungen für Wehrzwecke (Wehrleistungsgesetz) vom 13. Juli 1938 (Reichsgesetzbl. I S. 887) wird wie folgt geändert:

I. Das Gesetz erhält an Stelle der bisherigen Überschrift die Überschrift

„**Gesetz über Sachleistungen für Reichsaufgaben (Reichsleistungsgesetz)**".

und die Leistungen, die diese in Anspruch nehmen können. Die obersten Reichsbehörden außerhalb dieser Zuständigkeitsbereiche bestimmen ihre Bedarfsstellen und die Leistungen, die diese in Anspruch nehmen können, im Einvernehmen mit dem Oberkommando der Wehrmacht, dem Generalbevollmächtigten für die Reichsverwaltung und dem Generalbevollmächtigten für die Wirtschaft. Soweit es sich um Leistungen aus dem Zuständigkeitsbereich des Reichsverkehrs.

Nr. 166 — Tag der Ausgabe: 5. September 1939

1645

Bekanntmachung der neuen Fassung des Gesetzes über Leistungen für Wehrzwecke (Wehrleistungsgesetz).

Vom 1. September 1939.

Auf Grund des Artikels II der Verordnung zur Änderung des Wehrleistungsgesetzes vom 1. September 1939 (Reichsgesetzbl. I S. 1639) wird der geänderte Wortlaut des Wehrleistungsgesetzes als „Gesetz über Sachleistungen für Reichsaufgaben (Reichsleistungsgesetz)", das für das Gebiet des Großdeutschen Reichs gilt, nachstehend bekanntgemacht.

Berlin, den 1. September 1939.

Der Reichsminister des Innern

Frick

* * *

Gesetz über Sachleistungen für Reichsaufgaben (Reichsleistungsgesetz).

Vom 1. September 1939.

Das am 11. März 1938 in Kraft getretene „Wehrleistungsgesetz" wird am 1. September 1939 etwas verändert zum „Reichsleistungsgesetz". Dieses verpflichtet zur Durchführung von wehrwirtschaftlichen Handlungen, aber auch zu Duldungen oder Unterlassungen. Seine umfassende Gültigkeit spiegelt der abschließende Satz: „Alle diesem Gesetz widersprechenden Reichsvorschriften treten außer Kraft".

durch die erhobenen Mieten finanzielle Vorteile hatte. Bedauerlicherweise ziehen die in diesen Punkten unzutreffenden Darstellungen des besprochenen Buchkapitels wiederum unzutreffende Auslegungen, Rückschlüsse oder Behauptungen nach sich. Dazu kommt noch, dass hier auch auf entscheidende Faktoren mit unmittelbarem Einfluss auf die Zuteilung von Arbeitskräften in keiner Weise eingegangen wird, als da wären das Reichsleistungsgesetz, die Rolle der Arbeitsämter und vor allem der Generalbevollmächtigte für den Arbeitseinsatz. Lufthansa konnte in dem Punkt nämlich im Allgemeinen keineswegs so „autonom" vorgehen, wie in dem Buch angeführt wird.

Alles das vorhergehend Gesagte macht deutlich, dass Publikationen wie das besprochene Buch – das gilt vielfach aber genauso für Darstellungen in Zeitungen, Zeitschriften, Fernsehen und Internet – keinesfalls als verlässliche Quellen anzusehen sind. Nicht kritiklose Übernahme von deren Inhalten, sondern kritische Abwägung und Hinterfragung sind hier in jedem Fall notwendig.

Was sonst noch festzuhalten wäre

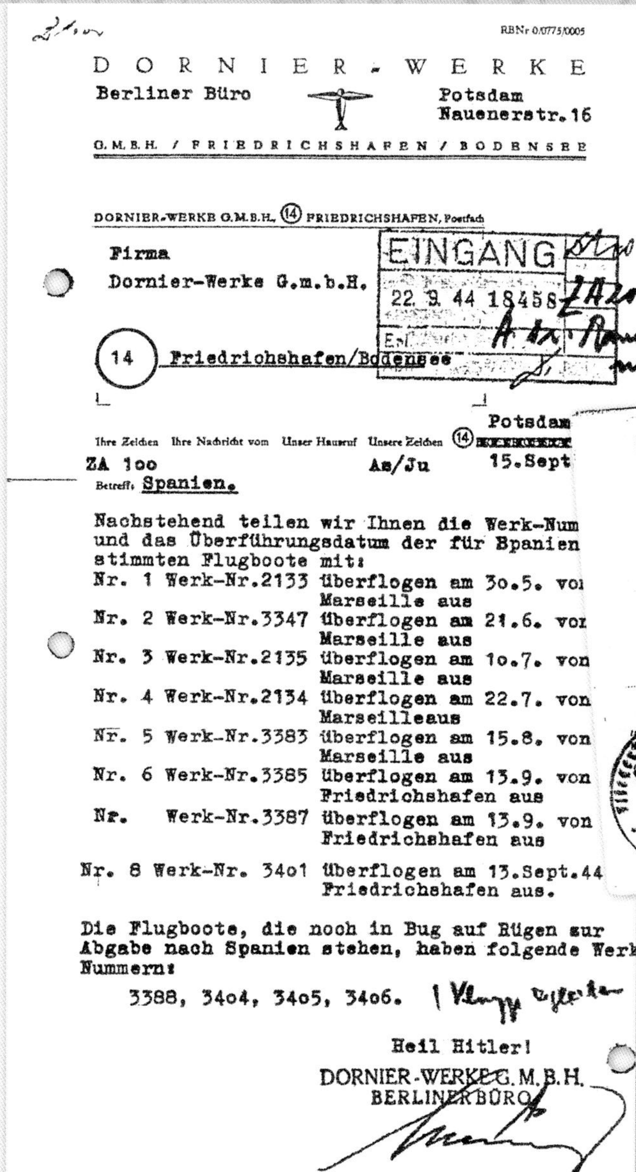

RBNr 0/0775/0005

D O R N I E R - W E R K E

Berliner Büro — Potsdam, Nauenerstr. 16

G.M.B.H. / FRIEDRICHSHAFEN / BODENSEE

DORNIER-WERKE G.M.B.H. (14) FRIEDRICHSHAFEN, Postfach

Firma
Dornier-Werke G.m.b.H.

(14) Friedrichshafen/Bodensee

EINGANG 22. 9. 44 1845

Ihre Zeichen	Ihre Nachricht vom	Unser Hausruf	Unsere Zeichen	(14) Potsdam
ZA 100			As/Ju	15.Sept

Betreff: Spanien.

Nachstehend teilen wir Ihnen die Werk-Num
und das Überführungsdatum der für Spanien
stimmten Flugboote mit:

Nr. 1 Werk-Nr.2133 überflogen am 30.5. von Marseille aus
Nr. 2 Werk-Nr.3347 überflogen am 21.6. von Marseille aus
Nr. 3 Werk-Nr.2135 überflogen am 10.7. von Marseille aus
Nr. 4 Werk-Nr.2134 überflogen am 22.7. von Marseilleaus
Nr. 5 Werk-Nr.3383 überflogen am 15.8. von Marseille aus
Nr. 6 Werk-Nr.3385 überflogen am 13.9. von Friedrichshafen aus
Nr. Werk-Nr.3387 überflogen am 13.9. von Friedrichshafen aus
Nr. 8 Werk-Nr. 3401 überflogen am 13.Sept.44 Friedrichshafen aus.

Die Flugboote, die noch in Bug auf Rügen zur
Abgabe nach Spanien stehen, haben folgende Werk
Nummern:

3388, 3404, 3405, 3406.

Heil Hitler!

DORNIER-WERKE G.M.B.H.
BERLINER BÜRO

Nach Flugeinsätzen in Äthiopien und Kolumbien macht sich Flugkapitän Hans-Werner von Engel mit Atlantikflügen einen Namen. Später wird er mit Sonderaufgaben betraut, wie dem Aufbau der spanischen Seenotrettungsstaffel auf den Balearen.

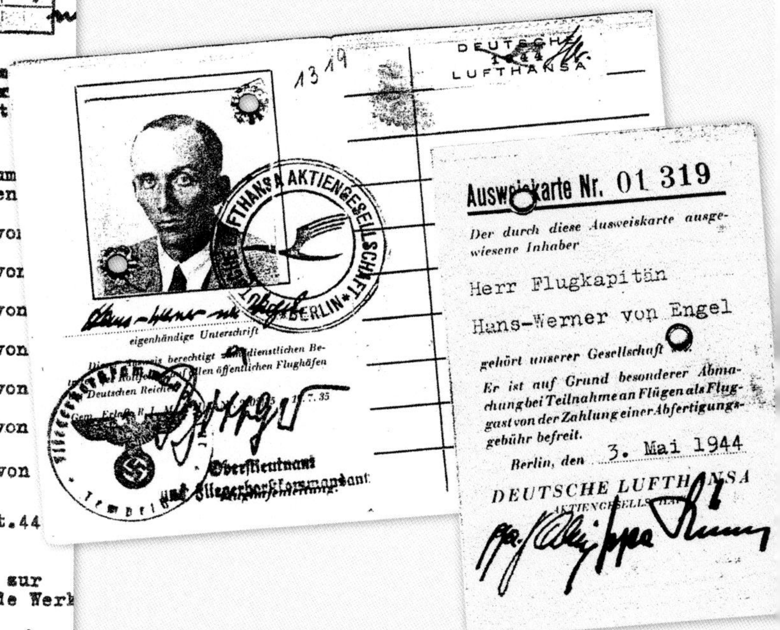

1944 werden zwölf Dornier Do 24-Flugboote zum Aufbau einer spanischen Seenotrettungsstaffel nach Mallorca überführt, zuletzt am 16. November die mit den vier ganz unten vermerkten Werknummern.

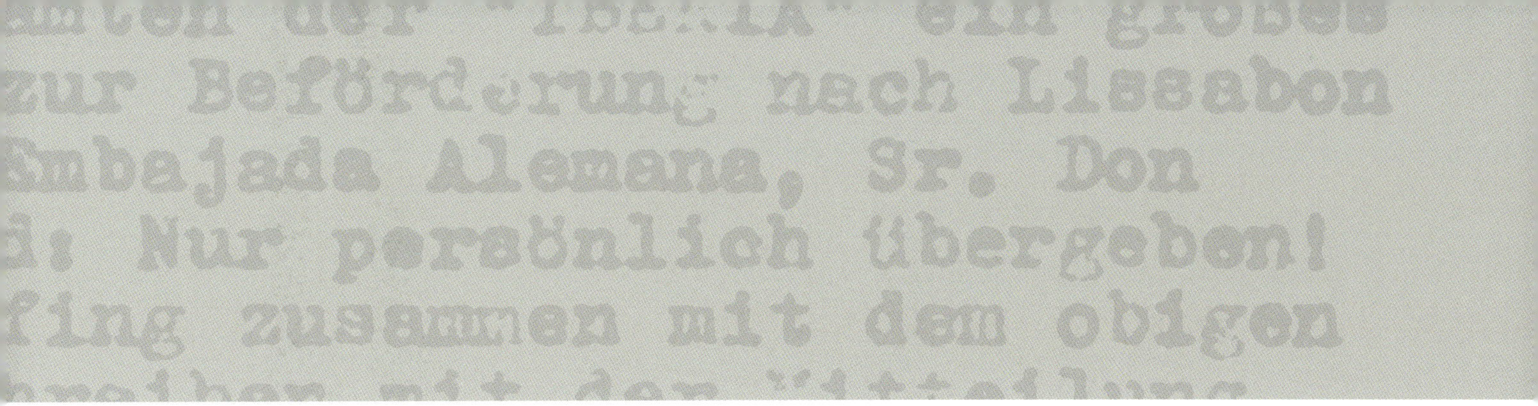
zur Beförderung nach Lissabon
Embajada Alemana, Sr. Don
Nur persönlich übergeben!
fing zusammen mit dem obigen

Es gibt Vorgänge, Entwicklungen oder auch sonstige bemerkenswerte Dinge, die thematisch nicht so recht zu den anderen Kapiteln dieses Buches passen. Da vielleicht aber doch von einem gewissen Interesse für den Leser, soll auf diese Themen – in lockerer Aneinanderreihung zusammengefasst – im Folgenden eingegangen werden. Einiges gehört mehr oder minder zum üblichen Geschäft, anderes ist kriegsbedingt zu erklären und so manches wiederum irgendwie nicht ohne Weiteres nachzuvollziehen.

Im Verlauf des Kriegs wird – verständlicherweise – vieles schwieriger. Ein grundsätzliches Problem ist der zunehmende Mangel an Personal. So hält Lufthansa am 26. Juni 1944 in einem Rundschreiben unter anderem fest: „Bei der Vergebung von Arbeiten an fremde Firmen, insbesondere bei Bauarbeiten, wird von den Unternehmen häufig gefordert, dass wir eigene Arbeitskräfte für Hilfsarbeiten zur Verfügung stellen. Das gleiche trifft gelegentlich für Arbeiten zu, die nicht in unserem Auftrage sondern die von Dritten – beispielsweise von Flughafengesellschaften – in unserem Interesse durchgeführt werden." Immerhin folgen daraus direkt oder indirekt erbrachte Leistungen für oder zumindest im Sinne der Fluggesellschaft. In anderen Fällen ist das nicht so. Lufthansa muss technisches und auch fliegerisches Personal vorübergehend Luftwaffendienststellen und auch verschiedenen Unternehmen der Luftfahrtindustrie zur Verfügung stellen. Für Letzteres seien hier Flugkapitän Hans-Werner von Engel und Flugmaschinist Berthold Mischur genannt, die 1944 im Auftrag der Dornier-Werke an der Überführung von Do 24-Flugbooten für den spanischen Seenotrettungsdienst teilnehmen. Mit Luftfahrt nichts zu tun hat dagegen die „Ruhrhilfe-Aktion". Im Rahmen dieser letzten Anstrengungen des Reichs, trotz erhebli-

Vertraulich!

NACHRICHTEN

DES REICHSMINISTERS FÜR RÜSTUNG UND KRIEGSPRODUKTION

Jeder Empfänger der vertraulichen „Nachrichten des Reichsministers für Rüstung und Kriegsproduktion" haftet für ihre sichere Aufbewahrung. Die Weitergabe ist untersagt.

SCHEINT IN ZWANGLOSER FOLGE NACH BEDARF

Nummer 37 — Berlin, den 4. Mai 1944

Der Reichsminister für Rüstung und Kriegsproduktion — Berlin, 14. 3. 1944

Zur allgemeinen Beachtung

Leistungssteigerung in der Eisen schaffenden Industrie

In Besprechungen der ...

einsatz-Ingenieur ist daher mit diesem Auftrag ein Facharbeitseinsatz-Ingenieur einzusetzen, der seinerseits für die besonderen Hauptbezirke der Eisen schaffenden Industrie Bezirksfacharbeitseinsatz-Ingenieure einzu...

Nicht nur eine ungehinderte Weiterführung der deutschen Kriegsproduktion, sondern sogar noch eine Steigerung soll 1944 trotz der kriegsverursachten Rückschläge erreicht werden.

Die Duisburger August Thyssen-Hütte bestätigt der Lufthansa in München, wie viele Arbeitsstunden deren Mitarbeiter bei ihrem Sondereinsatz im Rahmen der Ruhrhilfe geleistet haben.

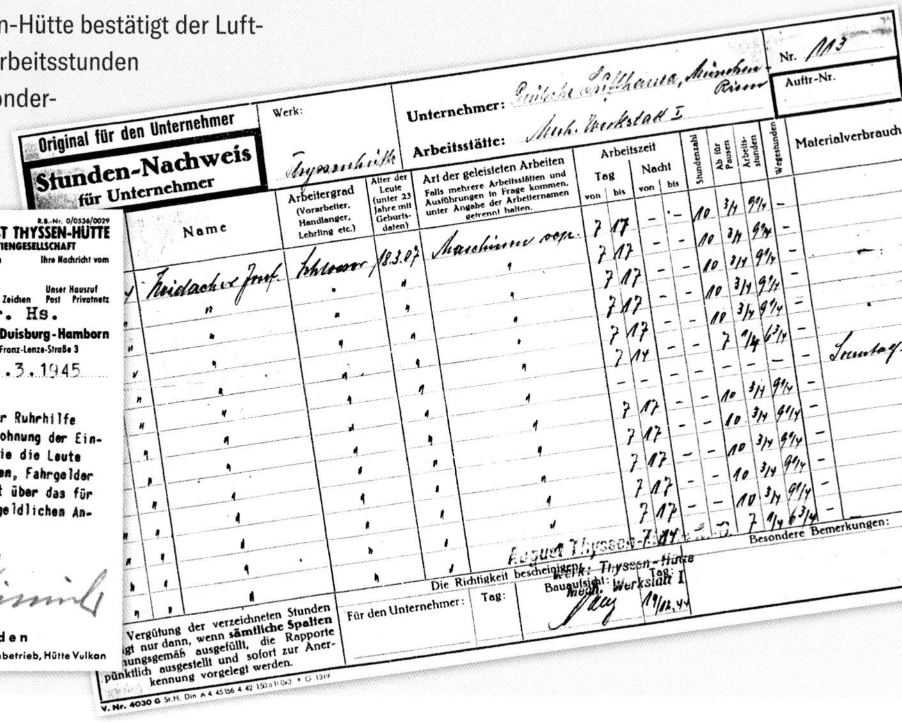

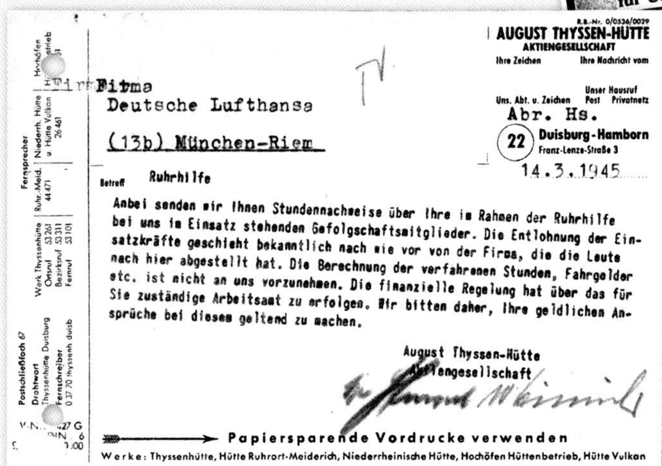
R.B.-Nr. 0/0536/0029
AUGUST THYSSEN-HÜTTE
AKTIENGESELLSCHAFT

Firma
Deutsche Lufthansa
(13b) München-Riem

Uns. Abt. u. Zeichen: Abr. Hs.
22 Duisburg-Hamborn
Franz-Lenze-Straße 3
14.3.1945

Betreff: Ruhrhilfe

Anbei senden wir Ihnen Stundennachweise über Ihre im Rahmen der Ruhrhilfe bei uns im Einsatz stehenden Gefolgschaftsmitglieder. Die Entlohnung der Einsatzkräfte geschieht bekanntlich nach wie vor von der Firma, die die Leute nach hier abgestellt hat. Die Berechnung der verfahrenen Stunden, Fahrgelder etc. ist nicht an uns vorzunehmen. Die finanzielle Regelung hat über das für Sie zuständige Arbeitsamt zu erfolgen. Wir bitten daher, Ihre geldlichen Ansprüche bei diesem geltend zu machen.

August Thyssen-Hütte
Aktiengesellschaft

Papiersparende Vordrucke verwenden
Werke: Thyssenhütte, Hütte Ruhrort-Meiderich, Niederrheinische Hütte, Hochöfen Hüttenbetrieb, Hütte Vulkan

cher Zerstörungen kriegswichtige Produktionen aufrecht zu erhalten, muss Lufthansa ab November 1944 ebenfalls Mitarbeiter dafür abstellen. Diese werden dann – mitunter bis zum Kriegsende – beispielsweise bei den Klöckner-Werken in Osnabrück oder der August Thyssen-Hütte in Duisburg eingesetzt. Die Firmen schicken an Lufthansa Nachweise über die von den ausgeliehenen Kräften geleisteten Arbeitsstunden, da die Lohnzahlung auch während des Fremdeinsatzes weiterhin durch das Stammunternehmen, hier also die Fluggesellschaft, zu erfolgen hat.

Dem betriebsinternen Personalmangel in bestimmten Arbeitsbereichen versucht Lufthansa dadurch zu begegnen, dass man Mitarbeiter mit entsprechenden Vorkenntnissen durch zusätzliche Schulungen für erweiterte Einsatzmöglichkeiten ausbildet. Allerdings muss der stellvertretende Leiter der Technischen Kontrolle, Gerhard Köllner, dahingehende Erwartungen der Lufthansa-Werkstätten, der Lufthansa-Frontreparaturbetriebe sowie des Lufthansa-Kommandos Fliegerstaffel des Führers (F.d.F.) etwas dämpfen. Mit Schreiben vom 10. Mai 1944 weist er diese Dienststellen darauf hin, dass der „Einsatz der Kontrolleure als Bordwart" grundsätzlich noch gar nicht erlaubt ist:

„In letzter Zeit nahmen Angehörige der TK mehrfach an der Überführung von Flugzeugen als Bordwart teil. Nach § 4 des Luft-V.G. ist eine solche Tätigkeit jedoch nur mit besonderer Erlaubnis möglich. Da unsere Herren noch nicht im Besitze eines derartigen Ausweises sind, muss z. Zt. noch auf einen solchen Einsatz verzichtet werden. Wir sind augenblicklich bemüht, unsere Herren, die im Einflugbetrieb tätig sind, auf die Prüfung zur Erlangung des Bordwartscheines vorzubereiten und werden versuchen, dass sie in Kürze diese Prüfung ablegen. Erst dann ist es aufgrund der Rechtslage möglich, dass Angehörige der TK an Überführungsflügen als Bordwart teilnehmen. Wir machen jedoch ausdrücklich darauf aufmerksam, dass die Beteiligung an solchen Flügen nur geschehen darf, wenn ihre Tätigkeit als Kontrolleur dadurch nicht beeinträchtigt wird."

Durchaus möglich ist aber offenbar auch die Neueinstellung von – allerdings nicht hoch qualifizierten – Arbeitskräften, wie aus Personalkarteikarten hervorgeht. Den Hintergrund bildet hier das bereits erwähnte Lufthansa-Kommando F.d.F. und dessen Einsatz in Rastenburg, also unweit des Führerhauptquartiers „Wolfsschanze". Dessen Hausherr zieht sich im November 1944 von dort nach Berlin zurück. Und da er vermutlich nicht so schnell, wenn überhaupt, wiederkommen wird, kann man also ans Großreinemachen gehen. Möglicherweise sieht dies zumindest das Lufthansa-Kommando so, das ja für die Bodendienste der F.d.F. verantwortlich ist. Jedenfalls werden am 1. Januar 1945 vier Putzfrauen zusätzlich zu zwei gerade erst seit Kurzem tätigen Reinigungskräften eingestellt. Sollte es deren Aufgabe sein, das Führerhauptquartier einer gründlichen Säuberung zu unterziehen? Bereits Anfang 1945 hätte sich diese Arbeit dann allerdings als letztlich noch sinnloser herausgestellt als ohnehin zu erwarten gewesen wäre, da die Bunkeranlagen auf höhere Weisung hin durch Sprengung zerstört werden. Irgendwie rätselhaft bleibt in jedem Fall aber, wofür kurz vor Kriegsende und an diesem Ort sechs Putzfrauen offenbar dringend benötigt wurden.

Eine ganz andere Maßnahme, nämlich die verstärkte Einbindung von Frauen im fliegerischen Bereich, betrifft in dieser Zeit im Wesentlichen die Luftfahrtindustrie. Frauen und Mädchen, die im Besitz eines Luftfahrerscheins für Segelflieger sind – im August 1944 werden 128 ermittelt – sollen im Motorflug ausgebildet werden. Dieses wäre dann die Aufgabe des Nationalsozialistischen Fliegerkorps (NSFK). Und

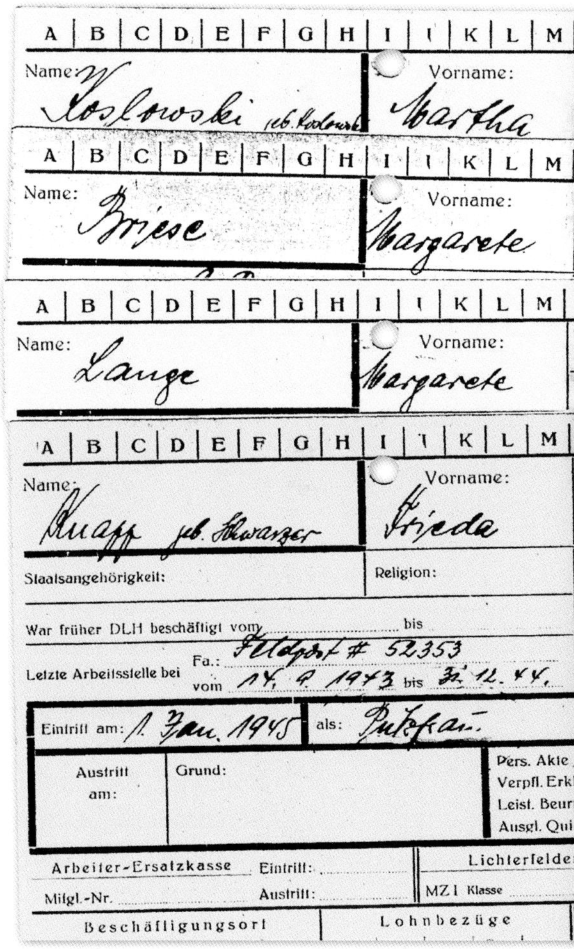
A B C D E F G H I I K L M
Name: Koslowski geb. ...
Vorname: Martha

A B C D E F G H I I K L M
Name: Briese
Vorname: Margarete

A B C D E F G H I I K L M
Name: Lange
Vorname: Margarete

A B C D E F G H I I K L M
Name: Knapp geb. Schwarzer
Vorname: Frieda
Staatsangehörigkeit:
Religion:
War früher DLH beschäftigt vom ... bis
Letzte Arbeitsstelle bei Fa.: Feldpost # 52353 vom 14. 9. 1943 bis 31. 12. 44.
Eintritt am: 1. Jan. 1945 als: Putzfrau
Austritt am:
Grund:
Pers. Akte
Verpfl. Erkl
Leist. Beurt
Ausgl. Qui
Arbeiter-Ersatzkasse Eintritt:
Mitgl.-Nr. Austritt:
Lichterfelde
MZ I Klasse
Beschäftigungsort
Lohnbezüge

Eigentlich kaum zu erwarten ist wohl, dass einige vom Lufthansa-Kommando F.d.F. Anfang 1945 eingestellte Putzfrauen noch wirklich sinnvoll eingesetzt werden können.

		ein-fach	hin u. zurück	Überge-päck p.kg	Fracht p.kg	Strecken
Von BERLIN nach:						
Arad	RM	140.—	252.—	1.05	†)	117/1370
Athen	„	238.—	428.40	1.80	2.90	17
Barcelona	„	205.—	369.—	1.55	2.85	K 22
Belgrad	„	135.—	243.—	1.—	1.65	17
Belostok	„	110.—	198.—	0.85	1.40	3
Breslau	„	32.—	57.60	0.25	0.50	15/1351
Budapest	„	107.—	192.60	0.80	1.35	15/1351, 17 u. 117/1370
Bukarest	„	190.—	342.—	1.45	2.25	117/1370
Danzig	„	45.—	81.—	0.35	0.50	3
Graz	„	97.—	174.60	0.75	1.20	117/31
Istanbul	„	250.—	450.—	1.85	2.90	17/107
Königsberg	„	55.—	99.—	0.40	0.70	3
Kopenhagen	„	65.—	117.—	0.50	0.60	7 u. 29
Lissabon	„	340.—	612.—	2.55	4.25	K 22
Madrid	„	270.—	486.—	2.05	3.60	K 22
Mailand	„	118.—	212.40	0.90	1.30	9/560
Malmö	„	71.—	127.80	0.55	0.70	7/1675 u. 29/1674
Minsk	„	130.—	234.—	1.—	1.70	3
Moskau	„	180.—	324.—	1.35	2.40	3
München	„	70.—	126.—	0.55	0.85	9 u. 25
Nürnberg	„	49.—	88.20	0.35	0.65	V 9
Oslo	„	130.—	234.—	1.—	1.20	7
Prag	„	42.—	75.60	0.30	0.50	17
Rom	„	130.—	234.—	1.—	1.60	9
Saloniki	„	213.—	383.40	1.60	2.55	17
Sofia	„	177.—	318.60	1.35	2.25	17
Stockholm	„	115.—	207.—	0.85	1.20	8
Stuttgart	„	70.—	126.—	0.55	0.85	K 22
Venedig	„	100.—	180.—	0.75	1.10	9
Wien	„	82.—	147.60	0.60	1.—	15/1351, 17 u. 117
Zürich	„	105.—	189.—	0.80	1.25	V 9/41

Der ab dem 7. Oktober 1940 gültige Lufthansa-Flugplan informiert als einziges offizielles Dokument über die ab diesem Zeitpunkt anzuwendenden Flugtarife, hier für die in Berlin beginnenden Flugreisen.

das gilt gleichermaßen für bislang 30 vorgesehene Bord- und Bodenfunkerinnen im zukünftigen Einsatz bei der Luftfahrtindustrie. Die angehenden Funkerinnen sollen nach einer Vorausbildung beim NSFK dann zwecks „Weiterbildung zur DVS" (Deutsche Verkehrsfliegerschule) „kommandiert und später nach beendeter Gesamtausbildung ohne Gebührnisse zur Dienstleistung bei der Industrie beurlaubt" werden, so eine Besprechungsnotiz vom 21. Dezember 1944 beim Amtschef des Allgemeinen Luftamts im RLM.

Soweit zu Fragen der Personalplanung und des Mitarbeitereinsatzes.

Auch im Verkauf und Verkehr gibt es Erwähnenswertes, wie zum Beispiel eine nicht ohne Weiteres nachvollziehbare Regelung hinsichtlich der Flugpreise. Die im gedruckten Flugplan vom 7. Oktober 1940 veröffentlichen Tarife sind ab diesem Tag die für Lufthansa allein gültigen. In Fällen, wo anstelle eines durchgehenden Fluges Teilstrecken der Reise mit unterschiedlichen Flugnummern benutzt werden können, weisen sie eine von den Buchungsstellen zu beachtende Besonderheit auf. Hier gilt dann nämlich nicht derselbe Flugpreis, wie eigentlich für die Gesamtstrecke unter einer Flugnummer vorgesehen. Dem Fluggast zu berechnen ist dagegen die – im Allgemeinen höhere – Summe der für die benutzten Teilstrecken separat veröffentlichten Tarife. Darauf weist auch noch ein Rundschreiben vom 17. September 1941 hin und führt unter anderem einen Flug von Berlin nach Belgrad als Beispiel an. Dieser kostet, benutzt man die durchgehende Strecke 17, 135.– RM. Fliegt man zunächst aber über die Strecke 117 bis Budapest und erst von dort aus mit der Strecke 17 weiter nach Belgrad, addieren sich die Teilstreckentarife auf 147.– RM. Zur näheren Erläuterung endet das Rundschreiben mit dem Hinweis: „Das gleiche gilt sinngemäß auch für die Gegenrichtung. Die Flugpreisberechnung ist in dieser Weise auch dann vorzu-

Betr: Flugpreise.

Hiermit weisen wir alle Flugscheinverkaufsstellen darauf hin, daß für die Berechnung der Flugpreise nur noch der Ihnen zu Beginn des Winterluftverkehrs zugegangene Lufthansa-Taschenflugplan, gültig ab 7. Oktober 1940, maßgeblich ist (s. Anlage).

Die in diesem Taschenflugplan enthaltenen Preise gelten nur für Flugreisen über die in der letzten Rubrik der einzelnen Tariftabellen angegebenen Strecken.

Beispiel: Der Flugpreis Berlin-Rom von RM. 130,- darf gemäß der im Taschenflugplan angegebenen Streckennummer nur für Flugreisen auf Str. 9 berechnet werden, nicht aber für eine Passage Berlin-München auf Str. 25 und anschliessend München-Rom auf Str. 9.

Wird die Flugreise unter Benutzung anderer als der im Taschenflugplan vorgesehenen Strecken durchgeführt, so ist der Flugpreis stets durch Addition der betreffenden Strecken zu errechnen.

Beispiel: Berlin-Rom über Str. 25 und 9:

Flugpreis Berlin-München, Str. 25	RM.	70,-
Flugpreis München-Rom, Str. 9	"	90,-
	RM.	160,-.

Das Reichsluftkursbuch und unsere seit Kriegsbeginn herausgegebenen Mitteilungen dürfen für die Feststellung von Flugpreisen in keinem Fall mehr benutzt werden.

Auf die derzeit zu beachtenden Besonderheiten der Flugpreisberechnung weist Lufthansa am 18. Dezember 1940 in einer Mitteilung an alle Agenturen und Dienststellen hin.

nehmen, wenn die Fluggäste wegen Buchungsschwierigkeiten nicht durchgehend über die in den Tariftabellen angegebenen Strecken befördert werden können."

1941 gehen mehrere Lufthansa-Rundschreiben auch auf die Luftpostbeförderung ein, bemerkenswerterweise vorwiegend nach Nord- und Südamerika und von dort aus auch noch weiter nach dem Fernen Osten. Über den Atlantik stehen der L.A.T.I.-Flugdienst (Einzelheiten dazu finden sich im Kapitel „Nicht immer einfache ausländische Kontakte") und die von Pan American Airways (Panair) beflogene Strecke New York-Lissabon v.v. zur Verfügung. Zur Beförderung mit den L.A.T.I.-Flügen müssen Sen-

Die Beförderung von Luftpost haben 1941 nicht nur mehrere Rundschreiben der Lufthansa zum Inhalt, auch die Deutsche Reichspost wirbt wieder einmal mit einem Sonderstempel dafür.

Diesen am 17. Dezember 1939 in Chile abgeschickten Brief befördert zunächst Pan American-Grace Airways. Den anschließenden Weitertransport mit Pan American Airways stoppt die britische Zensur auf Bermuda. Wann und wie der Brief schließlich Berlin erreichte, wo dann die deutsche Zensur stattfand, bleibt unklar.

dungen den Vermerk „Mit Luftpost nach Südamerika“ oder gegebenenfalls „Mit Luftpost über Südamerika“ tragen, für Panair-Flüge gilt „Mit Luftpost nach Nordamerika“ beziehungsweise „Mit Luftpost über Nordamerika“. Die Panair-Verbindung hat allerdings den Schönheitsfehler planmäßiger Zwischenstopps bei den in britischem Besitz befindlichen Bermuda-Inseln. Dort ist damit eine regelmäßige Zensur der aus Deutschland kommenden Briefe zu unterstellen wie gleichfalls der an deutsche Adressen gerichteten Post, die von Panair in umgekehrter Richtung befördert wird. Auch für Luftpostsendungen nach Fernost sind zunächst die bereits genannten Dienste zu benutzen. Die mit dem Vermerk „Mit Luftpost über Südamerika nach San Francisco“ von L.A.T.I. bis Rio de Janeiro transportierten Sendungen gehen dann von dort aus auf dem Luftweg weiter über Buenos Aires-Santiago de Chile-Lima-Cristóbal-Mexico nach San Francisco. Für die Panair-Flüge über den Nordatlantik gilt der Vermerk „Mit Luftpost nach Nordamerika bis San Francisco“, wo die Sendungen ebenfalls auf dem Luftweg eintreffen. Für die Bestimmungsorte Manila und Macao steht ab dort eine über Honolulu und Guam führende Panair-Linie zur Verfügung. Sendungen nach China, Mandschukuo und Siam werden von amerikanischen oder japanischen Dampfern nach Japan mitgenommen und von dort auf gewöhnlichem Wege weiterbefördert. Mit dem Kriegseintritt der Vereinigten Staaten Ende 1941 muss L.A.T.I. ihren Flugdienst einstellen und der Dampferverkehr zwischen San Francisco und Japan findet zweifellos auch ein Ende.

Hinsichtlich der weiterhin in Lissabon ankommenden und bislang von Lufthansa über-

nommenen weiteren „Beförderung von Clipperpost" der Panair – das ist die auf den als „Clipper" bezeichneten Flugbooten der Pan American Airways transportierte Post – informiert die Luftpostabteilung am 12. Dezember 1941 die Lufthansa-Vertretung für Portugal: „Wir sandten Ihnen heute nachstehendes Posttelegramm: ‚Bitten ab sofort Beförderung von Clipperpost auf K 22 nach allen Ländern Europas ausgenommen Deutschland abzulehnen.' Auf Grund der politischen Ereignisse und der Tatsache, dass uns durch den bestehenden Kriegszustand mit USA keine Vergütung mehr für die Abbeförderung der Clipperpostmengen von Lissabon nach Europa zuteilwürden,

Boeing 314-Flugboote der Panair, wie die *NC 18602 „California Clipper"*, befördern auch Post aus Deutschland nicht nur über den Atlantik, sondern gegebenenfalls ebenso auf transpazifischen Verbindungen.

sahen wir uns genötigt, im Einvernehmen mit dem Reichspostministerium die obenstehende Regelung zu treffen. Wir möchten Sie auch auf diesem Wege nochmals bitten, für die Beachtung Sorge zu tragen und der portugiesischen Postverwaltung unseren Entschluss zur Kenntnis zu bringen."

Postsendungen haben im Allgemeinen auch während des Kriegs stets hohe Priori-

Zunehmende Einschränkungen erfährt die Kommunikation unter der Zivilbevölkerung. Die Postzustellung wird immer unzuverlässiger und Telefongespräche – sofern überhaupt noch möglich – sollen sich zur Entlastung des Netzes auf das Notwendigste beschränken.

tät, was aber Anfang 1945 offenbar nicht mehr gilt. So sieht in einem Schreiben vom 25. Januar der Berliner Flugleiter Karl Müller „wegen der weiteren Verständigung ohnehin schwarz, da ja nun die Beförderung von Briefen auch in Deutschland verboten ist." Und am 14. Februar beschwert sich Gerhard Lindenberg, der Lufthansa-Bevollmächtigte für Spanien, bei der Abteilung Luftpost:

„Es häufen sich bei mir die Klagen, dass seit längerer Zeit kaum Post in Spanien eintrifft, und die wenigen Briefe, die eingehen datieren aus Monat November und Dezember. Besonders große Schwierigkeiten werden uns gemeldet durch die Firmen SIEMENS, AEG, JUNKERS und auch sonstige Vertretungen deutscher Geschäftshäuser in Spanien, deren Geschäftsabwicklungen hier sehr fühlbare Verzögerungen erleiden. Die Firma SIEMENS z.B. wartet auf Dokumente für Lieferungen, die bereits auf dem Luftwege in Spanien eingetroffen sind und deren Verzollung bis zum Eintreffen derselben nicht vorgenommen werden kann.

Wir haben nun aus der Ladebesprechung vom 3. Februar entnommen, dass in Berlin ein Luftpostbestand von ca. 2.400 kg vorliegt, der sich seit dem 27. Januar um mehr als 1.000 Kilo erhöht hatte. Wäre es im Interesse der hiesigen Firmen, die zum größten Teil auch im Reichsinteresse arbeiten, nicht möglich, mit jedem Flugzeug ein größeres Kontingent von Luftpost nach Spanien zu befördern?"

Trotz des während der ersten Kriegsjahre durchaus noch geordneten Lufttransports regulärer Post treten bereits ab 1940 Fälle auf – teils legal, teils am Rande der Legalität, teils illegal –, wo Beförderungsmöglichkeiten anderer Art gesucht werden. Am einfachsten erscheint so manchem die Benutzung der Lufthansa-internen Dienstpost. Doch dabei ist es zweifellos ein großer Unterschied, ob Generalfeldmarschall Erhard Milch – sei es in seiner Rolle als Staatssekretär der Luftfahrt oder als Lufthansa-Vorstand – über diesen Weg einen Brief verschickt oder aber Lufthansa-Mitarbeiter ihre Privatpost, in der Hoffnung, dass diese sicherer und schneller ankommt. Das wäre natürlich völlig gegen bestehende Gesetze, denn durch die Beförderungsweise per Dienstpost würde zum Beispiel ja auch die amtliche Zensur umgangen. Hier tut sich ein weites Arbeitsfeld auf für Hermann Schrecke, den Abwehrbeauftragten der Fluggesellschaft. Genau zu dem angesprochenen Punkt hält er fest: „Nach den Zensurgesetzen und nach den von uns mit dem O.K.W. und der Auslandsbrief-Prüfstelle getroffenen Abmachungen um den ungehinderten Versand unserer Dienstpost sicherzustellen, sind wir gehalten, alle nicht für die Deutsche Lufthansa bestimmten Sendungen der Auslandsbrief-Prüfstelle zur Zensur zu übergeben."

Schrecke ist darüber informiert, mit welchen Dienststellen oder Institutionen entsprechende Übereinkommen zur internen Mitnahme eigentlich externer Sendungen besteht. Streng vertraulich informiert er am 9. Juli 1941 Gerhard Lindenberg über eine derartige Regelung: „Zur Zeit befindet sich in Berlin eine spanische Sonderkommission zur Bearbeitung von Angelegenheiten der spanischen Freiwilligen für die Ostfront. Diese Kommission hat wichtige und eilige Briefe, die sie etwa täglich dem spanischen Kriegsministerium zuleiten muss. Wir haben uns mit der Beförderung dieser Briefe durch unsere Flugzeuge einverstanden erklärt, nachdem wir uns mit den für den Versand nach dem Ausland zuständigen Dienststellen dieserhalb in Verbindung gesetzt hatten und deren Genehmigung für diesen Sonderfall erhalten haben. Wir werden diese Briefe an Ihre Anschrift abfertigen. Der erste Brief wurde heute an Sie abgesandt." Die auf den ersten Blick logisch erscheinende Annahme, dass einer Bitte des „spanischen Luftfahrtministeriums, auf internem Wege in unseren Maschinen Umschläge an den hiesigen spanischen Luftattaché schicken zu dürfen", ebenso entsprochen wird, geht aber fehl. Dieses Ansinnen muss Lufthansa-Verkehrsleiter Hans M. Bongers ablehnen. „Da es sich in diesem Falle um Privatpost handelt, die für das fliegerische Personal der Blauen Division bestimmt ist, verstößt eine interne Mitgabe solcher Korrespondenz nicht nur gegen die bestehenden postgesetzlichen Bestimmungen, sondern stellt gleichzeitig einen strafrechtlichen Verstoß gegen die seit einiger Zeit in Deutschland erlassenen verschärften Bestimmungen über den Nachrichtenaustausch mit dem Auslande dar", erläutert er die Entscheidung und fügt unter anderem hinzu: „Das spanische Luftfahrtministerium muss sich für die Beförderung der in Frage stehenden Privatpost für die Blaue Division mit der spanischen Postverwaltung in Verbindung setzen und von dieser die Beförderung über die Strecke K 22 auf dem Luftwege verlangen."

Der Not gehorchend, da mit dem deutschen Angriff auf die Sowjetunion die meisten Lufthansa-Strecken vorübergehend eingestellt sind, nimmt der Abteilungsleiter Außereuropa

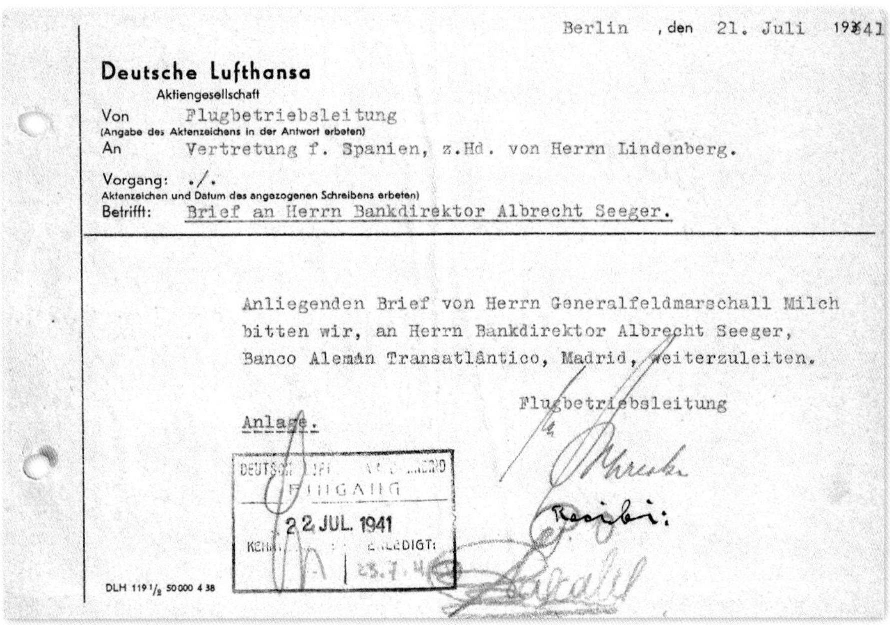

Berlin , den 21. Juli 1941

Deutsche Lufthansa
Aktiengesellschaft

Von Flugbetriebsleitung
(Angabe des Aktenzeichens in der Antwort erbeten)
An Vertretung f. Spanien, z.Hd. von Herrn Lindenberg.

Vorgang: ./.
Aktenzeichen und Datum des angezogenen Schreibens erbeten)
Betrifft: Brief an Herrn Bankdirektor Albrecht Seeger.

Anliegenden Brief von Herrn Generalfeldmarschall Milch bitten wir, an Herrn Bankdirektor Albrecht Seeger, Banco Alemán Transatlântico, Madrid, weiterzuleiten.

Flugbetriebsleitung

Anlage.

EINGANG
22. JUL. 1941
ERLEDIGT: 23.7.41

Recibi:

DLH 119 1/2 50000 4 38

Der Abwehrbeauftragte Hermann Schrecke bittet Gerhard Lindenberg um Weiterleitung eines auf internem Weg beförderten Briefs. Die Ankunft beim spanischen Adressaten wird durch „Recibi" (ich habe erhalten) und Unterschrift bestätigt.

Hans Wilkens Ende Juni 1941 die Gelegenheit wahr, eigentlich externe Lufthansa-Post auf einem ohnehin vorgesehenen Sonderflug als interne Dienstpost nach Madrid zu schicken. Sorge bereitet ihm aber wohl in erster Linie die Weiterleitung nach Südamerika, weshalb er dafür genaue Anweisungen gibt:

„Beifolgend übersenden wir Ihnen 6 Briefumschläge für die Luftpost nach Südamerika. Wir benutzen für diesen Versand im Allgemeinen den Weg über Rom, da wir aber z.Zt. dorthin keine eigene Flugverbindung haben, uns sich aber morgen mit der Sondermaschine Gelegenheit bietet, die Post nach dort zu schicken, bitten wir Sie, die anliegenden Umschläge von Spanien aus als Luftpost mit der Lati weiterzuschicken. Wir bitten, die Postsendung in der Aufteilung, wie Sie sie von uns erhalten, weiterzuleiten und auf der Rückseite eines jeden Umschlags eine neutrale Absenderadresse zu vermerken. Es müsste sich aber um eine Absenderadresse handeln, die nicht frei erfunden ist, sondern, die ggf. Herr Moosmayer" – der Leiter der Lufthansa-Bezirksdirektion Südamerika in Rio de Janeiro – „auch für eine Rückantwort benutzen kann. Es darf nur keinesfalls der Name Lufthansa oder sonst ein typisch deutschklingender Name sein."

Erhebliche innerspanische Schwierigkeiten entstehen in einem anderen Fall. Hier wird die persönliche Bekanntschaft mit einem Flugkapitän ohne Rücksicht auf dessen Leumund für einen illegalen Transport ausgenutzt. Ein Fernando Westerbarkey, ehemals Angestellter des deutschen Konsulats in Sevilla und mittlerweile selbstständig, liefert am 17. Juni 1941 in Madrid bei der als Lufthansa-Agent fungierenden Iberia einen an die deutsche Gesandtschaft in Lissabon gerichteten „unerhört eiligen" Brief ab. Zusammen mit einem Vermerk Westerbarkeys für Flugkapitän Kurt Vogel wird der Umschlag in ein Dienstkuvert der Iberia gesteckt und kurz darauf am Flughafen dem Flugzeugführer zur Mitnahme ausgehändigt. Irgendwie ist diesem die Sache aber nicht geheuer. In Lissabon angekommen, verlangt er vorsichtshalber die Öffnung des Umschlags, zu Recht, wie sich herausstellt. Mit der Sendung wurden nämlich 50 000 Peseten nach Portugal geschmuggelt, ein Tatbestand, den Gerhard Lindenberg so beschreibt: „Es dürfte bekannt sein, dass die Ausfuhr von Peseten eines der schwersten Vergehen gegen das spanische Devisengesetz ist. Wenn also diese Angelegenheit ruchbar wird, hat sich Herr Vogel schwer strafbar gemacht." Das Geld, die Umschläge, einen Briefbogen und einen Bericht über den Vorfall gibt Ulrich Graf von Beroldingen, der Lufthansa-Bevollmächtigte für Portugal, an die deutsche Gesandtschaft weiter mit der Aufforderung: „Sollte das Geld tatsächlich für die Gesandtschaft bestimmt sein, so bitte ich, den Empfänger und den Absender auf das bodenlos leichtsinnige ihrer Handlungsweise, durch die deutsche Interessen auf das gröbste bloßgestellt werden können, hinweisen zu lassen."

Eine ganz andere Sorge beschäftigt die Verkehrsleitung in einem anderen Ausnahmefall. Hier geht es eigentlich nur um die Frage der Bezahlung, doch die Umstände der Beförderung sind der Abteilung Verkehrsabrechnung völlig unklar. Eine Aktentasche des deutschen Luftattachés in Madrid wird erst ab Barcelona als Kuriersendung für die Strecke K 22 nach Berlin – Empfänger: Flugleiter Tempelhof – aufgegeben und dies noch dazu mit einem ro-

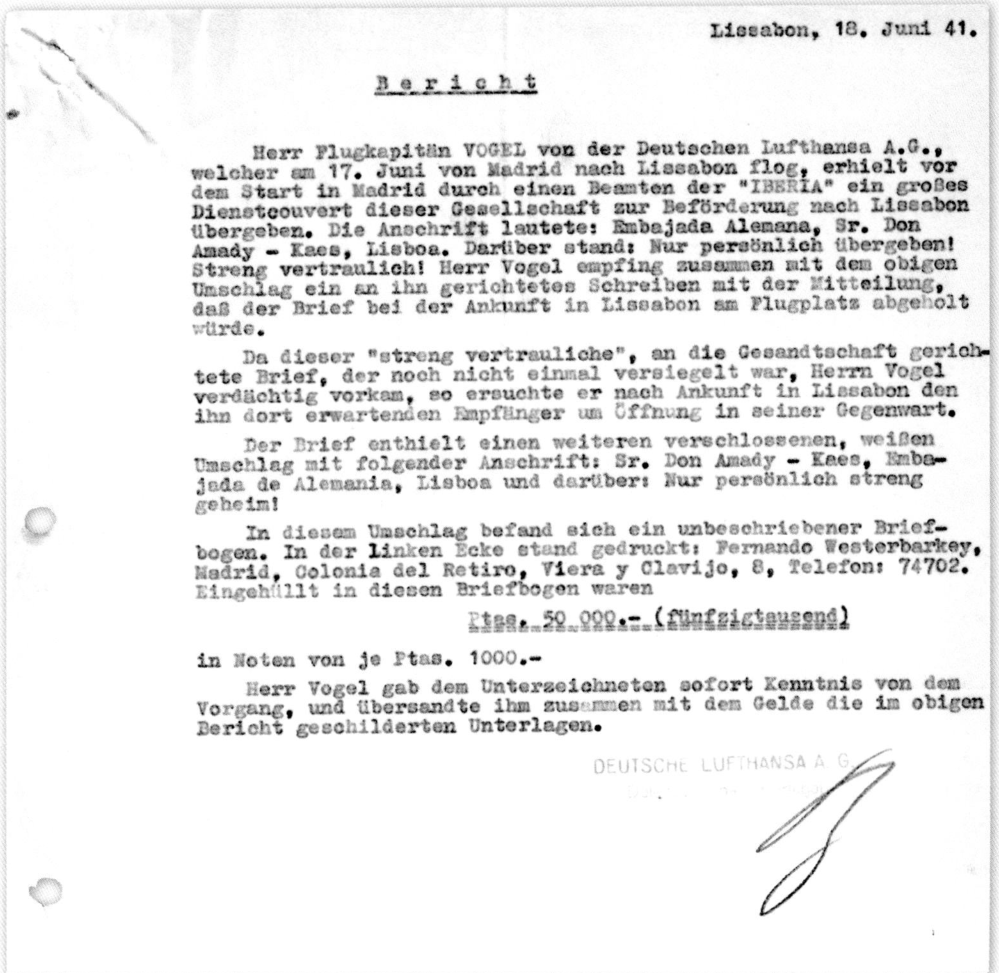

Lissabon, 18. Juni 41.

B e r i c h t

Herr Flugkapitän VOGEL von der Deutschen Lufthansa A.G., welcher am 17. Juni von Madrid nach Lissabon flog, erhielt vor dem Start in Madrid durch einen Beamten der "IBERIA" ein großes Dienstcouvert dieser Gesellschaft zur Beförderung nach Lissabon übergeben. Die Anschrift lautete: Embajada Alemana, Sr. Don Amady - Kaes, Lisboa. Darüber stand: Nur persönlich übergeben! Streng vertraulich! Herr Vogel empfing zusammen mit dem obigen Umschlag ein an ihn gerichtetes Schreiben mit der Mitteilung, daß der Brief bei der Ankunft in Lissabon am Flugplatz abgeholt würde.

Da dieser "streng vertrauliche", an die Gesandtschaft gerichtete Brief, der noch nicht einmal versiegelt war, Herrn Vogel verdächtig vorkam, so ersuchte er nach Ankunft in Lissabon den ihn dort erwartenden Empfänger um Öffnung in seiner Gegenwart.

Der Brief enthielt einen weiteren verschlossenen, weißen Umschlag mit folgender Anschrift: Sr. Don Amady - Kaes, Embajada de Alemania, Lisboa und darüber: Nur persönlich streng geheim!

In diesem Umschlag befand sich ein unbeschriebener Briefbogen. In der linken Ecke stand gedruckt: Fernando Westerbarkey, Madrid, Colonia del Retiro, Viera y Clavijo, 8, Telefon: 74702. Eingehüllt in diesen Briefbogen waren

Ptas. 50 000.- (fünfzigtausend)

in Noten von je Ptas. 1000.-

Herr Vogel gab dem Unterzeichneten sofort Kenntnis von dem Vorgang, und übersandte ihm zusammen mit dem Gelde die im obigen Bericht geschilderten Unterlagen.

DEUTSCHE LUFTHANSA A. G.

Zu den schwersten Vergehen gegen die spanischen Devisengesetze zählt die Verbringung von Peseten ins Ausland. Für Flugkapitän Kurt Vogel ergeben sich aus dem Vorfall aber offenbar keine negativen Konsequenzen.

ten Begleitzettel für geheime Firmenpost anstatt des vorgeschriebenen weißen Formulars für Kuriersendungen. Für die Beförderung von Kuriersendungen werden derzeit 2,025 RM je Tonnenkilometer berechnet, was dem von der Reichspost für Briefpost vergüteten Satz entspricht. Auch das Oberkommando der Wehrmacht sowie andere Reichsdienststellen erkennen diese Tarifregelung an. Zur Berechnung ist die vom Reichsminister der Luftfahrt als amtlich erklärte Kilometerentfernung der jeweils benutzten Strecke zugrunde zu legen. Zwecks Rechnungsstellung an das Auswärtige Amt muss die Verkehrsabrechnung im genannten Fall wissen, ob der Transport wirklich erst ab Barcelona oder – wie man vermutet – bereits in Madrid begann. Des Rätsels Lösung ist einfach, bedarf aber doch einer Erläuterung. Der Luftat-

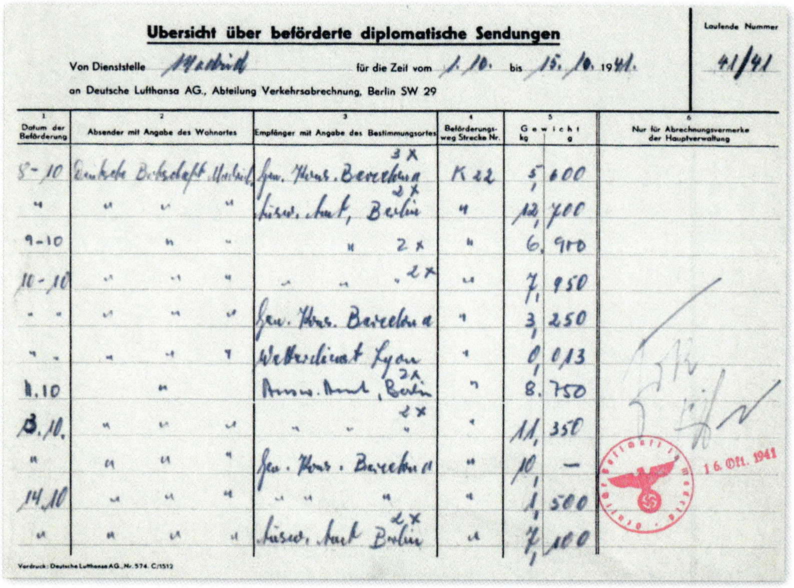

Übersicht über beförderte diplomatische Sendungen

Laufende Nummer 41/41

Von Dienststelle Madrid für die Zeit vom 1.10. bis 15.10.1941.

an Deutsche Lufthansa AG., Abteilung Verkehrsabrechnung, Berlin SW 29

1 Datum der Beförderung	2 Absender mit Angabe des Wohnortes	3 Empfänger mit Angabe des Bestimmungsortes	4 Beförderungsweg Strecke Nr.	5 Gewicht kg	g	6 Nur für Abrechnungsvermerke der Hauptverwaltung
8-10	Deutsche Botschaft Madrid	Gen. Kons. Barcelona 3x	K 22	5	600	
"	" " "	Ausw. Amt, Berlin 2x	"	12	700	
9-10	" "	" 2x	"	6	910	
10-10	" " "	" " 2x	"	7	950	
" "	" " "	Gen. Kons. Barcelona	"	3	250	
" "	" " "	Wetterdienst Lyon	"	0	013	
11.10	"	Ausw. Amt, Berlin 2x	"	8	750	
13.10.	" " "	" " " 2x	"	11	350	
"	" " "	Gen. Kons. Barcelona	"	10	–	
14.10	" " "	" " "	"	1	500	
"	" " "	Ausw. Amt Berlin 2x	"	7	100	

16. Okt. 1941

Vordruck: Deutsche Lufthansa AG., Nr. 574. C/1512

Eine kriegsbedingt in zunehmendem Maß zu befördernde Ladung sind diplomatische Sendungen. Deren Gewicht wird bis auf drei Stellen hinter dem Komma erfasst zwecks Abrechnung mit dem Auswärtigen Amt.

taché Generalmajor Eckard Krahmer reiste diesmal mit der Bahn nach Deutschland, vergaß bei dieser Gelegenheit aber ausgerechnet seine Aktentasche mit wichtigen Geheimakten. Wohl um ihm einen Gefallen zu tun – und sicher mit entsprechendem Einverständnis – nahm Gerhard Lindenberg daraufhin die Tasche persönlich als Handgepäck mit nach Barcelona, dies allerdings auf einem Flug der Iberia, deren geschäftsführender Direktor er ja auch ist. Daher kann dem Auswärtigen Amt die Beförderung der Aktentasche als Kuriersendung auf der Lufthansa-Strecke K 22 nach Berlin tatsächlich erst ab Barcelona, nicht aber ab Madrid berechnet werden.

Dem Fluggastgepäck ganz allgemein gilt 1942 eine Untersuchung der Abteilung Verkehrsüberwachung. Laut einer Ortsabgangsstatistik beförderte Lufthansa im Vorjahr über 100 000 Gepäckstücke. Dabei wurden 111 Fehlleitungen, 55 Beschädigungen und 14 Totalverluste festgestellt. Die letztgenannten Zahlen dürften tatsächlich aber höher liegen, da deren Erhebung erst Anfang 1941 begann und somit in den ersten Monaten vermutlich noch nicht vollständig war. Zwecks Feststellung von Ursachen für mögliche Unregelmäßigkeiten der angeführten Art beobachtet die Verkehrsüberwachung die entsprechenden Abfertigungsabläufe in Berlin, Wien und Stuttgart.

Die Gründe für etwaige Fehlleitungen sind vielfältig. Einer, der eigentlich leicht vermeidbar wäre, wird so geschildert: „Beladung der ABA-Maschine, Str. 8, Berlin-Stockholm, am 1.7.42. Beim Anwerfen der Motoren der DC 3 von Str. 12, die kurz vorher startet, flogen durch den starken Propellerwind fast sämtliche Klebezettel von den Gepäckanhängern der für Str. 8 bestimmten Gepäckstücke ab, sei es, weil der Kleister zu dünn war, sei es, weil sie zu nachlässig aufgeklebt wurden."

Beschädigungen sind hauptsächlich auf zwei Ursachen zurückzuführen, zu schwere und gleichzeitig vielfach mangelhafte Gepäckstücke – hier findet sich die Bezeichnung „Kriegskoffer" – sowie ungünstige beziehungsweise der Zustand der Laderäume in den Flugzeugen. Für zu schwache und gleichzeitig überladene Koffer hier ein Beispiel: „Str. 22, Lissabon-Berlin, zwei Koffer im Gesamtgewicht von 83 kg! Ein Pappkoffer kam in Stuttgart ohne Griff, ohne Bezettelung und mit herausgerissenen Schlössern an. Der Koffer war vollkommen offen und musste notdürftig mit Papierbindfaden verschnürt werden. Eine Feststellung, ob von dem Inhalt etwas fehlte, konnte nicht getroffen werden, da das gesamte Gepäck des Gastes als Zollgut nach Berlin weiterging. An dem zweiten Koffer war bereits ein Schloss abgerissen. Es wurde veranlasst, dass im Flugschein ein Vermerk über die vorhandenen Beschädigungen gemacht wurde."

Außer der ungünstigen Lage von Laderäumen – bei der Junkers Ju 52 beispielsweise im Bauch des Flugzeugs, nur mit „akrobatischer Geschicklichkeit" von unten zugängig und außerdem unbeleuchtet – sind es in der Ju 52 und Ju 86 vor allem scharfe Ecken und Kanten, die zu erheblichen Beschädigungen führen. „Ein Zurechtklopfen oder Abkneifen der scharfen Stellen hat wenig Erfolg, solange die Laderäume nicht völlig glatte Innenflächen haben." Bei der Ju 86 *D-AFAF „Watzmann"* entfernte man trotzdem ein 2,5 cm langes und über 1 cm breites Metallstück, um es der Verkehrsleitung als „corpus delicti" zu übergeben.

„Der Totalverlust eines aufgegebenen Gepäckstückes kann durch den Untergang, bezw. die teilweise Beschädigung des Transportmittels oder durch Diebstahl, bezw. Unterschlagung des Objektes eintreten", so die Erkenntnis der Verkehrsüberwachung. Abgesehen von einem Unfall, der ein eher außergewöhnliches Ereignis wäre, gibt es doch recht zahlreiche kritische Situationen im Gesamtablauf der Gepäckbehandlung. Keinesfalls sollte es vorkommen, dass Koffer außerhalb der Überwachungsweite des Personals bleiben. Doch genau das wird beispielsweise in Stuttgart nach Ankunft eines Fluges aus Spanien beobachtet: „Es wurden Zeiten bis zu vier Minuten festgestellt, während welcher bis zu 11 Gepäckstücke unbeaufsichtigt in der belebten Fürstenstraße standen. Verschiedene Gäste holten sich ihr auf der Straße stehendes Gepäck selbst." Die aufgrund der Untersuchungen gemachten Erfahrungen finden ihren Niederschlag in dem am 25. September 1942 neu abgefassten Kapitel „Gepäck" in der Dienstvorschrift „Passagemappe".

Ganz andere Gedanken beschäftigen zu dieser Zeit amtliche Stellen. Hier fragt man sich, ob das Gepäck der Luftreisenden eigentlich aus Sicherheitsgründen vor Antritt des Fluges überprüft wird. Ist doch zu befürchten, dass sich darin Gegenstände befinden könnten, welche die Sicherheit des Flugzeugs gefährden. Anders als

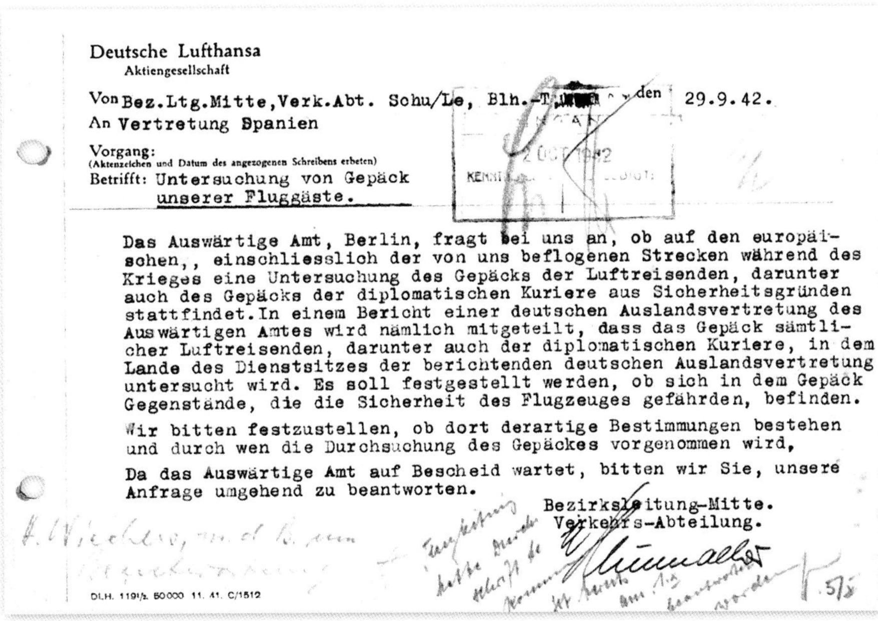

Deutsche Lufthansa
Aktiengesellschaft

Von Bez.Ltg.Mitte,Verk.Abt. Sohu/Le, Blh.-T[redacted] den 29.9.42.
An Vertretung Spanien

Vorgang:
(Aktenzeichen und Datum des angezogenen Schreibens erbeten)
Betrifft: Untersuchung von Gepäck unserer Fluggäste.

Das Auswärtige Amt, Berlin, fragt bei uns an, ob auf den europäischen,, einschliesslich der von uns beflogenen Strecken während des Krieges eine Untersuchung des Gepäcks der Luftreisenden, darunter auch des Gepäcks der diplomatischen Kuriere aus Sicherheitsgründen stattfindet. In einem Bericht einer deutschen Auslandsvertretung des Auswärtigen Amtes wird nämlich mitgeteilt, dass das Gepäck sämtlicher Luftreisenden, darunter auch der diplomatischen Kuriere, in dem Lande des Dienstsitzes der berichtenden deutschen Auslandsvertretung untersucht wird. Es soll festgestellt werden, ob sich in dem Gepäck Gegenstände, die die Sicherheit des Flugzeuges gefährden, befinden.

Wir bitten festzustellen, ob dort derartige Bestimmungen bestehen und durch wen die Durchsuchung des Gepäckes vorgenommen wird,

Da das Auswärtige Amt auf Bescheid wartet, bitten wir Sie, unsere Anfrage umgehend zu beantworten.

Bezirksleitung-Mitte.
Verkehrs-Abteilung.

DLH. 1191/2. 50000 11. 41. C/1512

Im Gegensatz zum heutigen Luftverkehr ist die Sicherheitsüberprüfung des Fluggastgepäcks 1942 noch keineswegs üblich. Beim Kuriergepäck sieht das Auswärtige Amt verständlicherweise ohnehin Probleme, da dieses Dritten grundsätzlich nicht zugänglich gemacht werden darf.

»Bayer«

La Química Comercial y Farmacéutica, S. A.

PRODUCTOS QUÍMICOS Y FARMACÉUTICOS AL POR MAYOR

BAYER

Barcelona, 27 de Agosto de 1943.
Apartado, 280.

SECCIÓN Científica Dr.Ro/CC.

L U F T H A N S A.
Pº. de Gracia, 45.
B a r c e l o n a.

Auf Wunsch der spanischen Firma „Bayer", derzeit eine Tochtergesellschaft der I.G. Farbenindustrie, befördert Lufthansa „4 Hamsters vivos y sanos" von Stuttgart nach Barcelona und, nach einer Vakzinierung mit Leishmanien dort, wieder zurück.

im heutigen Luftverkehr sieht man diese Gefahr damals aber nur durch die Kriegsumstände bedingt. Die Gepäckbeförderung schließt erst viele Jahrzehnte später obligatorische Sicherheitschecks dieser Art als üblichen Routinevorgang ein.

Auf Lufthansa-Flügen gibt es aber auch außergewöhnliche Transporte, die in anderer Weise sicherheitsrelevant erscheinen. 1943 wendet sich die Firma „Bayer", in dem Fall ein spanisches Unternehmen der I.G. Farbenindustrie A.G., an Lufthansa mit der Bitte um Transport von vier lebenden Hamstern. Diese sollen zunächst von Stuttgart nach Barcelona fliegen, was für das Flugunternehmen natürlich im Prinzip kein Problem darstellt, wenn auch in Absprache mit anderen Fluggesellschaften die Annahme von lebenden Tieren bis auf Weiteres gesperrt ist. Wirkliche Vorbehalte ergeben sich aber daraus, dass die Hamster in Spanien mit Leishmanien vakziniert werden und danach wieder per Flugzeug nach Stuttgart zurückkehren sollen. Kann die Infektion das Bodenpersonal und die Flugzeugbesatzung – ganz zu schweigen von den mitreisenden Fluggästen – gefährden? Offenbar gelingt es „Bayer", die dahingehenden Bedenken zu zerstreuen. Und da auf der Strecke K 22 ohnehin der zusätzliche Einsatz einer Frachtmaschine geplant ist, erklärt sich Lufthansa – ausnahmsweise, wie ganz besonders betont wird – zu dem Transport bereit.

Äußerst ungewöhnlich wäre ein Tiertransport dann noch 1945. Doch nach einem Telegramm der Verkehrsleitung an Lufthansa Madrid zu schließen, könnte die am 3. März mit 20 Fluggästen und 3617 kg sogenannter toter Ladung – also Fracht, Post und Gepäck – in Barcelona gestartete und nach eintägiger Flugunterbrechung in München am 5. März in Berlin eintreffende Junkers Ju 290 *D-AITR „Bayern"* etwas dieser Art befördert haben. Die Niederschrift des Telegramms lautet: *„DAITR* mitbringt drei Kisten Frachtbrief 149510 welche urspruenglich fuer MK bestimmt, wurden (Wort ist nicht zu entziffern = itholt =) vorsorglich Berliner Zoo zur Verfügung gestellt erbitten dringend weitere Disposition. Erbitten dringend vor kuenftigen aehnlichen Transporten vorherige Nachricht an uns und Mailand" (MK ist der Code für Mailand). Nähere Einzelheiten zu diesem Geschehen liegen nicht vor.

Als derzeit einziger Lufthansa-Vorstand gehört Walter Luz zu der bevorzugten Gruppe von Leitern des Unternehmens, die aus Spanien mehrfach mit frischem Obst versorgt werden.

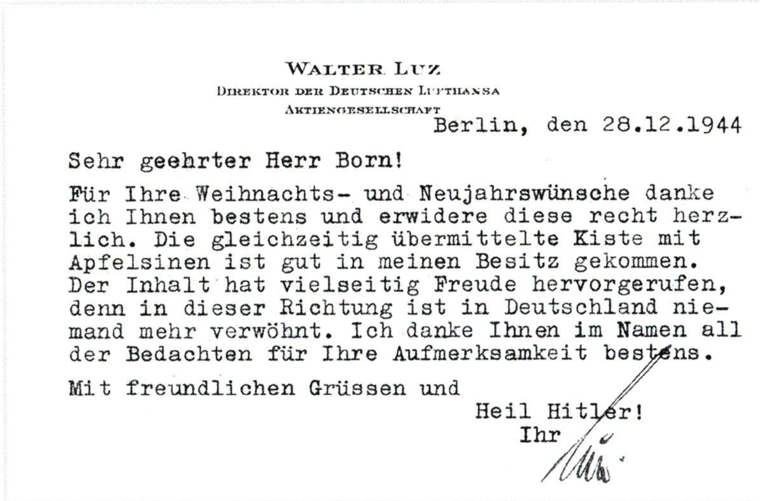

WALTER LUZ
DIREKTOR DER DEUTSCHEN LUFTHANSA
AKTIENGESELLSCHAFT

Berlin, den 28.12.1944

Sehr geehrter Herr Born!

Für Ihre Weihnachts- und Neujahrswünsche danke ich Ihnen bestens und erwidere diese recht herzlich. Die gleichzeitig übermittelte Kiste mit Apfelsinen ist gut in meinen Besitz gekommen. Der Inhalt hat vielseitig Freude hervorgerufen, denn in dieser Richtung ist in Deutschland niemand mehr verwöhnt. Ich danke Ihnen im Namen all der Bedachten für Ihre Aufmerksamkeit bestens.

Mit freundlichen Grüssen und
Heil Hitler!
Ihr

Eine ständige Zunahme mit der Fortdauer des Kriegs ist beim Versand von Liebesgaben- und Verpflegungspaketen von und an Lufthansa-Mitarbeiter festzustellen. Aus Spanien wird vorwiegend Obst nach Deutschland geschickt – Orangen, Äpfel, Bananen, aber auch schon einmal Haselnüsse. Und Flugbetriebsleiter Franz Schlenstedt erkundigt sich Anfang 1945 bei Flugleiter Karl-Otto Born in Barcelona: „Darf ich fragen, ob der Tabak inzwischen reif geworden ist?" Ab Februar 1945 wird den Mitarbeitern der Flugleitung Barcelona ein gemeinsames Gesamtkontingent von monatlich 40 kg zugestanden, das für diese Sendungen ausgenutzt werden darf. Von Deutschland nach Spanien ist der Versand erheblich umfangreicher. Er umfasst im Wesentlichen aber Grundnahrungsmittel wie Knäckebrot, Mehl und Zucker.

Die Lebensmittelversorgung der deutschen Bevölkerung – auch die der Lufthansa-Mitarbeiter in Spanien – ist als eine Art Waffengang zu verstehen, wie dieser Sonderstempel der Reichspost wohl vermitteln soll.

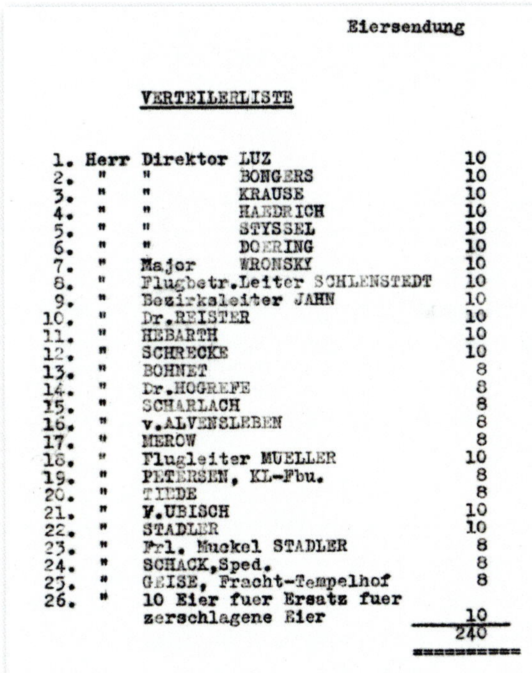

Eiersendung

VERTEILERLISTE

1.	Herr	Direktor LUZ	10
2.	"	" BONGERS	10
3.	"	" KRAUSE	10
4.	"	" HAEDRICH	10
5.	"	" STYSSEL	10
6.	"	" DOERING	10
7.	"	Major WRONSKY	10
8.	"	Flugbetr.Leiter SCHLENSTEDT	10
9.	"	Bezirksleiter JAHN	10
10.	"	Dr.REISTER	10
11.	"	HEBARTH	10
12.	"	SCHRECKE	10
13.	"	BOHNET	8
14.	"	Dr.HOGREFE	8
15.	"	SCHARLACH	8
16.	"	v.ALVENSLEBEN	8
17.	"	MEROW	8
18.	"	Flugleiter MUELLER	10
19.	"	PETERSEN, KL-Fbu.	8
20.	"	TIEDE	8
21.	"	V.UBISCH	10
22.	"	STADLER	10
23.	"	Frl. Muckel STADLER	8
24.	"	SCHACK,Sped.	8
25.	"	GEISE, Fracht-Tempelhof	8
26.	"	10 Eier fuer Ersatz fuer zerschlagene Eier	10
			240

„Mit herzlichen Ostergrüßen" schickt Gerhard Lindenberg im März 1945 eine besondere Liebesgabensendung aus Spanien nach Deutschland: Eine Kiste mit 240 Eiern an diese Berliner Lufthansa-Mitarbeiter.

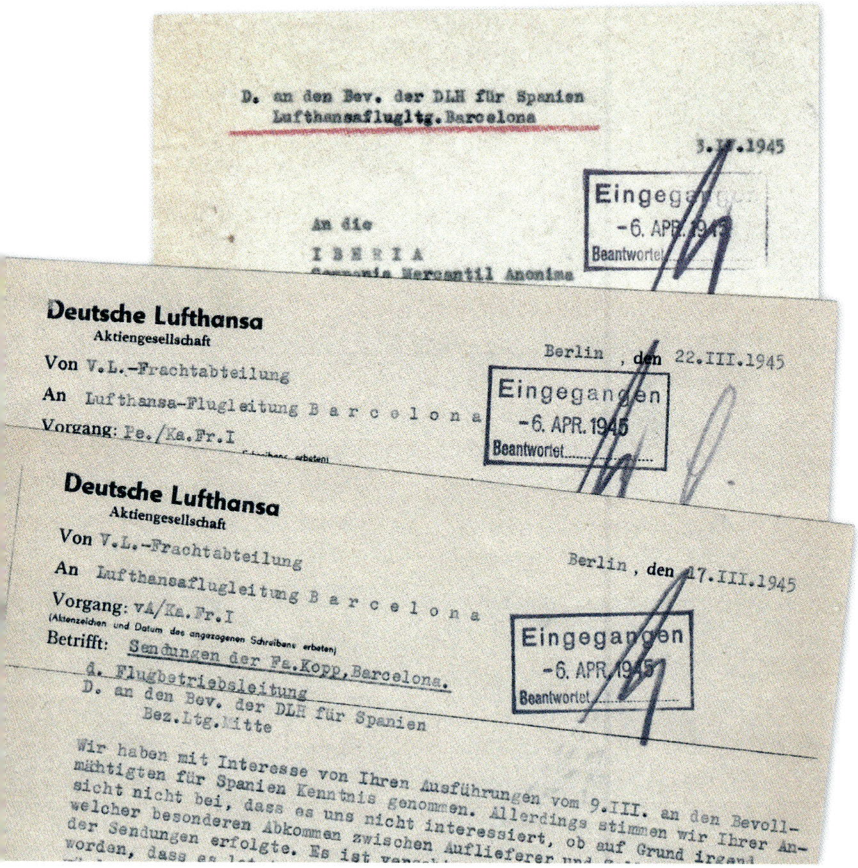

[217] Wie die Eingangsstempel zeigen, erreichte diese Dienstpost am 6. April 1945 Barcelona. Dieser vorletzte Linienflug nach Spanien endete dort mit einer Bruchlandung der Junkers Ju 290 *D-AITR „Bayern“*.

Rein dienstlicher Natur ist ein anderes und zunehmend drängendes Versandproblem, nämlich der internen Dienstpost: „Bekanntlich ist der Postverkehr infolge der kriegsbedingten Schwierigkeiten stark beeinträchtigt. Im günstigsten Fall sind die von auswärts kommenden Postsendungen mehrere Tage unterwegs, jedoch dauert es auch manchmal eine Woche und länger, ehe die Sendungen ihren Bestimmungsort erreichen. Hierdurch treten Schwierigkeiten in der Bearbeitung wichtiger Geschäftsvorfälle auf. Auch bei wichtigen Buchungsunterlagen wie z. B. Hollerithkarten und sonstigen Unterlagen macht sich das Ausbleiben der Sendungen störend beim geordneten Betriebsablauf bemerkbar“, stellt der Kaufmännische Leiter Willy Hädrich Anfang 1945 fest. Gleichzeitig haben aber Dienstreisen, hauptsächlich zur Beschaffung benötigten Materials, außerordentlich zugenommen. In Konsequenz wird deshalb angeordnet, „dass jede Dienstreise für die Beförderung von Firmenpost ausgenutzt wird.“ In einem Rundschreiben vom 16. Januar legt Hädrich genau fest, wie und wo in Tempelhof jeweils die Übergabe oder Übernahme ausgehender beziehungsweise eingehender Post zu erfolgen hat. Dies bedeutet eine gewisse zusätzlich Bürokratie, doch nur so kann für ordnungsgemäße Abläufe gesorgt werden, trotz oder eben gerade wegen eines kriegsbedingt möglicherweise allzu schnell auftretenden Durcheinanders. Aus demselben Grund muss zum 31. Dezember 1944 selbstverständlich auch eine betriebsinterne Inventur stattfinden, so wie jedes Jahr. Und das bedeutet nicht nur ein schlichtes Zählen des vorhandenen Materials. In der Anweisung der federführenden Wirtschaftsleitung steht da beispielsweise unter anderem auch:

„Etwaige Fehl- oder Mehrbestände sind unverzüglich zu klären und dürfen erst nach ergebnisloser Prüfung unter Ausstellung der üblichen Materialbelege mit der Auftrags-Nr. 90-0061 gebucht werden. In jedem einzelnen Falle ist hierzu die Genehmigung des örtlichen zuständigen Dienststellenleiters bzw. leitenden Kaufmannes einzuholen, der die betreffenden Materialbelege abzeichnet.

Mit der Lagerbestandsabstimmung ist auch eine Überprüfung der ordentlichen und übersichtlichen Einlagerung der Teile zu verbinden.

Gleichzeitig muss bei der körperlichen Prüfung darauf geachtet werden, ob jeder Gegenstand noch den auf der Karteikarte angegebenen Zustandsgrad besitzt oder ob infolge Beschädigung oder Korrosion nur noch eine verminderte oder keine Verwendungsmöglichkeit für ihn besteht.

Unterschiede in der Zustandsbezeichnung werden durch Ausfertigung eines Materialentnahmescheines mit der Auftrags-Nr. 90-0061 und einer Materialrücklieferungskarte berichtigt."

Für die reibungslose Fortsetzung der Geschäftsgänge versendet die Wirtschaftsleitung an alle Dienststellen zudem den ab 1. Januar 1945 geltenden Auftragsnummernplan nebst Übersicht über dessen Anwendung und Ausweis in den Hollerith-Auswertungen sowie einem Nachtrag I dazu. Vom Reichstreuhänder für den öffentlichen Dienst kommt schließlich des Weiteren noch die „Anordnung zur Sicherung der Ordnung in öffentlichen Verwaltungen und Betrieben", die ebenfalls am 1. Januar in Kraft tritt. Organisatorisch ist und bleibt – trotz der außerordentlich widrigen Umstände – also vieles geschäftsmäßig geregelt.

Eine gegenteilige Erfahrung muss die Flugbetriebsleitung allerdings bereits Mitte 1944 machen. Der bestehenden Vorschrift, über jegliche Unplanmäßigkeit einer Flugdurchführung an sie und gegebenenfalls die Technische Kontrolle zu berichten, wird so gut wie nie nachgekommen, „da anscheinend vielfach die Ansicht bei den Besatzungen vorherrscht, dass eine Zwischenlandung, Rückkehr oder Außenlandung oder ein Flugausfall ‚ja nur halb so schlimm' sei". Aber „jede Unplanmäßigkeit stellt eine nicht ordnungsgemäße Durchführung des erhaltenen Auftrages dar, über die selbstverständlich der Beauftragte Rechenschaft abzulegen hat." Deshalb wird angeordnet, dass „säumige Besatzungsmitglieder sofort vom Flugdienst abgelöst werden und nicht eher zum Einsatz gelangen, bis sie über die erfolgten Störungen einen ausführlichen Bericht abgegeben haben", eine – angesichts der ohnehin herrschenden Personalknappheit – offensichtlich etwas gewagte Anweisung. Andererseits berechnet sich das Gehalt des fliegenden Personals zu einem wesentlichen Teil auf Basis der tatsächlich geleisteten Flugkilometer. Hier könnte die Maßnahme also durchaus zu empfindlichen Einbußen führen.

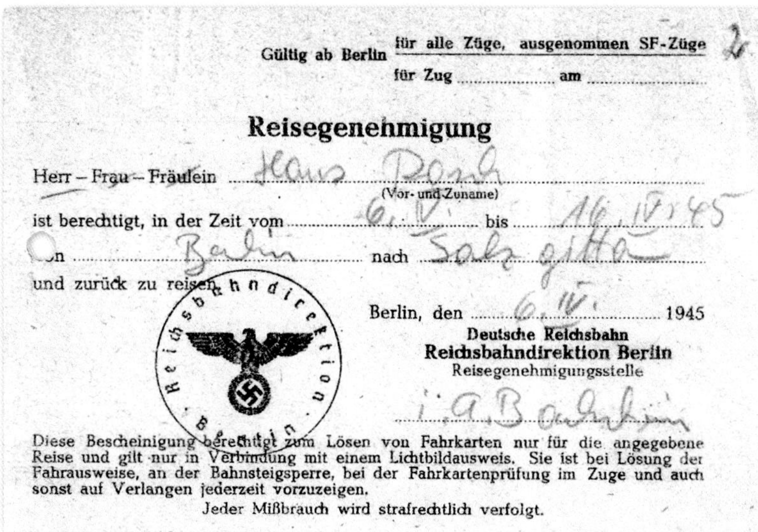
Gültig ab Berlin für alle Züge, ausgenommen SF-Züge
für Zug .... am ....

Reisegenehmigung

Herr – Frau – Fräulein .... (Vor- und Zuname)
ist berechtigt, in der Zeit vom .... bis ....
n .... nach ....
und zurück zu reisen.

Berlin, den 1945
Deutsche Reichsbahn
Reichsbahndirektion Berlin
Reisegenehmigungsstelle

Diese Bescheinigung berechtigt zum Lösen von Fahrkarten nur für die angegebene Reise und gilt nur in Verbindung mit einem Lichtbildausweis. Sie ist bei Lösung der Fahrausweise, an der Bahnsteigsperre, bei der Fahrkartenprüfung im Zuge und auch sonst auf Verlangen jederzeit vorzuzeigen.
Jeder Mißbrauch wird strafrechtlich verfolgt.

Die sich häufenden Dienstreisen von Lufthansa-Mitarbeitern werden im Allgemeinen mit der Eisenbahn durchgeführt, doch um diese überhaupt benutzen zu dürfen, benötigt man offenbar auch erst eine Genehmigung der Reichsbahn.

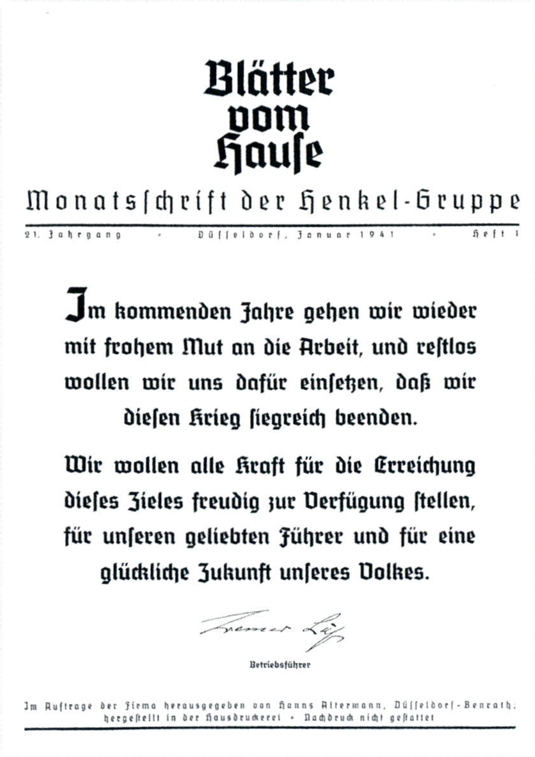

Blätter vom Hause

Monatsschrift der Henkel-Gruppe

21. Jahrgang • Düsseldorf, Januar 1941 • Heft 1

Im kommenden Jahre gehen wir wieder mit frohem Mut an die Arbeit, und restlos wollen wir uns dafür einsetzen, daß wir diesen Krieg siegreich beenden.

Wir wollen alle Kraft für die Erreichung dieses Zieles freudig zur Verfügung stellen, für unseren geliebten Führer und für eine glückliche Zukunft unseres Volkes.

Betriebsführer

Im Auftrage der Firma herausgegeben von Hanns Altermann, Düsseldorf-Benrath; hergestellt in der Hausdruckerei • Nachdruck nicht gestattet

Bei allen denkbaren Gelegenheiten ist vom „geliebten Führer" die Rede, zweifellos auf höhere Weisung und wohl in der Hoffnung, dass auch tatsächlich wahr wird, was man nur oft genug wiederholt.

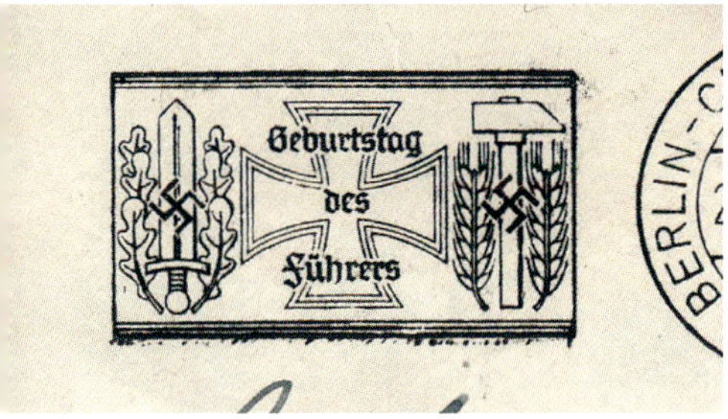

Mit Sondermarken und Sonderstempeln feiert die Reichspost den „Geburtstag des Führers", hier 1940 und 1941. Im Jahr darauf ist eine „Siegrune" wesentliches Merkmal des Stempels.

Schließlich soll hier noch auf ein Phänomen eingegangen werden, wie es wohl nur Diktaturen möglich machen. Es ist der heute in jeder Hinsicht höchst lächerlich anmutende Führerkult um die Person Adolf Hitlers. Mit „Mein geliebter Führer!" beginnt am 15. Januar 1945 der an ihn gerichtete Brief einer Mutter, die gerade ihren Sohn bei einem durch Kriegsaktivitäten verursachten Unglück verloren hat. Und das ist durchaus nicht etwa die Verirrung eines einzelnen Menschen. Auch in der Werkzeitschrift „Der Lufthanseat" oder beispielsweise ebenso in der Publikation „Blätter vom Hause" der Firma Henkel & Cie. A.G. ist von „unserem geliebten Führer" die Rede. Kein Wunder eigentlich, sind solche Schriften ja schon längst gleichgeschaltet. Wie in anderen Werkzeitschriften auch, zum Beispiel in „Die Betriebs-Gemeinschaft" der Continental Gummi-Werke A.-G., findet sich dazu der eindeutige Hinweis: „Herausgegeben im Einvernehmen mit dem Presseamt der Deutschen Arbeitsfront". Am liebsten feiert man natürlich den „Geburtstag des Führers". Allen voran die Deutsche Reichspost, die aus diesem jährlich wiederkehrenden Anlass glorifizierende Sonderbriefmarken herausgibt sowie jeweils einen passenden Sonderstempel dazu, teils mit extra großem Hakenkreuz (1941) oder mit der „Siegrune" (1942). Noch 1944 ehrt man selbst im Generalgouvernement, also im besetzten Polen, auf diese Weise den Jubilar postalisch. Im „Lufthanseat" werden regelmäßig die von dem Unternehmen an den „Führer" gerichteten Glückwünsche zum Geburtstag sowie dessen telegrafischer Dank dafür abgedruckt. Die Deutsche Arbeitsfront nutzt diesen Anlass dagegen völlig anders. Man sammelt – mehr oder minder freiwillige – Spen-

Der Lufthanseat

WERKZEITSCHRIFT DER BETRIEBS-GEMEINSCHAFT DEUTSCHE LUFTHANSA A.G.

JAHRGANG 7 | 1943 | HEFT 5/6

Aufnahme: Presse Hoffmann

Zum 20. April sandte die Betriebsführung im Namen aller Gefolgschaftsmitglieder ***unserem Führer Adolf Hitler*** *folgenden Geburtstagsglückwunsch:*

Die in den Betrieben der Deutschen Lufthansa und ihrer Tochtergesellschaften tätigen Gefolgschaften gedenken heute in Verehrung und unverbrüchlicher Treue des Geburtstages ihres geliebten Führers. Als Betriebsführer entbiete ich im Namen aller Arbeitskameraden ehrerbietigste Glückwünsche für das neue Lebensjahr. Die unvergänglichen Ruhmestaten unserer Wehrmacht zu Lande, zu Wasser und in der Luft sind uns Ansporn, unsere ganze Kraft einzusetzen, um den Vernichtungswillen der Achsengegner zuschanden zu machen. – Möge unserem Führer und seiner unermüdlichen Arbeit für eine glückliche Zukunft unseres großdeutschen Vaterlandes reichverdienter Segen beschieden sein.

Heil unserem Führer!

DEUTSCHE LUFTHANSA

LUZ

Antworttelegramm des Führers an den Vorstand der Lufthansa:

Führerhauptquartier, 21. April 1943

Für die guten Wünsche, die Sie mir im Namen der in den Betrieben der Deutschen Lufthansa und in ihren Tochtergesellschaften tätigen Gefolgschaftsmitglieder zu meinem Geburtstag ausgesprochen haben, sage ich Ihnen meinen herzlichen Dank.

Mit Deutschem Gruß

ADOLF HITLER

Jahr für Jahr gratuliert Lufthansa dem „Führer" telegrafisch zu dessen Geburtstag, wofür der Jubilar stets auf gleichem Weg seinen herzlichen Dank an alle Mitarbeiter des Unternehmens ausspricht.

den der Bürger, selbst im Ausland, so wie beim Lufthansa-Personal in Spanien. Ist gerade kein Geburtstag zu feiern, fordert die Reichspost durch Sonderstempel eben einfach, „Mit dem Führer zum Sieg!" zu marschieren. Und 1943 heißt es „Führer befiehl – wir folgen Dir!" auf einem Sonderstempel anlässlich „10 Jahre Machtübernahme".

Nicht fehlen darf hier auch der „Deutsche Gruß" – mit „der erhobenen, offenen rechten Hand" und „den Worten ‚Heil Hitler'" –, erklärt „Der Lufthanseat" 7/8 1942 seinen Lesern und fügt unter anderem hinzu: „Trifft ein Lufthanseat einen Lufthanseaten außerhalb des Betriebes, so ist es selbstverständlich, den Arbeitskameraden mit dem Deutschen Gruß zu grüßen. Innerhalb des Betriebes ist es ja auch so!" 1944 wird schließlich ein „Einheitlicher Gruß für alle!" gefordert, nachdem auch „die Oberbefehlshaber des Heeres, der Kriegsmarine und Luftwaffe den Führer baten, einheitlich für die gesamte Wehrmacht den Deutschen Gruß einzuführen, und (…) der Führer diesem Wunsch entsprochen hat."

Gar nicht oft genug kann dem deutschen Volk klar gemacht werden – wie mit diesem Sonderstempel von 1941 –, dass es sein höchstes Ziel sein müsse, „mit dem Führer zum Sieg!" zu stürmen.

An den Führer und Reichskanzler sandte unser Unternehmensführer am 21. 7. folgendes Telegramm

Tief bewegt und dankerfüllt übermittelt Betriebsführer und die gesamte Gefolgschaft der Deutschen Lufthansa aufrichtigste Glückwünsche zur wunderbaren Errettung aus großer Gefahr.

Heil unserem Führer!

Luz

Verständlicherweise keinen Sonderstempel gibt es am 20. Juli 1944. Lufthansa-Vorstand Walter Luz sieht sich aber bemüßigt, seine Glückwünsche zum überstandenen Attentat zu übermitteln.

Parteigenosse und Betriebsführer Walter Luz zeigt, wie es geht: Bei einem Betriebsappell zum 15jährigen Bestehen der Lufthansa beendet er seinen Aufruf an die versammelten Mitarbeiter mit dem „Deutschen Gruß“.

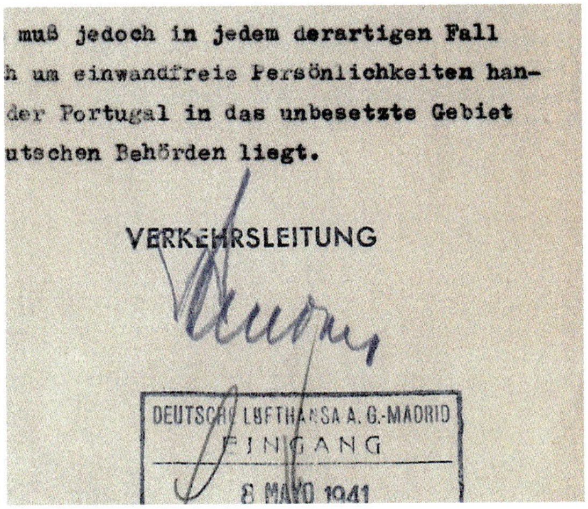

muß jedoch in jedem derartigen Fall
h um einwandfreie Persönlichkeiten han-
der Portugal in das unbesetzte Gebiet
utschen Behörden liegt.

VERKEHRSLEITUNG

DEUTSCHE LUFTHANSA A. G.-MADRID
EINGANG
8 MAYO 1941

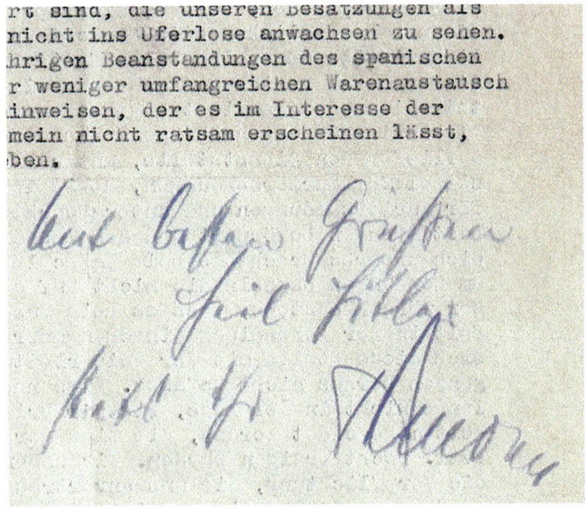

rt sind, die unseren Besatzungen als
nicht ins Uferlose anwachsen zu sehen.
hrigen Beanstandungen des spanischen
r weniger umfangreichen Warenaustausch
inweisen, der es im Interesse der
mein nicht ratsam erscheinen lässt,
ben.

Innerbetriebliche Korrespondenz unterzeichnet Hans M. Bongers für gewöhnlich schlicht unter dem Stempel „Verkehrsleitung“. Bemerkenswert ist eine Ausnahme, wo ihm handschriftlich sogar ein „Heil Hitler“ unterläuft.

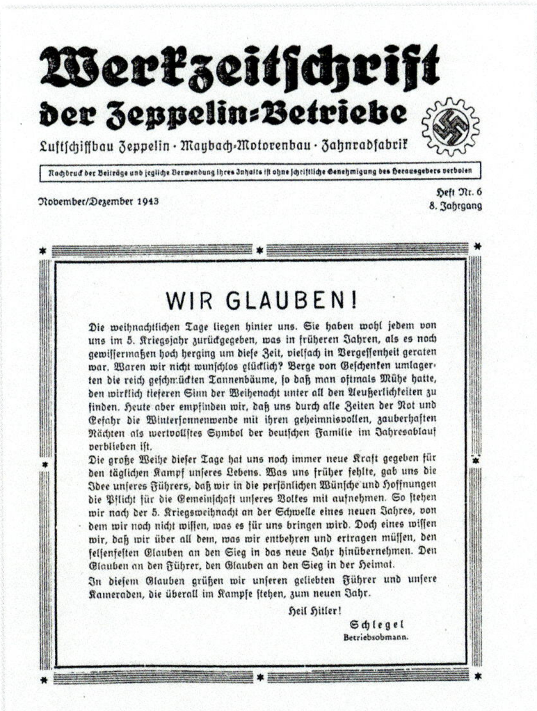

Werkzeitschrift der Zeppelin-Betriebe

Luftschiffbau Zeppelin · Maybach-Motorenbau · Zahnradfabrik

Nachdruck der Beiträge und jegliche Verwendung ihres Inhalts ist ohne schriftliche Genehmigung des Herausgebers verboten

November/Dezember 1943

Heft Nr. 6
8. Jahrgang

WIR GLAUBEN!

Die weihnachtlichen Tage liegen hinter uns. Sie haben wohl jedem von uns im 5. Kriegsjahr zurückgegeben, was in früheren Jahren, als es noch gewissermaßen hoch herging um diese Zeit, vielfach in Vergessenheit geraten war. Waren wir nicht wunschlos glücklich? Berge von Geschenken umlagerten die reich geschmückten Tannenbäume, so daß man oftmals Mühe hatte, den wirklich tieferen Sinn der Weihenacht unter all den Aeußerlichkeiten zu finden. Heute aber empfinden wir, daß uns durch alle Zeiten der Not und Gefahr die Wintersonnenwende mit ihren geheimnisvollen, zauberhaften Nächten als wertvollstes Symbol der deutschen Familie im Jahresablauf verblieben ist.
Die große Weihe dieser Tage hat uns noch immer neue Kraft gegeben für den täglichen Kampf unseres Lebens. Was uns früher fehlte, gab uns die Idee unseres Führers, daß wir in die persönlichen Wünsche und Hoffnungen die Pflicht für die Gemeinschaft unseres Volkes mit aufnehmen. So stehen wir nach der 5. Kriegsweihnacht an der Schwelle eines neuen Jahres, von dem wir noch nicht wissen, was es für uns bringen wird. Doch eines wissen wir, daß wir über all dem, was wir entbehren und ertragen müssen, den felsenfesten Glauben an den Sieg in das neue Jahr hinübernehmen. Den Glauben an den Führer, den Glauben an den Sieg in der Heimat.
In diesem Glauben grüßen wir unseren geliebten Führer und unsere Kameraden, die überall im Kampfe stehen, zum neuen Jahr.

Heil Hitler!

Schlegel
Betriebsobmann.

Früher oder später hilft nur noch der Glaube an den „geliebten Führer“ und an den Sieg. Etwas anderes bleibt wohl auch gar nicht mehr übrig angesichts des sich immer deutlicher abzeichnenden Untergangs.

Im Gegensatz zur Korrespondenz mit externen Stellen ist es bei Lufthansa innerbetrieblich nicht üblich, ein „Heil Hitler“ vor die Unterschrift eines Schreibens zu setzen. Verkehrsleiter Hans M. Bongers verwendet hier üblicherweise nur den Stempel „Verkehrsleitung“, bevor er unterschreibt. Warum er – selbst nicht „Parteigenosse“ der NSDAP – 1943 handschriftlich mit einem „Heil Hitler“ einmal von dieser Regel abweicht, bleibt wohl sein Geheimnis. Was gegen Ende des Kriegs vom Führerkult schließlich übrig bleibt, ist „Glauben an den Führer, Glauben an den Sieg“. Nicht nur im „Lufthanseat“ wird dies gefordert, sondern beispielsweise auch in der „Werkzeitschrift der Zeppelin-Betriebe“, auf deren Titelseite gleichermaßen das Zeichen der Deutschen Arbeitsfront erkennen lässt, auf welchem Boden diese an die Bürger gerichtete Erwartung gewachsen ist.

Bemerkenswertes zu den Flugzeugen

Nach zweimonatigen Versuchsflügen beim Hersteller vorwiegend in Dessau findet die Junkers Ju 90 *D-ABDG „Württemberg“* von 1939 bis 1940 Verwendung im zivilen Luftverkehr, hauptsächlich zwischen Berlin, Frankfurt, München und Wien. Der Luftwaffeneinsatz über die nächsten Jahre endete vermutlich 1945 in Travemünde.

Für die deutsche Verkehrsluftfahrt sind nur bestimmte Flugzeugmuster geeignet und stehen dementsprechend auch nur in geringer Auswahl zur Verfügung. In den Texten der vorhergehenden Kapitel kaum beschrieben oder berücksichtigt, soll deshalb noch gesondert kurz darauf eingegangen werden. Besonderes Augenmerk gilt dabei technischen und betrieblichen Eigenschaften der einzelnen Flugzeugmuster, insoweit solche in historischen Dokumenten beschrieben werden. Nach einem kurzen Blick auch noch auf die Heinkel He 111, die bei Lufthansa im Krieg eigentlich keine Rolle mehr spielt, sind die wichtigsten im kommerziellen Luftverkehr eingesetzten Flugzeugmuster: Junkers Ju 86 und Ju 90, Focke-Wulf Fw 200, Douglas DC 2 und DC 3, Bloch 220 sowie – selbstverständlich – die Junkers Ju 52. Bei Kriegsbeginn muss Lufthansa auf höhere Weisung hin die meisten ihrer Flugzeuge zwecks militärischer Verwendung unmittelbar an die Luftwaffe abgeben. Dies geschieht aber nicht etwa in Form einer behördlich durchgeführten Enteignung. Das für die Fluggesellschaft doch etwas plötzliche Geschehen wird deshalb, wenn auch erst im darauffolgenden Jahr, in einer für das Unternehmen wirtschaftlich tragbaren Art und Weise geregelt. In ihrer Bilanz für das Geschäftsjahr 1940 hält Lufthansa dazu fest: „Wie im Bericht zur Jahresrechnung für das Geschäftsjahr 1939, Bd. I, S. 27 ff., ausgeführt, wird die Deutsche Lufthansa seit Ausbruch des Krieges durch den Herrn Reichsminister der Luftfahrt laufend zu besonderen Leistungen herangezogen. Hierzu gehört in erster Linie die Abgabe des größten Teiles ihres Fluggerätes. Die im Berichtsjahr eingeleiteten Verhandlungen mit dem RLM über die sich hieraus ergebenden Ansprüche der Lufthansa haben zu einem Übereinkommen geführt, das im Schreiben des Herrn Reichsminister der Luftfahrt vom 19.7.1940 betreffend ‚Besondere Leistungen der Lufthansa auf Grund des Kriegszustandes‘ seinen Niederschlag findet. Dieses Übereinkommen unterscheidet zwischen

- Fluggerät, das durch die Abgabe an die Luftwaffe als an das Reich verkauft gilt, und
- Fluggerät, das durch die Abgabe an die Luftwaffe als an das Reich verchartert gilt“

Zu dem als verkauft zu betrachtenden Fluggerät zählen zwei komplette Teilflotten, zum einen die der Heinkel He 111 und zum anderen die der Junkers Ju 86. In einem wesentlichen Punkt soll sich die weitere Verwendung dieser beiden Flugzeugmuster dann jedoch grundsätzlich unterscheiden.

Die hier auf dem Flugplatz München-Oberwiesenfeld abgestellte *D-AQYF „Leipzig“* ist eine der noch mit stoffbespannten Tragflächen ausgerüsteten Heinkel He 111. Die 1936 bei der Indienststellung aufgetretenen schlechten Starteigenschaften dieses Flugzeugmusters waren aber wohl nicht dadurch verursacht.

Heinkel He 111

Die Heinkel He 111-Flotte besteht aus neun Flugzeugen, wobei einige davon ein besonderes Merkmal aufweisen. Denn anders als das moderne Erscheinungsbild vermuten lässt, ist der technische Aufbau dieser Schnellverkehrsflugzeuge – die normale Reisegeschwindigkeit wird in der FBO mit 300 km/h angegeben (Ju 52: 230 km/h) – zum Teil doch etwas veraltet. Die Tragflächen einiger Maschinen dieses Baumusters weisen nämlich statt metallbeplankter Flügel noch solche mit Stoffbespannung auf. Dies erweist sich als besonders hinderlich bei der bereits teilweise begonnenen Umrüstung auf die sogenannten Einheitstriebwerke mit BMW 132 H1-Motoren. Solche erhalten 1939 die *D-AEQA „Halle“*, die *D-AYKI „Magdeburg“* sowie die *D-ATYL „Karlsruhe“*, Letztere nachdem sie die Metallflächen der *D-AMES „Nürnberg“* übernommen hat. Beim Verkauf der He 111-Flotte an das Reich ergibt sich für Lufthansa ein Buchgewinn in Höhe von 16 855,05 RM, der allein auf die erwähnten Umrüstungen auf Einheitstriebwerke zurückzuführen ist. Bei den anderen Maschinen ist Abgabewert gleich Buchwert. Mit dem Flugzeugmuster He 111 hat Lufthansa während des Kriegs nur noch im Rahmen der technischen Betreuung der Fliegerstaffel des Führers und einiger Wetterflugzeuge sowie durch Reparaturaufträge der Luftwaffe zu tun. Für 1940 erwähnt die Werkstättenleitung aber noch: „Auch bezüglich der Funkausrüstung sind im Berichtsjahr mehrere Flugzeuge zugewiesen worden, die einen Sondereinbau bekamen. U.a. wurden die Sondereinbauten der He 111-Flugzeuge für den Herrn Reichsmarschall, Herrn Generalfeldmarschall von Brauchitsch und den Herrn Reichsaußenminister durchgeführt.“

Die Ju 86 – hier die *D-AHYP „Schneekoppe"* – bildet im zivilen deutschen Luftverkehr bis Kriegsende eine stets zuverlässige Teilflotte, auch wenn einmal – am 14. Juni 1940 – die *D-AQER „Inselsberg"* kurz nach dem Start nach Tempelhof zurückkehren muss, denn „die Führerraumüberdachung war weggeflogen".

Junkers Ju 86

Völlig ohne Buchgewinn wird die Ju 86-Flotte abgegeben, genauer zunächst zwölf dieser Maschinen. Die *D-ALOZ „Zugspitze"* folgt erst ein Jahr später. Da der mit dem RLM als angemessen vereinbarte Gebrauchswert der *D-ALOZ* weit höher liegt als der Buchwert, verzeichnet Lufthansa hier aber einen Buchgewinn über 30 040,87 RM. Ganz anders als die Heinkel He 111, die im Kriegsflugbetrieb der Lufthansa keine Verwendung findet, spielt die Ju 86 im Liniendienst jedoch weiterhin eine gewichtige Rolle. Das RLM verchartert seinerseits nämlich die erworbenen, ehemals Lufthansa-eigenen Ju 86 wiederum an das Flugunternehmen, nachdem sie vorübergehend bei der Luftwaffe Verwendung fanden. So kommt beispielsweise die *D-AJUU „Vogelsberg"* vom Schulflieger Ausbildungsregiment 62 Bad Vöslau zurück, die *D-AMYO „Melibokus"* vom Regiment 22 Neustadt-Glewe. Mitte 1940 stehen für den Flugbetrieb der Lufthansa sieben Ju 86 zur Verfügung. Des Weiteren sind zwei Maschinen, die *D-ANUV „Wasserkuppe"* und die *D-ASOE „Hesselberg"* – später kommt dazu noch die *D-AUME „Annaberg"* –, für Erprobungszwecke zur Technischen Entwicklung abgestellt. Für die *D-ASOE* gilt es dort auch schon mal eine Bauchlandung und eine Notlandung mit brennendem Motor zu überstehen, die *D-AUME* geht sogar ganz verloren. 1941 kommen zwei weitere Ju 86 in den Flugbetrieb, die *D-ABNP „Brocken"* und die *D-ADJO „Hohentwiel"*, die aber nicht zum ursprünglichen Bestand der Lufthansa gehörten. Vorwiegend Verwendung findet die Ju 86-Flotte auf den nördlichen Abschnitten der Balkanverbindungen zwischen Berlin und Belgrad, auf der Strecke 33 bis Riga und zeitweise Minsk sowie auf Verdichtungsflügen von Berlin über

Nürnberg nach München auf der Italien-Strecke 9. Schwierigkeiten bereitet der zuweilen unumgängliche und mehrfach dann auch mit Außenlandungen endende Einmotorenflug. Bei der *D-AQER „Inselsberg"* fallen einmal sogar beide Motoren kurz nacheinander aus. Und eigentlich noch viel seltener als dieses Vorkommnis sollte es zu einer Außenlandung wegen Brennstoffmangels kommen. Doch genau das passiert Flugkapitän Horst von Baumbach mit der *D-ADJO* kurz vor Erreichen seines Flugziels bei einem Direktflug Wien-Bukarest am 10. April 1944. Tags darauf kann er die Ju 86 jedoch mit einem dreiminütigen Hüpfer problemlos zum Flughafen Baneasa überführen, wie seine Reisekostenabrechnung vermuten lässt. Ab dort steht Baumbach für den weiteren Einsatz dann erst einmal die *D-AKOI „Kaiserstuhl"* zur Verfügung.

Das Kriegsende überstehen einige der Ju 86 in Berlin-Tempelhof, in Prag und auch in Flensburg, dem letzten Fluchtpunkt des Berliner Lufthansa-Flugbetriebs. Das endgültige Schicksal anderer bleibt im Dunkeln. Da hilft es auch nicht viel, wenn Oberfunkermaschinist Werner Baudach schreibt: „Letzter Flug war am 21.4.45 mit der Ju 86 *D-ALOZ*." Nach einem anderen Schreiben ist zwar zu vermuten, dass dieser Flug in Pyritz begann, doch steht dort auch, dass er aber „nicht programmgemäß verlief". Die Landung dürfte jedoch in oder zumindest nahe Berlin erfolgt sein, da Baudach am 27. April dem russischen Kommandanten in Tempelhof „vorgeführt wurde", wie er ebenfalls schreibt.

Junkers Ju 90

Keinen Einstand nach Maß hat 1938 die Junkers Ju 90 bei der Lufthansa. Zwar wird gegen Ende Mai die *D-AIVI „Preussen"* zwecks Dauererprobung angeliefert, welcher sich die Technische Entwicklung annimmt. Eine darauf folgende Phase technischer Änderungen und weiterer Erprobung beim Hersteller endet aber schließlich mit dem Totalverlust der Maschine. Während der zweiten Jahreshälfte steht Lufthansa dann die *D-AURE „Bayern"* zur Verfügung, die als erstes Flugzeug dieses Baumusters im Liniendienst eingesetzt wird. Doch technische Mängel machen dies nicht gerade zu einem Vergnügen, wie die Bezirksleitung Mitte in ihrem Bericht für Juli-Dezember 1938 zu berichten sich veranlasst sieht: „Die auf Strecke 17, Berlin-Wien, eingesetzte Ju 90 fiel häufig wegen Triebwerksstörungen aus. Der Ausfall war wegen der guten Frequenz auf der Strecke sehr unangenehm. Es mussten als Ersatz meistens zwei Ju 52-Flugzeuge eingesetzt werden. Mitunter waren nicht genügend Reserve-Flugzeuge greifbar, sodass erst ankommende Streckenflugzeuge abgewartet werden mussten, ehe sämtliche Gäste befördert werden konnten. Der Triebwerkswechsel dauerte in jedem Falle so lange, dass das Flugzeug planmäßig nicht mehr eingesetzt werden konnte." Mit ihrer Überführung nach Dessau am 28. Dezember geht die *D-AURE* dann erst einmal auf nicht absehbare Zeit an die Firma Junkers zurück.

Ein erweiterter Ju 90-Einsatz beginnt dann erst im Sommer 1939 mit den Flugzeugen *D-ABDG „Württemberg"*, *D-ADFJ „Baden"*, *D-AEDS*

Für den Beginn und das Ende des Ju 90-Einsatzes auf Lufthansa-Strecken – 1938 beziehungsweise 1944 – steht die *D-AURE „Bayern"*. Aber eben nicht durchgehend, denn von Juli 1941 bis Februar 1943 diente dieses Flugzeug ausschließlich der deutschen Waffenstillstandskommission für deren Frankreich-Flüge.

„Preussen" und *D-ASND „Mecklenburg"*, vorwiegend auf innerdeutschen Flugabschnitten wie Berlin-Frankfurt-München-Wien der Strecken 11 und 31. Einen Sonderflug nach Brüssel unternimmt am 17./18. Juli die *D-ABDG*, wohl aus Anlass der dort stattfindenden Internationalen Luftfahrtausstellung. Bis Jahresende erreicht die *D-ADFJ* mit 500 Betriebsstunden die höchste Flugleistung unter den bislang eingesetzten Ju 90. Bei den 1939 insgesamt angefallenen fünf Großen Kontrollen in Staaken ergeben sich für die Werkstätten alte und neue Probleme. „Sehr viel Schwierigkeiten und Arbeit hat (…) die in die Ju 90 eingebaute WC-Spülung bereitet", wie auch für die Dampfheizung „eine zufriedenstellende Lösung noch nicht gefunden" wurde. Und „die hydraulische Anlage dieses Flugzeugmusters ist im Gegensatz zu bisher bekannten Flugzeugen, auch Großflugzeugen, wesentlich komplizierter. Gleichzeitig ist die Verlegung dieser Hydraulik nicht so übersichtlich, wie es bei einem Großflugzeug erwünscht wäre, so dass die Erkennung von Fehlern bezw. das Suchen der entsprechenden Aggregate sehr zeitraubend und zum Teil die Zugänglichkeit außerordentlich schwierig ist." Dazu kommt schließlich außerdem: „Schwierigkeiten bereitet schon im Sommer an nassen Tagen der Transport dieser Flugzeuge über unbefestigtem Boden, so dass wir mehrere Male gezwungen waren, durch schwere Lastwagen das Flugzeug weiter zu bewegen. Diese Schwierigkeiten steigerten sich bei Eintritt des Winters so stark, dass die vorhandenen Ein-

An Bord des letzten Fluges Paris-Wiesbaden der *D-AURE „Bayern“* für die Waffenstillstandskommission ist auch deren Chef des Generalstabs Oberst. i. G. Hermann Böhme. Im Gästebuch eines Besatzungsmitglieds bedankt er sich für den Flugdienst als „ein Stück Großzügigkeit und Romantik der d. W. St. K.“.

richtungen nicht mehr ausreichten und zu außergewöhnlichen, zeitraubenden Maßnahmen geschritten werden musste."

Inzwischen ist auch der kriegsbedingt bedarfsweise Zugriff der Luftwaffe auf die Ju 90-Flotte unübersehbar. Noch im Herbst 1939 in Rangsdorf, dem vorübergehenden Berliner Ausweichflugplatz für Tempelhof, entstandene Fotos zeigen Maschinen im zivilen Einsatz mit üblicher Lufthansa-Beschriftung. Am Rumpf tragen sie nun aber zusätzlich ein Balkenkreuz und am Seitenleitwerk das Luftwaffensignet anstelle der üblichen Handelsflagge. Da verwundert es kaum, dass beispielsweise die *D-AURE* am 10. Juli 1940 nicht etwa von Junkers zur Lufthansa zurückkehrt, sondern von der Kampfgruppe z.b.V. 107. Im Vorfeld zum „Frachtsonderdienst Spanien" findet 1940 ein Tausch mehrerer Ju 90 zwischen Lufthansa und RLM statt. Dazu gehört auch, was die Fluggesellschaft in ihrem Bericht zur Jahresrechnung 1940 unter anderem schreibt: „Als Ursache für die Entstehung der Buchgewinne bei den Flugzeugen *D-ABDG* und *D-ADFJ* ist anzuführen, dass gemäß der mit dem RLM im Berichtsjahr getroffenen Vereinbarung über den Tausch der Ju 90-Flugzeuge die in Frage stehenden Flugzeuge nachträglich als zum 15.9.1939 bzw. 23.9.1939 an das Reich übereignet angesehen werden." Nach militärischen Einsätzen in Norwegen stehen Mitte 1940 für den zivilen Flugbetrieb neun Ju 90 zur Verfügung. In den bei der Inventur erstellten Flugzeugzellen-Bestandsnachweisen für 1940 und die folgenden Jahre sind aber niemals mehr als vier Ju 90 als Lufthansa-Eigentum aufgelistet. Am 8. November 1940 geht zudem die *D-AVMF „Brandenburg"* durch Absturz verloren. Eine Vereisung am Höhenleitwerk machte das Flugzeug unsteuerbar.

1941 beginnt der Großeinsatz der Ju 90 auf der Iberienstrecke K 22. Sieben der viermotorigen Maschinen fliegen dort über kürzere oder längere Zeit bis nach Lissabon. Die *D-ADFJ*, *D-AEDS* und die *D-AJHB „Thüringen"* werden im Mai für ein Sonderflugunternehmen in den Irak abgezogen, an dem die Flugzeuge unter den militärischen Kennzeichen *GF+GA*, *GF+GE* sowie *BJ+OV* teilnehmen. Eine völlig andere Aufgabe fällt vorläufig der *D-AURE* zu. Diese Ju 90 fliegt bis 1943 für die deutsch-französische Waffenstillstandskommission, fast ausschließlich Wiesbaden-Paris-Bourges und zurück. Auch

Die Junkers Ju 90 *D-AJHB „Thüringen“* ist 1940 bis 1942 bei Lufthansa eingesetzt, in erster Linie auf der Strecke K22 Berlin-München-Lyon-Marseille-Barcelona-Madrid mit Abstechern auch bis Lissabon. Danach als *BJ+OV* und *J4+KH* bei der Luftwaffe, liegen die Ziele dieses Flugzeugs vorwiegend in der Ukraine.

die anderen Ju 90 befinden sich bald durchweg im Luftwaffeneinsatz. Die *D-ASND „Mecklenburg“* beispielsweise fliegt 1942 als *BG+GX* vorwiegend in Ostpreußen, im Baltikum, in Russland, in der Ukraine und schließlich auch in Italien. Die *D-ADLH „Sachsen“*, deren anfängliches Militärkennzeichen *KH+XA* bald in *J4+DH* abgeändert wird, findet 1943 fast ausschließlich in Italien Verwendung. 1944 folgen Operationen an der nordwestlichen Schwarzmeerküste. Der Abzug der deutschen Truppen aus Griechenland erfordert dann ab Ende September vorwiegend Transportflüge zwischen Saloniki und Belgrad. Dabei gerät die Maschine immer wieder unter Beschuss, vor allem auch durch Partisanen. Den letzten Ju 90-Linienflug der Lufthansa absolviert die *D-AURE „Bayern“*, die, wie erinnerlich, 1938 auch als erstes Flugzeug dieses Baumusters auf Strecke gegangen war. Schon bald nach ihrem letzten Flug für die Waffenstillstandskommission – am 19. Februar 1943 von Paris nach Wiesbaden – befördert die *D-AURE* bereits wieder Lufthansa-Passagiere auf der Strecke K 22. In der Reisekostenabrechnung von Flugkapitän Paul Gutschmidt finden sich Angaben zum letzten Flug der Maschine am 9. August 1944: Start in Schönwalde um 6 Uhr 5, Ankunft in Stuttgart um 10 Uhr 5. Dort wird das reichseigene Flugzeug „durch Feindeinwirkung auf dem Flugplatz Echterdingen vernichtet“, so ein Lufthansa-Schreiben an das Reichskriegsschädenamt. Im Gegensatz zur Flugzeugzelle waren die vier in der Maschine eingebauten und nun auch zerstörten Motoren Eigentum der Fluggesellschaft, wofür das Unternehmen gegenüber dem Amt einen Schadensersatz in Höhe von 29 600,– RM geltend macht. Den vielleicht letzten Flug einer ehemaligen Lufthansa-Ju 90 dokumentiert die Reisekostenabrechnung von Oberflugzeugfunker Hans Gidall. Danach flog er mit der *GF+GB*, der früheren *D-ABDG „Württemberg“*, am 24. April 1945 von Hamburg nach Travemünde.

Focke-Wulf Fw 200

Für ihren Flugbetrieb werden von Lufthansa im Mai, Juli und August 1938 die ersten drei Focke-Wulf Fw 200 Condor übernommen. Die hier abgebildete *D-AETA „Westfalen"* erreicht bis Ende März 1939 mit etwa 740 Flugstunden die bisherige Höchstleistung dieses Flugzeugmusters.

Die Ju 52 (...) hat zu einem solchen Ansturm von Fluggästen geführt, dass sie selber ihm nicht mehr gewachsen war. Darum musste ein größeres Flugzeug mit gleich guten Flugeigenschaften und noch gesteigerten Leistungen kommen, und wir dürfen mit freudiger Gewissheit feststellen: es ist da!", jubelt „Der Lufthanseat" im Juli 1938. Damit ist zweifellos die Focke-Wulf Fw 200 Condor gemeint, von der Lufthansa bis Anfang 1941 tatsächlich insgesamt 30 Stück in Dienst stellen will. Auf diese beabsichtigte Flottenerweiterung weist Vorstand Walter Luz anlässlich der ordentlichen Hauptversammlung der Fluggesellschaft am 28. Juni 1939 hin. Doch trotz aller Begeisterung, auch bei diesem zukunftsweisenden Viermotorer gestaltet sich die Einführung in den Luftverkehr von Anfang an nicht ganz einfach. „Die Fw 200-Flugzeuge konnten im Allgemeinen ihren Dienst regelmäßig durchführen", stellt die Bezirksleitung Mitte zwar zurückblickend auf 1938 fest. Doch bereits nach wenigen Betriebsmonaten zeigen sich strukturelle Mängel, die darauf zurückzuführen sind, dass die Firma Focke-Wulf in vielfacher Weise versucht hat, Gewicht einzusparen. Vor allem das anstelle des stabileren, aber auch schwereren Duralblechs verwendete Elektron – eine hauptsächlich auf Magnesium basierende Legierung – bereitet durch vielfach entstehende Einrisse Sorgen. Lufthansa sieht sich daher genötigt, an bestimmten Stellen die Elektronbeplankung dann doch durch Dural zu ersetzen. Auf die Folgen einer weiteren Gewichtseinsparung durch den Hersteller weist die Werkstättenleitung 1939 hin: „Wie auch im vergangenen Jahresbericht erwähnt, gaben die in Leichtholzbauweise ausgeführten Kabinenbänke wiederum durch Bruch des Holzes zu vielseitigen Beanstandungen Anlass." Ein ganz anderes Komfortproblem schildert ein Fluggast, der am 26. September 1938 mit einem Condor von Wien nach Berlin fliegt: „Während des Fluges ließ ich mir eine Tasse Kaffee bringen. Die Vibrationen in diesem Abteil waren so groß, dass es mir nicht möglich war, ein Stück Zucker allein in die Tasse zu tun. Die Stewardess war gezwungen, die Tasse zu halten, damit ich den Zucker in den Kaffee tun konnte. Ein anderer Herr ließ sich einen Kognak servieren. Die Stewardess stellte das Glas in einen Korbflaschenuntersatz. Die Zeit zwischen dem Hineinstellen und Herausnehmen des Glases betrug nur Sekunden, und doch war der Boden des Glases nur noch mit einigen Tropfen bedeckt.

Auf den Tischen blieb nichts liegen, das kleinste Papierstückchen war im Nu auf dem Boden. So ist es erklärlich, dass das Raucherabteil – wie ich feststellte und wie mir die Stewardess auch bestätigte – fast immer leer ist. Wenn sich jemand etwas servieren lassen will, so setzt er sich auf den hintersten Kabinenplatz im Rumpfende." Dass bei strengem Frost auch schon mal die gesamte Dampfheizung ausfällt sowie die Wasserversorgung von Pantry und WC einfriert, kommt im Winter noch dazu.

Betriebswirtschaftlich gesehen, ist die Fw 200 allerdings ein wirklicher Fortschritt im Flugzeugbau. Bei gleicher Motorbelastung ist sie rund 35 % schneller – normale Reisegeschwindigkeit laut FBO 340 km/h – als die Ju 52, verbraucht aber für die gleiche Reichweite weniger Betriebsstoff. Den Brennstoffverbrauch je Nutz-to.km berechnet die Technische Entwicklung der Lufthansa mit 0,6 Ltr., also nur 54 % der mit 1,1 Ltr. für die Ju 52 erforderlichen Menge. Hier finden sich also zweifellos überzeugende Argumente für eine schrittweise Ablösung des bisherigen Standardflugzeugs Ju 52 durch die Fw 200.

Doch der bereits in die Wege geleitete Aufbau einer größeren Condor-Flotte verzögert sich zunächst und endet schließlich ganz. Die Technische Entwicklung fasst die ersten Rückschläge so zusammen: „Der für den Sommerdienst 1939 ursprünglich vorgesehene Einsatz von 9 Fw 200-Flugzeugen hat sich leider nicht verwirklichen lassen, da bekanntlich 4 Flugzeuge

Nur für wenige Monate ist 1939 die *D-ASBK „Holstein"* in dieser Bemalung zu sehen, da sie – zusammen mit der *D-AXFO „Pommern"* – an die brasilianische Lufthansa-Tochter Syndicato Condor Ltda. abgegeben wird. Den Taufnamen *„Holstein"* übernimmt 1940 – auch nur für einige Monate – die *D-ACWG*.

Zwar mit ziviler Zulassung, aber nicht bei Lufthansa eingesetzt ist das „Führer-Begleitflugzeug" *D-ACVH „Grenzmark"*. Mit dieser Fw 200 flog Reichsaußenminister Joachim von Ribbentrop im August 1939 nach Moskau zur Unterzeichnung des deutsch-sowjetischen Nichtangriffspakts (Hitler-Stalin-Pakt).

abgegeben werden müssen (je 2 für den Führer und Reichskanzler und das Condor Syndicat). Dazu kommt, dass die beiden Flugzeuge *„Friesland" D-ARHW* und die für das Condor Syndicat fertiggestellte *„Pommern" D-AXFO* bei Landungen in Tempelhof bezw. Staaken stark beschädigt wurden. Der Wiederaufbau des ersten Flugzeuges wird nicht vor August beendet sein. Die Instandsetzung der *„Pommern"* wird so durchgeführt, dass ihr unbeschädigter Rumpf in Bremen mit den Flächen der Fw 200 S10 *„Kurmark"* zusammengebaut wird, während der Rumpf des letztgenannten Flugzeuges auf die in Staaken zu reparierenden Flächen der *„Pommern"* aufgesetzt wird. Auch die letztgenannte Instandsetzung dürfte nicht vor August beendet sein. Infolgedessen stehen für den Sommerverkehr zunächst nur 3, später 5 Fw 200-Flugzeuge zur Verfügung." Der Kriegsbeginn bedeutet für die einschlägigen Pläne der Fluggesellschaft dann das endgültige Aus. In ihrem Bericht über das 4. Vierteljahr 1939 erläutert das Unternehmen das weitere Geschehen: „Infolge des Kriegszustandes kommt das für die Lufthansa bei der Luftfahrtindustrie im Bau befindliche Fluggerät zu einem erheblichen Teil an die Luftwaffe zur Ablieferung. Auf Grund von Vereinbarungen, die mit dem RLM getroffen wurden, ist das Reich in diese Aufträge eingetreten." Der Gesamtwert „der auf das Reich übergeleiteten bzw. zurückgezogenen Aufträge beträgt RM 24 993 207,–." Darin enthalten ist die Auftragsgruppe „10 Fw 200 B-Flugzeuge mit je 2 Reservetriebwerken" im Wert von 4 990 800,– Reichsmark.

Als Lufthansa-Eigentum werden in der Inventurliste 1938 nur die *D-ADHR „Saarland"* und die *D-AMHC „Nordmark"* ausgewiesen. Dazu kommen 1939 die *D-ABOD „Kurmark"* und die *D-ARHW „Friesland"*. Und selbst diese vier Maschinen müssen schließlich an das RLM verchartert werden, so dass 1941 und 1942 schließlich sogar überhaupt keine Fw 200 für den zivilen Flugdienst zur Verfügung steht. Ab 1943 kann Lufthansa die reichseigene *D-AMHL „Pommern"* einsetzen und 1944 kommt auch die *D-ARHW* wieder von der Luftwaffe zurück. Beide gehen 1944 durch Beschuss verloren – die *D-ARHW* dabei durch „Friendly Fire". Das Reich stellt dann noch zur Verfügung die *D-ASHG „Grenzmark"* – sie fliegt 1945 auf der Strecke 9 nach Mailand – und die *D-ASHH „Hessen"*, die den letzten Spanienflug vor Kriegsende durchführt. Ein Absturz nordöstlich von München besiegelt einen Tag später das Schicksal dieser Maschine. Ab Anfang 1945 betreut Lufthansa zusätzlich für das RLM eine Reihe weiterer Fw 200-Flugzeuge. Von diesen wird zumindest die *D-ASVX* auch auf Liniendiensten nach Kopenhagen und Oslo eingesetzt.

Douglas DC 2 und DC 3

Abgesehen von der Erprobung einer DC 2 Mitte der 1930er Jahre setzt Lufthansa erst ab 1939 Douglas-Flugzeuge planmäßig ein. Die politischen Umstände führen dazu, dass die Fluggesellschaft mehrere DC 2 und DC 3 von der tschechischen Č.L.S. chartert. Im Einvernehmen mit Letzerer betreibt Lufthansa ab dem 21. August die vorwiegend über Prag führenden „Protektoratsstrecken". Doch aufgrund der zunehmenden Kriegsgefahr kann dieser Verkehr nur bis zum 25. August aufrechterhalten werden. Die DC 2 *D-AAIB*, *D-AAID* und *D-AAIO* gehen später an die Č.L.S. zurück, während die DC 3 *D-AAIE „Mährisch-Ostrau"*, *D-AAIF „Brünn"* und *D-AAIH „Prag"* ab Oktober auf herkömmlichen Lufthansa-Linien Verwendung finden, ab Anfang 1940 dann auch auf der Strecke 3 nach Moskau. Eine erhebliche Ausweitung erfährt diese Douglas-Flotte 1940. DC 2- und DC 3-Maschinen der KLM werden im Zug der deutschen Besetzung der Niederlande durch die Luftwaffe beschlagnahmt. Mangels sinnvoller militärischer Verwendung verchartert das RLM diese daraufhin an Lufthansa. Dies veranlasst die Fluggesellschaft, nun auch die ursprünglich zurückgegebenen DC 2-Flugzeuge der Č.L.S. wieder zu übernehmen und zusätzlich die DC 3 *D-AAIG*. 1943 gliedert man noch die *D-ATZP* in die Flotte ein, eine durch einen deutsch-italienischen Flugzeugtausch verfügbare DC 3 der belgischen Sabena. Trotz der nun insgesamt neun vorhandenen DC 2 – die *D-AIAV* (*NA+LA*) fällt allerdings bald durch Totalschaden aus – wird dieses Flugzeugmuster 1940 aber offenbar nicht im Liniendienst eingesetzt, wie aus der Tabelle „Flugleistungen im Planverkehr" des Berichts zur Jahresrechnung zu ersehen ist. Einen schnell wachsenden Anteil am deutschen Luftverkehr hat dagegen die DC 3-Flotte, die bereits 1941 die größte Flugleistung des Hauptverkehrs nach der Junkers Ju 52 aufweist. Aus Sicht der Technik ist der Einsatz dieser Flugzeuge jedoch beileibe nicht problemlos. Grundsätzliche Schwierigkeiten zeigen sich bei den Funk- und Bordgeräten. Während die deutschen Flugzeugmuster Bordnetzanlagen mit 24 Volt besitzen, ist die elektrische Anlage der DC 3 dagegen auf 12 Volt ausgelegt. „Ein

Trotz technischer Probleme und schwieriger Ersatzteilbeschaffung, die gecharterten Douglas-Flugzeuge bewähren sich bei Lufthansa. Auf Liniendiensten nach Spanien und Portugal, Baltikum, Balkan, Moskau eingesetzt, gibt es – mit Militärkennzeichen – auch Flüge zu Frontreparaturbetrieben.

sofortiger Austausch von Funk- und Bordgeräten ist daher unmöglich und kann erst nach geeigneter Umschaltung erfolgen. Eine besondere Gefahr liegt noch in der einpoligen Verlegung der elektrischen Anlage, da bei einem Kurzschluss die gesamte Anlage außer Betrieb gesetzt werden kann und damit die Flugsicherheit infrage gestellt wird", äußert die Technische Kontrolle zu diesem Punkt, um einen Vierteljahresbericht später dann auf ein spezielles Instrument einzugehen: „Mit der Einreihung der DC 3-Flugzeuge der KLM in den DLH-Flugzeugpark wurden im Laufe des Berichtsvierteljahres 5 vollautomatische Steuerungen Muster Sperry in den DLH-Betrieb übernommen." Während man mit den Kurssteuerungen Askania Lz 14 und Siemens K4i, eingebaut in Ju 52 und Ju 90, so weit zufrieden ist, wird das Sperry-Gerät nicht so gut beurteilt aufgrund von Störungen wie: „Flugzeug geht links weg; Kurssteuerung läuft (...) in 1 Std. um 35° nach BB aus; Seitensteuer macht kurze, ruckartige Ausschläge; die Maschine dreht beim Einschalten fast eine halbe Wendezeigerbreite nach rechts (dauernd); Kurskreisel läuft auf allen Kursen nach rechts ruckartig weg." Aber „ohne Kurssteuerung dieses Flugzeug zu fliegen, wird von fast allen Besatzungen abgelehnt." Probleme technischer Art bereiten auch die Gummienteiser an den Flächenvorderkanten. Mit Unterstützung der Firma Continental werden hier aber Lösungen gefunden. Dagegen sind die Schwierigkeiten bei den Fahrwerken aufgrund fehlender Ersatzteile gravierender. Deshalb müssen allein im ersten Halbjahr 1941 in Tempelhof 24 Laufradflächen vulkanisiert werden. Wegen zahlreicher Beanstandungen bei Felgen und Bremsen beabsichtigt man, „sämtliche DC 3-Flugzeuge auf deutsche EC-Räder mit der Abmessung 1140 × 410 mm umzustellen. Diese Räder werden bereits seit April d. J. an der DC 3 *D-ABUG* W-Nr. 1935 erprobt."

Zumindest drei DC 3 der Č.L.S. erwirbt Lufthansa käuflich, 1940 – nach ihrem Totalverlust – die *D-AAIH* „entsprechend den für diesen Fall im Chartervertrag vorgesehenen Haftungsbestimmungen", 1943 aufgrund des ihr von der Č.L.S. eingeräumten Vorkaufsrechts die *D-AAIE* und die *D-AAIF*. Diese gehen später durch „Feindeinwirkung" verloren. Des Weiteren ist im 2. Vierteljahresbericht 1944 auch noch die Rede vom „Unfall der lufthansaeigenen Ju 52 *D-AAIG*", womit die DC 3 *D-AAIG* gemeint ist. Die DC 2 *D-AAIB* und *D-AAIO* muss Lufthansa 1941 an Č.L.S. zurückgeben, da Letztere diese an die finnische Aero O/Y verkauft.

Bloch 220

Die alliierte Landung in den im französischen Machtbereich liegenden Ländern Algerien und Marokko wirkt sich Ende 1942 innerhalb weniger Tage auf das deutsch-französische Verhältnis aus. Deutsche und italienische Truppen marschieren in den bislang unbesetzten Teil Frankreichs ein. Wie General Alexander von Neubronn, deutscher Militärrepräsentant in Vichy, dem französischen Staatssekretär Admiral Charles Platon „d'ordre du Fuhrer, Commandant Suprême" schriftlich mitteilt, sind damit die Waffenstillstandsvereinbarungen als nicht

Das Muster Bloch 220 ist ein Exot bei Lufthansa. Einweisungen durch französische Monteure sind notwendig und Air France-Maschinisten fliegen mit. Probleme bereiten die Ratier-Luftschrauben. Da diese ihre maximale Betriebszeit erreicht haben, fallen bald vier Blochs aus. Notwendiges Gerät zur Überprüfung steht aber nicht zur Verfügung.

mehr existent zu betrachten. Als Folge dieser Entscheidung erheben deutsche und italienische Stellen Anspruch auf vorhandene französische Flugzeuge. Die Abwicklung von deren Übernahme und Aufteilung überträgt das RLM der Lufthansa. Mit Einverständnis des Amts kann die deutsche Fluggesellschaft bei dieser Gelegenheit von Air France elf Bloch 220 und acht Dewoitine D.338 chartern. Auf die Dewoitines soll hier nicht weiter eingegangen werden, da sich dieses Flugzeugmuster für den Lufthansa-Flugbetrieb als unbrauchbar herausstellt. Um sich ein Bild von der Leistungsfähigkeit der Bloch 220 zu machen, testet die Technische Entwicklung am 18./19. März 1943 in mehreren Flügen und einer Gesamtflugzeit von 2 Std. 54 Min. die *D-AXWC* auf ihre Flugeigenschaften. Dipl.-Ing. Alfred Sudek, der an den Flügen bei Staaken teilnimmt, notiert dazu in seinem Flugtagebuch: „Steigflug 2-motorig zur Ermittlung der Gipfelhöhe mit vollem Fluggew. Geschwindigkeitsflüge über Meßstrecke mit verschiedenen Leistungen und in 1500 und 3000 m Höhe mit vollem Fluggewicht gleichzeitig Brennstoffverbrauchsmessung zur Ermittlung der Reichweite."

Im planmäßigen Flugdienst eingesetzt wird die Bloch 220 offiziell ab dem 1. Juni 1943 zunächst auf dem Teilstück Berlin-Wien der Strecke 117. Nach einer Eintragung von Alfred Sudek fliegt die *D-AXWH* aber bereits am 26. Mai im Rahmen des normalen Flugbetriebs von Berlin nach Prag. Die Flugleistung der ausschließlich im Balkanverkehr eingesetzten Maschinen entwickelt sich anfänglich gut. So erreicht dieses Flugzeugmuster im dritten Quartal 1943 bereits 274 500 Flugkilometer. Doch im Winter sieht es dann völlig anders aus, wie Flugkapitän Horst von Baumbach in einer Beurteilung vom 13. Oktober bereits voraussagt: „Die Bloch 220 ist ohne weiteres ein ganz annehmbares Flugzeug – solange beide Motoren einwandfrei laufen. Leider ist indessen dies häufig nicht der Fall, angeblich wegen mangelhaften Öls. Der Einmotorenflug ist ebenfalls bei den z. Zt. üblichen ‚gut voll' geladenen Flugzeugen nicht möglich. Erfahrungen zeigen, dass allenfalls ein verlängerter Gleitflug – wenn's glückt – bis zum nächsten Platz durchgeführt werden kann. Dies allein dürfte die Hauptschwierigkeit sein, die den Einsatz des Flugzeuges im Winter auf gute Wetterlagen beschränkt. Schlechtwettererfahrungen liegen mir z. Zt. noch nicht vor." Und nachdem er auch diese gemacht hat, schreibt er: „Das Flugzeug ist sehr kursunstabil. Beim Blindflug bei unsichtigem Wetter ist es außerordentl. mühsam u. schwierig Kurs zu halten. Ein erhebl. Pendeln lässt sich indes überhaupt nicht vermeiden." Tatsächlich liegt die Summe der im ersten Vierteljahr 1944 planmäßig zurückgelegten Bloch 220-Flugkilometer nur bei 62 221. Immerhin, im 2. Quartal werden noch einmal 167 676 km erreicht, doch folgt dem ein endgültiger Rückgang. Eine „Notiz für Herrn Direktor Luz" vom 11. Juli 1944 erklärt denn auch den Hauptgrund dafür. Danach befand sich am 30. Juni lediglich eine der Blochs im Einsatz, fünf waren in Wartung oder Reserve sowie vier in der Werft – diese Letzterwähnten also dem Chartervertrag entsprechend vermutlich in Toulouse-Montaudran. Einige Lufthansa-Linienflüge mit Bloch 220 sind außer für den Juli schließlich noch für August 1944 verbürgt, mit *D-AKGA*, *D-AKGB* und *D-AUAK* ausschließlich zwischen Wien und Belgrad. Den dann möglicherweise letzten sollte die *D-AKGF* am 10. August von Belgrad nach Wien durchführen, doch laut Reisekostenabrechnung von Flugkapitän Karl Luft musste wohl erst in Stuhlweißenburg (Székesfehérvár) außerplanmäßig gelandet werden. Und schließlich endet der Flug im südöstlich Wiens gelegenen Parndorf. Ein technisches Problem oder vielleicht eher doch Luftgefahr durch feindliche Flugzeuge könnte ein Grund für diese Abweichungen vom Flugplan gewesen sein.

Junkers Ju 52

Die Ju 52, ‚Das große Los' der Deutschen Lufthansa", so äußert sich „Der Lufthanseat" 1938 begeistert zu dem überaus erfolgreichen und aus dem Weltluftverkehr inzwischen nicht mehr wegzudenkenden Flugzeugmuster. Als zunächst einmotoriges Großfrachtflugzeug 1930 zum ersten Mal in der Luft, setzt sich bald darauf die weiterentwickelte dreimotorige Version – die Ju 52/3m – im aufstrebenden Luftverkehr durch. Laut Verkehrsbericht der Deutschen Luft Hansa über das II. Vierteljahr 1932 „wurde die Erprobung der Ju 52 *„Boelcke"* begonnen. Dieses Muster ist als Ersatz für unsere älteren Großflugzeuge in Aussicht genommen. Das Flugzeug, das über 15 Fluggastsitze verfügt, ist mit 3 BMW-Hornet-Motoren von insgesamt 1575 PS ausgerüstet. Die Reisegeschwindigkeit liegt bei 200 km i. d. Stunde: Flugleistungen und Eigenschaften entsprechen den hohen neuen Anforderungen." Ende des Jahres besitzt die Fluggesellschaft die *D-2201 „Boelcke"* und die *D-2202 „Richthofen"*. Und im Bericht zur Jahresrechnung steht: „Die ausgezeichneten Resultate, die bei dem Muster Ju 52 sowohl im Erprobungsstadium als auch im regelmäßigen Streckendienst erzielt worden sind, hatten die DLH Ende 1932 veranlasst, der Junkers Flugzeugwerk A.G. einen Serienauftrag zur Lieferung von 10 Stück dieses Typs zu erteilen." Damit steht der Flugzeugtyp Junkers Ju 52

Die Junkers Ju 52 *D-AMAM „Kurt Wüsthoff"* wurde bereits 1934 in den Flugdienst übernommen. Mit 7120 Betriebsstunden liegt sie 1941 weit an der Spitze aller Lufthansa-Flugzeuge. Auf diesem Bild zusätzlich bemerkenswert ist, dass die sonst übliche schwarze Bugbemalung offensichtlich fehlt.

am Beginn schnell wachsender Nachfrage und Bedeutung. Natürlich dauert es nach der nationalsozialistischen „Machtergreifung" denn auch nicht lange, bis diese zunächst zivile Entwicklung ins Blickfeld des Militärs gerät. Dort anfänglich als Behelfsbomber vorgesehen, wird die Ju 52 bald zu einem vielfältig einzusetzenden Transportflugzeug, dies bereits im Spanischen Bürgerkrieg – hier auch als Bomber –, beim „Anschluss" Österreichs an das Deutsche Reich und schließlich in dem die ganze Welt erschütternden Krieg. Obwohl zu dieser Zeit eigentlich doch schon sehr in die Jahre gekommen und selbst in dem RLM-Propagandablatt „Der Adler" 1940 bereits als „die Großmutter der deutschen Luftwaffe" bezeichnet, entsteht erst durch die militärischen Einsätze der heute so legendäre Ruf dieses Flugzeugmusters als beliebte „Tante Ju".

Die Ju 52-Flotte der Lufthansa wächst ständig und erreicht Ende 1940 eine Stückzahl von 80 Flugzeugen. Kriegsbedingt sind die meisten davon allerdings an das RLM verchartert. Trotzdem verfolgt das Unternehmen weiterhin Verbesserungen verschiedener technischer Ausstattungen der Maschinen. Ein wichtiger Punkt ist die Enteisung. Die *D-ATAO „Alfred Bayer"* und die *D-AHAL „Otto Bernert"* sind bereits 1938 mit Heizflächen versehen. Doch die gerade bei der Ju 52 dringende Ruderenteisung kann nur durch – allerdings begrenzt betriebssichere – Gummienteiser erfolgen. Hier ergibt sich laut Vierteljahresbericht Jan. – März 1939 der Technischen Entwicklung aber eine fliegerische Beanstandung: „Unbestimmte Wahrnehmung der Ruderwirkung von Seiten des Führers beim Steuern infolge arbeitender Gummienteiser tritt nach wie vor auf, da durch das periodische

Bei Regierungsflugzeugen ist oft nur schwer nachzuvollziehen, wann welches wie hieß. Hier entstieg der Reichsminister der Luftfahrt Hermann Göring der *„Manfred von Richthofen II“* mit militärischer Zulassung. Mit dem zivilen Kennzeichen *D-ABIK* wurde diese Ju 52 bei Lufthansa 1935 als deren Eigentum geführt.

Aufblasen der Gummienteiser jeweils eine Profilveränderung der Ruder und Flossen bedingt ist.“ Eine noch weiter zu untersuchende Möglichkeit sieht man eventuell im Auftragen einer Enteisungspaste. Bei den Flügelvorderkanten

Laut Lufthansa-Bildarchiv entstand diese Aufnahme im Norwegen-Einsatz, was auch die Ausrüstung mit Schwimmern nahelegt. Der Taufname *„Kurt Wolff“* verrät außerdem, dass es sich um die Ju 52 *D-AGUK* handelt, die früher – dann natürlich mit Fahrwerk – als Landflugzeug unterwegs war.

sind bisher Warmluftenteiser am vielversprechendsten, wenn deren Wirkung auch in größerer Flughöhe und der damit zunehmenden Kälte abnimmt. Für entsprechende Versuche steht vor allem die *D-AHEK* zur Verfügung. 1941 gelieferte Neubauflugzeuge, wie die *D-APAJ „Erich Pust"*, *D-ASDI „Rudolf Kleine"* und *D-ASHY „Gustav Dörr"*, sind bereits mit Abgassammlern für die Flächenbeheizung ausgestattet. In alle Flugbetriebs-Ju 52 werden als weitere Maßnahmen ab 1940 Spiritus-Enteisungsanlagen für Vergaser und Luftschrauben eingebaut.

Zunehmende Bedeutung hat die automatische Kurssteuerung. Anfang 1939 wird in der *D-ARAM „Werner Voss"* eine von der Firma Askania in Lizenz hergestellte Sperry-Automatik erprobt, doch ist deren Leistung enttäuschend. Planmäßig eingebaut werden sollen dann die Siemens K4i-Steuerung und die Askania Kurssteuerung Lz 14 (ab 1941 in den Vierteljahresberichten der Technischen Kontrolle als K4ü und Lstz 14 bezeichnet). Die K4i erhalten im Frühjahr 1939 die Langstrecken-Ju 52 *D-AXOS*, *D-ANJH*, *D-ARDS*, *D-ATYZ* und *D-ASFD*, später auch noch die *D-AGAK*. Die Steuerungsqualität wird durchweg als „gut" beurteilt. Mit der Askania Lstz 14 sind 1941 weitere 13 Ju 52 ausgestattet.

Die besondere Aufmerksamkeit der Technischen Entwicklung gilt ab 1939 dem Einsatz von Bodenabstandsmessern für geringere Flughöhen. Als Hilfsgerät für den Abfangvor-

Die *D-AGAK „Ulrich Neckel"* führt 1939 den zweiten Linienflug der Lufthansa nach Bangkok durch. Da genügend Zeit bis zum Rückflug bleibt, schließt sich eine Rundreise in fernöstliche Städte an. Auf größtes Interesse stößt man dabei auch in Tokio, wo diese Aufnahme nach der Landung entsteht.

Die Flugzeuge der Lufthansa-Tochter Iberia tragen spanische Zulassungen und natürlich auch spanische Namen. Bemerkenswert sind *„Mola“* – so heißt die hier abgebildete *M-CABO* – und die *M-CABA „Sanjurjo“*, beide benannt nach ehemaligen Mitkämpfern des Putschgenerals Francisco Franco.

Ein Foto aus dem Winterluftverkehr: Die *D-AWAS „Joachim Blankenburg“* bei einem sicherlich unbeabsichtigten Kopfstand. Die andere Ju 52 trägt hier noch die italienische Zulassung *I-BOAN*. Sie wird von Lufthansa 1943–1945 als *D-AIAT* zwischen München und Mailand eingesetzt.

gang bei Landungen mit schlechter oder fehlender Sicht dient bei Flugzeugen der Blindflugschulung bereits ein mechanischer Landefühler. Dieser deckt den Messbereich von 6–0 m Höhe kurz vor dem Aufsetzen ab. Alle Nurfracht-Ju 52 sollen damit ausgerüstet werden. Doch hauptsächlich dreht sich die Problemstellung um akustische Echolote für Höhenbestimmungen aus unter 100 bis vielleicht einigen 100 Metern über dem Boden, zu denen die Technische Entwicklung Ende 1939 feststellt: „Diese Neuerung ist unter den durch den Krieg bedingten besonders schwierigen Anflugverhältnissen wichtig. Aufgrund verschiedenster Bedingungen müssen die Flugzeuge auch bei Schlechtwetter in niedriger Höhe fliegen, so dass die laufende

Überwachung des Bodenabstandes von außerordentlicher Wichtigkeit ist. Durch das große Interesse des RLM an der Echolot-Entwicklung ist die DLH in der Lage, Echolote der Firmen Atlas und Elektroacustik zur Erprobung in alle ihre Flugzeuge einzubauen." Bisher ist nur die *D-ADHF „Walter Höhndorf"* probeweise mit einer Elac-Anlage versehen, die „zur Zufriedenheit" arbeitet, so die Technische Kontrolle. Im dritten Quartal 1940 erhalten auch die *D-AGTC „Wilhelm Cuno"* und die *D-AHMS „Martin Zander"* Echolote dieser Bauart, später auch die *D-ADBW „Emil Thuy"*. Größere Schwierigkeiten bereitet die Pressluftversorgung für die Schallsignalabgabe. Möglicherweise ist das der Grund für eine „Umstellung der Schallsender auf Pfeifen", worauf die Technische Kontrolle 1941 hinweist. Der Vollständigkeit halber sei hier noch auf die bereits seit Langem eingeführten barometrischen Messgeräte hingewiesen. Diese – bei Lufthansa sind es Produkte der Firmen Lufft, Fuess und Askania – geben durch Messung des Luftdrucks die diesem jeweils entsprechende Flughöhe an, Feinhöhenmesser zwischen 500 und 1000 Metern über dem Boden und Grobhöhenmesser in bis zu mehreren Kilometern Höhe.

1945 besteht die Ju 52-Flotte der Lufthansa eigentlich nur noch aus Flugzeugen, die vom RLM gechartert und erst während der Kriegsjahre übernommen wurden. Im Passagierverkehr kommen in Einzelfällen auch noch Transportmaschinen zum Einsatz, deren Komfort für die Fluggäste berechtigterweise zu wünschen übrig lässt. Anstelle der Fluggastsitze verfügen diese nämlich nur über segeltuchbespannte Sitzbänke, die entlang der Flugzeugseitenwände installiert sind.

Nach Kriegsende mehrfach fotografiert, die *D-AMFR „Ludwig Hautzmayer"*. Hier steht die Ju 52 in Berlin-Tempelhof noch als vollständiges, wenn auch nicht mehr startklares Flugzeug. Spätere Aufnahmen zeigen den Wellblechvogel bereits in Teile zerbrochen. Einen deutschen Luftverkehr gibt es ohnehin nicht mehr.

Anhang

Personenverzeichnis

(Lufthansa-Mitarbeiter und Namen besonders hervorgehobener anderer Personen)

A
Allègre, Louis 29
Amann, Max 133
Armijo, Jacobo de 35
Atuner, Mehmed Esad 24

B
Bascollo, Ugo 42
Baumbach, Horst von 64, 202, 211
Bayer, Alfred 53
Bayern und Bourbon, Prinz Louis Ferdinand von 20
Berendes, Klaus 19
Beroldingen, Ulrich Graf von 15, 16, 21, 27, 186
Bockhacker, Erwin 66, 67
Böhme, Hermann 204
Bongers, Hans M. 29, 51, 79, 185, 197
Born, Karl-Otto 191
Buntrock, Heinz 161, 162, 164, 166, 167, 168, 170

C
Canaris, Wilhelm 16
Carceller Segura, Demetrio 20
Cárcer Disdier, Fernando 20
Cellarius, Alexander 110
Comelli, Giuseppe 26
Cramer, Hans 23

D
Draganoff, Parwan 24
Drees, Franz 29, 30
Dunant, Paul 131
Duval, Raymond 33

E
Elsermann, Walter 168
Engel, Hans-Werner von 176, 177

F
Fengler, Max 75
Fischer, Hanns 37
Fischer, Otto 73
Fisch, Willy 29
Franco, Francisco 30, 31, 216
Franco, Nicolas 15
Freisler, Roland 24

G
Gablenz, Carl August von 29
Gerstenkorn, Albert 89
Giacomello, Luigi 42
Gidall, Alfred 144
Gidall, Hans 64, 205
Gieseking, Walter 23
Görgey, Immo von 40
Göring, Hermann 31, 56, 214
Grillo, Aldo 42

H
Hädrich, Willy 37, 192
Heinichen 16
Henie, Sonja 12
Hermann, Rodolphe 16
Hitler, Adolf 170, 194
Hogrefe, Dr. Werner 40, 49
Hollerith, Herman 90

K
Kaspar, Joseph 12
Kindelán, Alfredo 30
Klinger, Umberto 38
Köllner, Gerhard 178
Kraemer, Sabine 26
Krahmer, Eckard 188
Krause, Rudolf 29
Kulas, Erich 30, 69
Künstle, August 56

L
Laspeyres, Hugo 65
Limbach, Max 35
Lindenberg, Gerhard 16, 18, 25, 26, 29, 30, 31, 32, 34, 38, 72, 184, 185, 186, 188, 191
Lombana García, Gonzalo de la 20
Lübke, Gerhard 72
Luft, Karl 82, 212
Luz, Walter 29, 49, 53, 191, 196, 206, 212

M
Maron, Helmut 58
Masjutin, Wassili 36
Mazariegos, Joaquín Romero 20
Melsheimer, Ignaz 167
Milch, Erhard 133, 162, 184
Mischur, Berthold 177
Moosmayer, Paul 186
Moscardó Ituarte, José 20
Mosse, Rudolf 93, 95, 96
Most, Peter 72
Müller, Karl 184
Muñoz Grandes, Agustin 19, 20

N
Naldi, Francesco 42
Negrin Lopez, Juan 30
Neubronn, Alexander von 210

O
Offik, Georg 162
Orléans, Prinz von 24
Orlovius, Dr. Heinz 133

P
Papen, Franz von 12, 13
Pellegrini, Aldo 38
Pétain, Philippe 30, 31, 34
Pietrzak, Wally 156, 157, 158, 159, 160, 161, 162, 163
Poppe, Detlev 161
Procopé, Hjalmar 25
Pujo, Léon 33

R
Regelien, Joachim 69
Reister, Dr. Fritz 173
Ribbentrop, Joachim von 208
Richthofen, Wolfram von 31
Ruckenbrod 16
Ryssel, Johannes 170

S
Schack, Siegfried Graf 23
Scheel, Gustav Adolf 24
Schlenstedt, Franz 191
Schmidt, Alfred 91
Schrecke, Hermann 184, 185
Stöcker, Alexander 156
Stohrer, Eberhard von 31
Stoltz, Werner 171
Stumm, Alfred 74

T
Thom, Kurt 167, 169
Troncoso Sagredo, José Maria 20

U
Ubisch, Hans von 87

V
Vogel, Kurt 186, 187

W
Westerbarkey, Fernando 186
Wilkens, Hans 186
Winterfeld, Hans Karl von 29, 51
Wronsky, Martin 65

Z
Ziegler, Emma 27

Bildnachweis

BMW Group Archiv (3), B. Bondzio (1), Brockhaus Verlag (2), G.C. Buntrock über H.W.Neulen (1), Ch. Cichorius (1), Dornier (1), Werksarchiv Henkel (1), Lufthansa (51), A. Muser (2), Österr. Nationalbibliothek (1), B. Pirkl (14), S.-D. Seifert (2), H.-H. Stapfer (2), Luftschiffbau Zeppelin (1).

Die über diese Zahlen hinaus in dem Buch gezeigten Abbildungen – Fotos und auch Dokumente – sind Bestandteil der eigenen Sammlung des Autors. Bei der Verwendung dieser Bilder, insbesondere der zahlreichen über Jahre hinweg auch auf Ansichtskartenbörsen, Trödelmärkten und anderweitig erworbenen, galt das Bemühen, eventuell bestehende Rechte zu berücksichtigen. Sollte dies nicht in allen Fällen gelungen sein, wird um Nachsicht gebeten.

Ein Wort des Dankes

Dieses Buch entstand im Wesentlichen auf der Basis von Akten des Lufthansa-Firmenarchivs sowie der Sammlung des Autors. Soweit zusätzliche Recherchen zu einzelnen Themen unabdingbar waren, konnte auf die tatkräftige Unterstützung von anderer Seite gebaut werden. Mein ganz besonderer Dank gebührt hier Hans-Heiri Stapfer, der vorwiegend in Bezug auf Swissair und die schweizerische Bürokratie behilflich sein konnte, sowie Friedemann Martin Schell, dem wertvolle Hinweise hinsichtlich des Verhältnisses zwischen Lufthansa und der deutschen Luftwaffe zu verdanken sind. Mein weiterer Dank gilt hier Dr. Herbert Brettl, Sepp Gmasz, Wolfgang Neuwirth und Dr. Rolf Stüssel.

Bei den Bildern ist vor allem Bernd Pirkl zu nennen, der über eine bemerkenswerte Sammlung von Ju 52-Fotos und -Lebensläufen verfügt. Mein weiterer Dank gilt Carola Kapitza, meiner Nachfolgerin als Leiterin des Lufthansa-Firmenarchivs.

Verzeichnis der in Ergänzung zu den vorrangig verwendeten Originaldokumenten für dieses Buch eingesehenen Literatur

Acktun, Andreas: *Luftverkehr in Deutschland und Großbritannien von 1924 bis 1946/ Wirtschaftsunternehmen im Spannungsfeld staatlicher und unternehmerischer Interessen*, Tectum Verlag, Marburg 2006

Bittner, Werner: *Die Geschichte der Lufthansa als Grundlage von Unternehmenskultur und Öffentlichkeitsarbeit*, Deutsche Verkehrswissenschaftliche Gesellschaft e.V. – DVWG – Reihe B: Seminar, Bergisch Gladbach 1992

Bittner, Werner: *Luftfahrt vor 50 Jahren*, in *„Der Lufthanseat"*, Köln 1976 – 1994

Bittner, Werner: *Lufthansa im Krieg – die Jahre 1939 – 1945/Streckennetz, Flugdienste, Vertrieb und internationale Geschäftsbeziehungen*, Lanasta/Violaero, Emmen(Niederlande) 2012

Bittner, Werner: *Lufthansa im Krieg – die Jahre 1939 – 1945/Versorgungslage, Arbeitskräfte, betriebswirtschaftliche Faktoren und Staatsinteressen*, Lanasta/Violaero, Emmen (Niederlande) 2013

Boelcke, Willi A. (Hrsg.): *Deutschlands Rüstung im Zweiten Weltkrieg*, Akademische Verlagsgesellschaft Athenaion, Frankfurt am Main 1969

Bongers, Hans M.: *Es lag in der Luft/Erinnerungen aus fünf Jahrzehnten Luftverkehr*, Econ Verlag, Düsseldorf und Wien 1971

Buckreis, Adam: *Politik des 20. Jahrhunderts*, Folgeband *Weltgeschichte 1937/38*, Panorama-Verlag G.m.b.H./Nürnberg 1939

Budrass, Lutz: *Adler und Kranich/ Die Lufthansa und ihre Geschichte 1926 – 1955*, Karl Blessing Verlag, München 2016

Davies, R.E.G.: *Airlines of Latin America since 1919*, Smithsonian Institution Press, Washington, D.C. 1984

Der Volks-Brockhaus/Deutsches Sach- und Sprachwörterbuch für Schule und Haus, F. A. Brockhaus/Leipzig 1939

Deutsche Lufthansa A.G.: *Dienstanweisung*, Berlin 1936

Dierikx, Dr. Marc L.J.: *Blauw in de lucht*, Sdu Uitgevers, Den Haag 1999

Feilhauer, Werner: *Die Fernmeldebetriebsordnung für die Verkehrsflugsicherung (FBO) in Frage und Antwort*, Flugsicherungstechnische Lehrbücher Bd. 1, Georg Siemens Verlagsbuchhandlung, Berlin 1938

Fischer, Frank W.: *Die Flugsicherung in Deutschland vor 1945 – Ein Rückblick –*, International Advisory Group Air Navigation Services ANSA (Hrsg.) im Selbstverlag, Kreuzlingen (Schweiz) 2014

Gersdorff, Kyrill von/ Grasmann, Kurt: (Die deutsche Luftfahrt) *Flugmotoren und Strahltriebwerke*, Bernard & Graefe Verlag, München 1981

Hillgruber, Andreas und Hümmelchen, Gerhard: *Chronik des Zweiten Weltkrieges/ Kalendarium militärischer und politischer Ereignisse 1939–1945*, Gondrom Verlag, Bindlach 1989

Interessengemeinschaft der deutschen Luftfahrt: *AVIATICUS Jahrbuch der deutschen Luftfahrt 1931*, Union Deutsche Verlagsgesellschaft, Berlin 1931

Kähler, Julius: *Rudolf Mosse-Code mit Mosse-Condenser*, Verlag Rudolf Mosse, Berlin 1922, sowie *Supplement*, Berlin 1929

Kirsch, Hans-Christian: *Der Spanische Bürgerkrieg in Augenzeugenberichten*, Karl Rauch Verlag, Düsseldorf 1967

Kössler, Karl: *Die Kampfgruppe zbV. 106*, JET & PROP 2/02, VDM Heinz Nickel, Zweibrücken

Kracheel, Kurt: (Die deutsche Luftfahrt) *Flugführungssysteme – Blindfluginstrumente, Autopiloten, Flugsteuerungen*, Bernard & Graefe Verlag, Bonn 1993

Lange, Bruno: (Die deutsche Luftfahrt) *Typenhandbuch der deutschen Luftfahrttechnik*, Bernard & Graefe Verlag, Koblenz 1986

MEYERS Geographischer Handatlas, Vierte neubearbeitete und vermehrte Auflage, Bibliographisches Institut, Leipzig und Wien 1913

Orlovius, Dr. Heinz/Schulz, Richard: *Die Deutsche Luftfahrt, Jahrbuch 1936, 1937, 1938, 1940, 1941*, Naturkunde und Technik Verlag Fritz Knapp, Frankfurt am Main

Reichsluftfahrtministerium (Hrsg.): *Fernmeldebetriebsordnung für die Verkehrsflugsicherung (FBO) zugleich Betriebsordnung für den zwischenstaatlichen Flugfernmeldedienst*, Verlag E.S. Mittler & Sohn, Berlin 1938

Trenkle, Fritz: (Die deutsche Luftfahrt) *Bordfunkgeräte – Vom Funkensender zum Bordradar*, Bernard & Graefe Verlag, Koblenz 1986

Wagner, Wolfgang: (Die deutsche Luftfahrt) *Hugo Junkers Pionier der Luftfahrt – seine Flugzeuge*, Bernard & Graefe Verlag, Bonn 1996

Wegg, John: *Finnair – the art of flying since 1923*, Finnair Printing Department, 1983

Zentner, Christian und Bedürftig, Friedemann (Hrsg.): *Das große Lexikon des Zweiten Weltkriegs*, Südwest Verlag, München 1988